中国近代建筑史研究丛书　原创系列
国家自然科学基金资助（项目批准号：50838007）

中国建筑的现代化进程

钱海平　杨晓龙　杨秉德　著

中国建筑工业出版社

图书在版编目（CIP）数据

中国建筑的现代化进程 / 钱海平等著. —北京：
中国建筑工业出版社，2012.3
（中国近代建筑史研究丛书 原创系列）
ISBN 978-7-112-13993-4

Ⅰ. ①中… Ⅱ. ①钱… Ⅲ. ①建筑史－研究－
中国－1927～1937 Ⅳ. ①TU-092.6

中国版本图书馆CIP数据核字（2012）第013240号

本书是作者及其课题组以20世纪30年代的建筑学术期刊《中国建筑》与《建筑月刊》为资料源，研究特定时间段（1927~1937年）中国建筑现代化进程的成果。本书的主要内容包括：从办刊宗旨、内容导向、文献内容与类别、作者构成等方面分析《中国建筑》与《建筑月刊》，在对比分析二者相关内容的基础上，论述这一时期中国建筑在从业群体、建筑观念以及相关制度等方面的发展状况与特征；论述中国建筑师学会和上海市建筑协会这两个新型建筑同业团体的发展状况，包括中国建筑师学会和上海市建筑协会的缘起、组织体系发展、对内与对外的公共职能，以及在业内外的影响等；论述中国建筑师学会和上海市建筑协会作为新型建筑同业团体对当时建筑从业群体职业化进程的影响和作用，包括二者在推动从业者职业规范建构、普及建筑专业知识、推行职业教育等方面所作的努力，以及这一时期建筑从业群体，特别是建筑师群体的职业化发展状况；并从现代建筑技术的引进及其应用、现代建筑材料、建筑设备制造与安装业的发展等方面论述这一时期建筑技术体系和主要建材工业的发展状况及其对中国建筑现代化进程的影响。

本书可供建筑院系师生、建筑历史与理论研究工作者、文物建筑保护与管理工作者、建筑设计工作者使用，也可供文物建筑爱好者参考。

* * *

责任编辑：吴宇江 李 鸽
责任设计：董建平
责任校对：姜小莲 赵 颖

中国近代建筑史研究丛书 原创系列
中国建筑的现代化进程
钱海平 杨晓龙 杨秉德 著
*
中国建筑工业出版社出版、发行（北京西郊百万庄）
各地新华书店、建筑书店经销
北京嘉泰利德公司制版
北京中科印刷有限公司印刷
*
开本：880×1230毫米 1/16 印张：14½ 字数：443千字
2012年6月第一版 2012年6月第一次印刷
定价：**62.00**元
ISBN 978-7-112-13993-4
(22057)

丛书总序

中国古代建筑史、近代建筑史（1840~1949年）和当代建筑史（1949~2000年）是建筑史学研究不可或缺的重要组成部分。与古代建筑史相比，中国近代和当代建筑史研究工作起步较晚，研究成果相对薄弱，这已经引起建筑史学界的关注，许多学者陆续介入这一研究领域并取得丰硕成果，近现代建筑遗产保护工作也日益得到社会的重视。

中国近代建筑史研究肇始于20世纪50年代。刘先觉（今东南大学建筑学院教授）于1953~1956年在清华大学建筑系师从梁思成教授攻读研究生学业，其毕业论文即为《中国近百年的建筑》，这也是梁思成拓展中国建筑史研究范畴的最初尝试，这种思路可以追溯到李庄时期，1944年完成的《中国建筑史》第八章曾以约1900字篇幅略述"清末及民国以后之建筑"[①]。"1956年，在梁思成先生主持下，清华大学建筑系与中国科学院土木建筑研究所合作，成立建筑历史与理论研究室，由梁先生任主任，在他领导下开展建筑历史研究工作。梁先生自定的研究范围是'中国近百年建筑'，即研究1840~1949年间中国进入半殖民地半封建社会时期后的建筑。阶段性专题定名为'北京近百年建筑'。"[②]1958年，在全国范围内开展建筑历史资料收集及书稿编撰工作，共编撰19个地区的地方近代建筑史稿，并编写27种专题资料，1959年5月在此基础上完成《中国近代建筑史（初稿）》；1959~1960年，建筑科学研究院建筑理论及历史研究室着手编辑《中国近代建筑史图集》；1961年，《中国近代建筑史（初稿）》经反复

---

① 参见梁思成著．中国建筑史 [M]．天津：百花文艺出版社，1998：353-355.

② 中国建筑设计研究院建筑历史研究所编．北京近代建筑 [M]．北京：中国建筑工业出版社，2008：前言．

讨论、修改、审查后缩编为《中国近代建筑简史》，于1962年由中国工业出版社出版，即高等学校教学用书《中国建筑简史 · 第二册 · 中国近代建筑简史》。此书是当时全国学者及有关人员集体研究的成果，虽因时代制约许多学术观点已需重新审视，但其基础史料详尽翔实，至今仍是中国近代建筑史研究领域的重要参考文献。

20世纪80年代至今，在全国范围内再度开展中国近代建筑史研究工作，中国近代建筑史研究及近代建筑遗产保护成为社会关注的重要课题。20世纪80年代后期至90年代中期，"中国近代建筑史研究会"与"日本亚细亚近代建筑史研究会"合作开展中国近代城市调查，陆续出版了天津（1989年）、哈尔滨、青岛、烟台、南京、武汉、广州（1992年）、昆明、重庆、庐山、北京、厦门（1993年）、沈阳、营口、大连（1995年）、济南（1996年）等16个城市的《近代建筑总览》，是这一时期中国近代建筑史研究领域的重要成果。遗憾的是，这16个城市并未包括中国最重要的近代城市上海。这一时期，全国各地学者从不同视角，以不同方式持续开展中国近代建筑史研究，研究范围遍及全国各地，选题范围拓展，学术观念更新，成果引人瞩目，许多青年学者的博士学位论文及相关学术专著令人耳目一新。上海的学者群体，包括建筑学科学者群体与人文学科学者群体，多年来坚持不懈地开展上海近代城市与建筑相关课题研究，著述颇丰，成绩斐然，获得的成果史料翔实，视野开阔，史论极富参考价值，对中国近代建筑史研究有特殊的重要贡献。

20世纪80年代以来，在各地政府的直接领导和支持下，地方志编修工作顺利开展，许多城市的地方志包含近代城市与建筑的相关内容，主要商埠城市的租界区成为地方志编修工作的重要课题，上海、天津、武汉将《租界志》列为专志，组织大批学者，调动馆藏档案资料文献，编撰出版《上海租界志》、《天津通志 · 附志 · 租界》、《汉口租界志》等，是内容翔实且极具参考价值的志书。上海历史博物馆组织相关城市编撰出版《中国的租界》；上海市档案馆翻译出版《工部局董事会会议录》，上海古籍出版社出版《上海道契》，南京出版社出版包括《首都计划》、《总理陵园管理委员会报告》、《总理奉安实录》等近代历史文献的《南京稀见文献丛刊》，许多城市编辑出版历史地图集，如《上海历史地图集》、《天津城市历史地图集》、《武汉历史地图集》、《广州历史地图精粹》等。珍贵的原始史料经过精心整理、注释、翻译、编辑后公之于众，为中国近代建筑史研究提供了重要的原始参考资料。

丛书作者及其研究团队（以下简称"作者"）自20世纪80年代初开始研究"中国近代建筑史"，多年来已经占有丰富的基础研究资料，掌握了切实可行的创新研究方法，建设了学术梯队构成合理的研究团队，已经完成国家自然科学基金项目、博士点基金项目等多项相关研究课题，有多部相关学术专著，多篇相关学术论文问世。在占有丰富的基础史料的基础上，建立了基本史学理论研究框架，提出了成熟的创新性学术思路和学术观点。2008年，作者申报国家自然科学基金重点项目"基于创新研究观念与创新研究方法的中国近代建筑史研究"获得批准（批准号：50838007），在国家自然科学基金的强力支持下，2009~2012年的4

年间将从更广阔的学术视野、更成熟的学术思路、更丰富的史料积累层面深入开展“中国近代建筑史”课题研究，突出创新，突出重点，立足于学术观念创新与研究方法创新，充实完善既有研究成果并探求理论层面的提升，开展一系列创新性综合课题研究，促成“中国近代建筑史”研究课题的突破性进展。

首批研究成果以“中国近代建筑史研究丛书”的形式陆续发表，此项工作得到中国建筑工业出版社的鼎力支持。2008年8月，许顺法编辑至杭州与作者商讨丛书出版事宜，确定丛书所收均为中国近代建筑史研究领域的原创性学术专著，并初步商定丛书书目及其基本内容。首批出版的4部学术专著是:《数字化建筑测绘方法》、《天津近代建筑史》、《中国近代民族形式建筑的探索历程》、《中国近代中西交融民俗建筑》。其后，将有更多的中国近代建筑史学术专著陆续出版，并在此基础上最终完成《中国近代建筑史》学术专著。

杨秉德

2010年9月1日于浙江大学

序

在经历了漫长的采集—渔猎时代，从原始社会进入农业文明时代以后，人类社会的文明史可以划分为两个阶段，即传统农业社会与现代工业社会，其发展进程中关键性的转变是由传统农业社会步入现代工业社会的现代化进程。人类社会的现代化进程始于西欧，然后扩展到北美和欧洲其他国家，再进一步扩展到世界其他地区。早期西方国家如英、美、法等国的现代化进程属原生形态的现代化进程，是内在的社会经济的自发演进过程，经由社会内部的创新而形成，采取渐进的演进方式，经历了漫长岁月的点滴积累才完成这一进程。而后期许多国家如德、俄、日等国的现代化进程则属诱发型的现代化进程，是在与已实现现代化的国家接触后，借取、效法其经验而发展实施现代化进程者，这是在外部世界的冲击与国际社会环境的影响下导致的社会激变，相对于前者，在较短的时间内就获得突破性进展。①

中国近代史时期（1840~1949年），中国社会的现代化进程也属诱发型现代化进程，但是与其他国家不同，中国是在帝国主义列强入侵的特定社会条件下被动地开始现代化进程的，因此这一进程时时体现出强烈的传统与现代性的冲突。“就传统与现代性的冲突而论，在西方现代化进程中，这一冲突是缓慢展开的，是在同质文化圈中进行的，变革对历史传承性（continuity）的破坏是长期渐进性的。在非西方现代化进程中，这一冲突是压缩在较短时间内的，是突发性的，而且是异质文化的激烈撞击，到处都引起历史传承性的断裂。”②

随着中国社会的现代化进程，中国的城市与建筑也开

① 参见戴逸著.18世纪的中国与世界·导言卷[M].沈阳：辽海出版社，1999：6-12；罗荣渠著.现代化新论——世界与中国的现代化进程[M].北京：北京大学出版社，1993.

② 罗荣渠著.现代化新论——世界与中国的现代化进程[M].北京：北京大学出版社，1993：173.

始了从传统农业社会城市与建筑转化为现代工业社会城市与建筑的现代化进程。如同中国社会的现代化进程一样，中国城市与建筑的现代化进程也属诱发型现代化进程，因帝国主义列强入侵而被动地由传统农业社会城市与建筑转化为现代工业社会城市与建筑。中国建筑的现代化进程是中国近代建筑史研究的重要组成部分，也是一个涉及面极为广泛、研究背景颇为复杂的研究课题。中国近代建筑史的初始期（1840~1900 年）是中国城市与建筑现代化进程的早期阶段，现代化进程缓慢进展，主要体现于最早开放为通商口岸的广州、上海、天津、汉口等近代主流城市陆续开辟租界区并逐渐发展成为独立的城市新区，西方建筑随着殖民者主要在租界区内以及传教士在中国各地的建筑活动传入中国，通过三条渠道——教会传教渠道、早期通商渠道与民间传播渠道对中国近代建筑产生影响，这种影响逐渐扩散到中国各地，包括近代边缘城市，乃至偏僻的边远地区。1900 年以后，中国近代建筑史进入发展兴盛期（1900~1937 年），其中 1927~1937 年是发展兴盛期的鼎盛时期，中国近代主流城市，包括以租界区为主体的商埠城市及新兴的租借地城市与铁路附属地城市迅速发展，中国近代边缘城市也得到发展，建筑活动进入鼎盛时期。1937 年，抗日战争爆发，中国近代建筑史突变性地由兴盛期进入凋零期，整体上建筑活动停滞，城市与建筑遭受战争破坏。只是抗战前期上海、天津租界区内仍有少量建筑活动；陪都重庆、内地城市成都的城市与建筑有所发展；1931 年以后在东北城市，尤其是伪满洲国国都长春，日本侵略者开展了一些建筑活动。

中国建筑的现代化进程不仅体现于近代城市与建筑的发展，也体现于建筑制度的现代化，体现于现代意义上的建筑师职业及营造业的形成与发展。现代意义上的建筑师职业及营造业的形成肇始于来华的西方建筑师及营造商，1900 年以前，西方建筑师及营造商占据了中国近代城市的主流建筑市场。1900 年以后，中国第一代建筑师群体及现代营造商群体的形成与发展，打破了西方建筑师及营造商的垄断地位。不同的是，由接受西方建筑教育后归国从业的建筑师组成的新兴建筑师群体出现较晚，人数较少，除 20 世纪 20~30 年代在政府投资建造的官方建筑领域占据主流地位并作出重要贡献外，始终未能占据中国的主流建筑设计市场，中国近代城市的大多数重要建筑都由西方建筑师事务所设计；而由中国传统营造商转化形成的现代意义上的营造商群体则出现较早，而且迅速发展，逐渐占据了中国的主流营造业市场，至 20 世纪 30 年代，中国近代城市的大多数重要建筑已由中国营造商承包建造。如 1937 年建成的 17 层钢结构高层建筑上海中国银行大楼，即由陶桂记营造厂施工总包，陈根记打桩厂承包桩基工程，余洪记营造厂承包基础工程，中国营造商已经具备建造现代钢结构高层建筑的能力。

1927~1937 年是中国近代建筑史发展兴盛期的鼎盛时期，也是中国建筑师群体及营造商群体发展成熟的时期。这一时期中国建筑在建筑制度、从业者构成及建筑材料与建筑技术等方面都有长足进步，传统营建体系“业主—承造人”的二元营造模式逐渐转化为“业主—建筑师—营造商”的三元营造模式，这一从西方传入的建筑营造模式在强化专业分工的同时，也将契约化的建筑制度和当事人关系带入建筑营造活动，对中国建筑的现代化进程有着深远的影响。中国建筑师群体及营造商群体发展成熟的标志是中国建筑师学会与上海市建筑协会的成立及专业学术期刊《中国建筑》与《建筑月刊》的创刊发行：1927 年成立上海建筑师学会，1928 年更名为中国建筑师学会，1932 年专业学术期刊《中国建筑》创刊发行；1931 年成立上海市建筑协会，1932 年专业学术期刊《建筑月刊》创刊发行。

翔实的史料是建筑史学研究的基础。建筑史学研究的史料来源有二，一是考察、调查与测绘获得的一手资料；一是搜集、整理获得的原始文献档案资料。《中国建筑》与《建筑月刊》是中国近代建筑史发展兴盛期的后期（1927~1937 年）发行的专业建筑期刊，从建筑思想、建筑作品、建筑理论、建筑制度、建筑技术、建筑材料、建筑教育等诸多方面反映了当时中国建筑的发展状况，是研究中国近代建筑史不可或缺的经典历史文献，也是研究这一时期中国建筑现代化进程的经典历史文献。课题组经过多年努力，完整无缺地收集齐全全套《中国建筑》与《建筑月刊》，经数字化处理后，形成宝贵的原始资料库。此项工作主要由杨晓龙完成，杨晓龙在很长时间内坚持不懈，付出极大努力，做了许多艰辛的工作，终于完成此项原始资料库的建设。下一步的工作是如何利用这个原始资料库开展研究工作，在多年前期研究工作的基础上，经反复论证与多方探讨，决定以《中国建筑》与《建筑月刊》为资料源，专题研究中国近代建筑史发展兴盛期的后期（1927~1937 年）中国建筑的现代化进程。此项研究工作首先以博士学位论文的形式完成，博士生钱海平，导师杨秉德。钱海平用力甚勤，其博士学位论文学术视野开阔，资料翔实，分析到位，研究方法和研究成果有创新性，获得评委的一致赞许。博士学位论文以优秀成绩通过答辩后，再经反复研究讨论与大幅度增删修改，是为本书，后期书稿的研究讨论与增删修改，杨晓龙也做了大量工作。

本书系统梳理和研究《中国建筑》与《建筑月刊》刊载的建筑作品、学术论文、建筑信息，以及各类广告，从人（建筑从业群体）与物（建筑技术与建筑材料）的视角，从现代建筑同业团体的产生、建筑从业群体的职业化，以及建筑技术与建材工业的现代化进程等方面开展研究工作。中国建筑的现代化进程涉及面极为广泛，研究背景颇为复杂，本书的目标并非全面研究中国建筑的现代化进程，而是依托特定的资料源（《中国建筑》与《建筑月刊》），研究特定时间段（1927~1937 年）中国建筑的现代化进程。但是，因资料源的丰富与翔实；也因 1927~1937 年是中国近代建筑史发展兴盛期的鼎盛时期，其后，因抗日战争爆发，中国建筑的现代化进程突变性地进入停滞状态，这一时期中国建筑的现代化进程在很大程度上代表了中国近代建筑史时期建筑现代化进程的最终状况，这应当是本书研究成果的特定意义与价值所在。

本书从办刊宗旨、内容导向、文献内容与类别、作者构成等方面分析专业学术期刊《中国建筑》与《建筑月刊》，在对比分析二者相关内容的基础上，论述这一时期中国建筑在从业群体、建筑观念以及相关制度等方面的发展状况与特征；论述中国建筑师学会和上海市建筑协会这两个新型建筑同业团体的发展状况，包括中国建筑师学会和上海市建筑协会的缘起、组织体系发展、对内与对外的公共职能，以及在业内外的影响等；论述中国建筑师学会和上海市建筑协会作为新型建筑同业团体对当时建筑从业群体职业化进程的影响和作用，包括二者在推动从业者职业规范建构、普及建筑专业知识、推行职业教育等方面所作的努力，以及这一时期建筑从业群体，特别是建筑师群体的职业化发展状况；并从现代建筑技术的引进及其应用、现代建筑材料、建筑设备制造与安装业的发展等方面论述这一时期建筑技术体系和主要建材工业的发展状况及其对中国建筑现代化进程的影响。

本书是课题组更新研究观念，更新研究方法，在多年学术积累的基础上完成的中国近代建筑史研究课题的成果之一，为撰写本书开展的研究工作得到国家自然科学基金的强力资助，在这里谨志铭感。

杨秉德

2011 年 7 月 15 日于浙江大学

目录

第1章

绪 论

1.1 研究背景与研究目标

1.1.1 研究背景

中国近代史时期（1840~1949 年），中国社会开始了由传统农业社会转化为现代工业社会的现代化进程，与此同时，中国的城市与建筑也开始了由传统农业社会城市与建筑转化为现代工业社会城市与建筑的现代化进程，这一时期（1840~1949 年）在中国建筑史研究领域称为中国近代建筑史时期。

中国近代建筑史时期是新旧建筑交替的时期，新建筑体系已经产生，旧建筑体系还在延续，构成新旧建筑并存的格局。旧建筑体系指当时仍然在中国的城市，尤其是在地域广阔的乡村大量建造的传统建筑，这类建筑虽然也受到商埠城市中西式建筑的影响而产生局部变异，但是传统建筑的基本面貌并没有改变。新建筑体系则是受西方建筑影响而产生的全新的建筑体系，新建筑体系不是在中国传统建筑的基础上逐渐演变、自然孕育生成，而是随着帝国主义的入侵从西方国家传入中国的舶来品。中国建筑在外来因素的影响下发生了突变，这种突变使之由传统的木结构体系直接转变为具备现代建筑技术、现代建筑类型、现代建筑功能、现代建筑形式的新建筑体系，同时传统建筑营造模式也转变为现代建筑营造模式。这一时期旧建筑体系的延续只是一种由于中国幅员辽阔，各个地区发展极不平衡而产生的滞后现象，近代城市与城市中新建筑体系的产生与发展，包括现代建筑营造模式的产生与发展，才是中国近代建筑发展的主流和方向。

1900~1937 年是中国近代建筑史的发展兴盛期，1927~1937 年则是发展兴盛期的鼎盛时期。这一时期中国建筑的现代化进程体现于许多方面，包括建筑活动的商品化与市场化，建筑产业的工业化，建筑管理的制度化，建筑师群体的出现及其职业化发展，传统营造业的现代转型，新型建筑同业团体的形成及其制度化发展，新型建筑材料和建筑技术的应用与推广，建筑观念的多元化取向，本土建筑教育的形成与发展等，可以说，中国的现代建筑营造模式主要是在这一时期形成的，这对日后中国建筑的发展产生了深远的影响。①

本书即以这一时期在上海创刊发行的专业学术期刊《中国建筑》和《建筑月刊》为基础资料源，从特定视角研究这一时期中国建筑的现代化进程。

1.1.2 基础资料源与研究目标

20 世纪 30 年代专业建筑学术期刊的产生，是中国建筑现代化进程的重要环节，也是建筑商品化与市场化，以及从业者专业化和组织化发展的产物之一。作为办刊团体的宣传媒介，

① 虽然在 1949 年以后相当长的时间内，中国建筑营造体系基本照搬苏联模式，与近代建筑史时期以欧美建筑营造体系为主的运行模式有很大差别，但是当我们检讨当代中国建筑营造体系的许多基本问题时，还是可以追根溯源至那一时期 .

建筑学术期刊在业内外影响力的扩大，反映了这一时期建筑话语主体的某种转变，以建筑师、营造商为代表的专业人士在建筑活动中的影响力正逐步增强，建筑从业者与传统营建体系中的“匠人”相比，其社会地位产生了本质性的变化。建筑学术期刊在近代中国出现的时间较晚，数量较少。“试观国内近出各种书籍，其中属于建筑者，已居最少数，至关于建筑之定期刊物，似更为稀。”[①]这一时期出版的建筑学术期刊有以下3种：中国营造学社出版的《中国营造学社汇刊》(1930~1945年)，中国建筑师学会出版的《中国建筑》(1932~1937年)，上海市建筑协会出版的《建筑月刊》(1932~1937年)。此外，创刊和出版时间较晚的建筑学术期刊还有勷勤大学中国新建筑社出版的《新建筑》(1936~1949年)。

1929年朱启钤创办中国营造学社，其后于1930年7月开始编辑出版《中国营造学社汇刊》，是近代中国第一份建筑学术期刊，至1945年第7卷第2期止，共出版7卷22期。该刊以发扬中国传统建筑文化为己任，主要刊登中国古代建筑和营建文献的调查、测绘和研究成果，以及中国古代建筑保护和修葺研究成果。刊物在国内外建筑界、考古界以及国外汉学界均享有盛誉，有关该刊的研究成果也较为丰富。1936年，广东省立勷勤大学建筑系部分学生创办《新建筑》杂志，并在创刊号中旗帜鲜明地提出反对当时因袭守旧的建筑样式，将创造符合建筑功能需求、反映时代发展特征的新建筑视为己任。1939年该刊因广州沦陷而停刊，后于1941年5月于重庆复刊，1948年8月终刊。

《中国营造学社汇刊》是以中国营造学社成员为主要作者，主要刊登中国古代建筑相关研究成果的学术刊物，与本书研究的内容关联度不大；《新建筑》杂志创刊于1936年，终刊于1948年，与本书研究内容的时间段不吻合，因此，本书未采用以上两种刊物为资料源。

《中国建筑》与《建筑月刊》的发行时间均为1932~1937年，但是其刊发的建筑作品则覆盖了1927~1937年这一时间段。这是因为刊物刊发的已建成建筑作品有一个设计与建造周期，所以创刊前期刊发的建筑作品的设计和建造时间始于20世纪20年代后期，如1925年、1926年吕彦直相继在设计方案竞赛中获得大奖，并于获奖后主要于1927年南京政府成立后建造的南京中山陵与广州中山纪念堂在刊物中就曾多次报道或评论。因此，刊物实际上反映了1927~1937年中国建筑的发展状况。《中国建筑》和《建筑月刊》由从事建筑实践的主体——建筑师和营造商的同业团体主办，关注社会的实际需求与建筑业自身发展的实际需求，关注现时的建筑问题成为刊物的办刊宗旨。《中国建筑》发刊词云：“凡中国历史上有名之建筑物，毋论其为宫殿、陵寝、城堡、浮屠、庵观、寺院，苟有遗迹可寻者，必须竭力搜访以资探讨，此其一。国内外专门家关于建筑之作品，苟愿公布，极所欢迎，取资观摩，绝无门户，此其二。西洋近代关于建筑之学术，日有进步，择优译述，借功他山，此其三。国内大学建筑科肄业诸君，学有深造，必多心得，选其最优者，酌为披露，以资鼓励，此其四。而融合东西建筑学之特长，以发扬吾国建筑物固有之色彩，尤为本杂志所负最大之使命。”[②]《建筑月刊》发刊词云：“学术方面：关于研究讨论建筑文字，尽量供给；事实方面：关于国内外建筑界重要设施，尽速刊布。务期于风雨飘摇之中，树全力奋斗之帜；冀将数千年积痼，一扫而空。”[③]二者都反映了刊物创办时的理想，虽未能完全实现，作为业内主流群体的代表，《中国建筑》和《建筑月刊》仍以

---

① 卷头弁语[J].中国建筑，1933，1(2).

② 赵深.发刊词[J].中国建筑，1932(创刊号)：2.

③《建筑月刊》发刊词[J].建筑月刊，1932(1)：4.

其内容的实用性和时效性获得业内外的广泛关注，成为记录这一时期中国建筑发展状况，主要是本土建筑从业群体发展状况的权威读本。

中国建筑的现代化进程是一个涉及范围很广的研究课题，本书的目标不是全面系统地研究这一进程，而是以《中国建筑》与《建筑月刊》为资料源，从该资料源反映的特定时期——中国近代建筑史发展兴盛期的鼎盛时期（1927~1937 年），特定从业群体——中国本土建筑从业群体的发展状况这一特定视角研究中国建筑的现代化进程。

1927 年南京国民政府成立，结束了延续十几年的军阀混战，其后相继与各国谈判收回海关主权，提高关税，实施工业统税等新经济政策，社会环境相对稳定，国民经济得到发展，这种状况一直延续到 1937 年抗日战争爆发。这一时期，中国近代城市与建筑同样获得相对稳定的发展机遇，城市快速发展，建筑活动进入鼎盛时期。

自 20 世纪 20 年代后期开始，留学归来的中国建筑师陆续开办建筑师事务所，1927 年以后，已经形成一支颇具实力的中国建筑师队伍，中国建筑师作为一个独立的职业群体登上历史舞台。1927~1937 年间，中国的建筑营造体系在管理制度、运作机制以及从业者的行业构成、人员素质、职业化发展等方面均呈现崭新的面貌。1927 年成立上海市建筑学会，后更名为中国建筑师学会，1932 年开始出版学术期刊《中国建筑》；1931 年成立上海市建筑协会，1932 年开始出版学术期刊《建筑月刊》，传统营建体系中“业主—承造人”的二元模式逐渐转化为“业主—建筑师—营造商”的三元模式，这一从西方传入的建筑营造模式在强化专业分工的同时，也将契约化的建筑制度和当事人关系带入建筑营造活动。

本书以《中国建筑》和《建筑月刊》为基础资料源，从人（建筑从业群体）与物（建筑技术和材料）的视角解读 1927~1937 年间中国近代建筑发展进程中的种种建筑现象，进而探讨这一时期中国建筑现代化进程中的两个重要命题：“建筑同业团体的产生与从业群体的职业化”与“建筑技术体系与建材工业的现代化进程”。

1.2 相关研究成果述要

1.2.1 关于近代中国建筑期刊

建筑期刊是反映建筑业发展历程的一个独特窗口，其史料价值已经获得公认，成为相关建筑理论研究课题的重要资料源。目前国内关于建筑期刊的研究成果一部分以 1949 年以后创刊和发行的建筑期刊为研究对象，如蒋妙非的硕士学位论文《中国建筑杂志发展的回顾与探新》[①]，以及论文《建筑杂志在中国》[②]，李凌燕的硕士学位论文《从当代中国建筑期刊看

① 参见蒋妙非. 中国建筑杂志发展的回顾和探新 [D]. 上海：同济大学，2005.

② 参见蒋妙非. 建筑杂志在中国 [J]. 时代建筑，2004，(2)：20-26.

当代中国建筑的发展》[①]，冯仕达的论文《建筑期刊的文化作用》[②]等。关于近代中国建筑期刊，主要研究成果可概述如下。崔勇的博士学位论文《中国营造学社研究》[③]、彭长歆的博士学位论文《岭南建筑的近代化历程研究》[④]及论文《勷勤大学建筑工程学系与岭南早期现代主义的传播和研究》[⑤]分别对《中国营造学社汇刊》和《新建筑》杂志有所论述。陈薇的论文《〈中国营造学社汇刊〉的学术轨迹与图景》探讨了该杂志所体现的中国营造学社的学术轨迹与图景，详细剖析了《中国营造学社汇刊》的重要贡献。[⑥]何重建的论文《杜彦耿与〈建筑月刊〉》通过对《建筑月刊》主编杜彦耿的研究，廓清了杜彦耿在杂志创办过程中的重要作用及其作为振兴中国近代建筑业的先行者的重要贡献，并对《建筑月刊》的内容作了概要的描述。[⑦]朱永春的论文《从〈中国建筑〉看1932~1937年中国建筑思潮及主要趋势》，其研究内容注重分析当时中国的建筑思潮及其发展趋势，但通过对杂志刊登的建筑实例的整理分析，亦对刊物的这部分内容作了统计归纳。[⑧]此外，刘源、陈翀在《〈申报·建筑专刊〉研究初探》一文中概要阐述了该刊的办刊背景、办刊宗旨、内容分类统计及特点分析等内容，对近代建筑文化传播的另一途径——报纸附刊有概要的论述。[⑨]

1.2.2 关于近代中国建筑从业群体

社会科学领域的学者对社会群体史研究，尤其是对近代自由职业者群体研究所采用的研究思路和研究方法，对拓展近代建筑史研究的学术视野具有重要的借鉴价值，因此在简述建筑领域相关研究成果之前，有必要首先概要论述社会科学领域在这方面的研究成果。目前国内社会科学领域关于近代自由职业群体的研究主要集中于律师、会计师、医师等职业群体，近年来虽有个别关于近代建筑师职业群体的研究成果，但是由于研究者学术背景的差异，研究成果尚不够深入。[⑩]社会科学领域关于近代自由职业群体的主要研究内容包括：近代自由职业兴起的社会背景及其群体肖像，自由职业者群体的职业性（或专业性），自由职业者群体的同业团体研究，自由职业者群体的经济生活状态以及自由职业者群体对中国社会的影响等。以下就与本书研究内容相关的自由职业者群体的职业性与同业团体的研究状况作一概要论述。

职业性是自由职业者群体区别于其他民间社团的最本质的特征之一，而职业化的过程又是自由职业者群体兴起和发展最主要的表现之一。因此，不少研究者将职业化过程及职业化

---

① 参见李凌燕．从当代中国建筑期刊看当代中国建筑的发展 [D]. 上海：同济大学，2007.

② 参见冯仕达．建筑期刊的文化作用 [J]. 时代建筑，2004，(2)：43-46.

③ 参见崔勇．中国营造学社研究 [M]. 南京：东南大学出版社，2004.

④ 参见彭长歆．岭南建筑的近代化历程研究 [D]. 广州：华南理工大学，2004.

⑤ 参见彭长歆，杨晓川．勷勤大学建筑工程学系与岭南早期现代主义的传播和研究 [J]. 新建筑，2002，(5)：54-56.

⑥ 参见陈薇．《中国营造学社汇刊》的学术轨迹与图景 [J]. 建筑学报，2010，(1)：71-77.

⑦ 参见何重建．杜彦耿与《建筑月刊》[C]// 汪坦，张复合主编．第四次中国近代建筑史研究讨论会论文集．北京：中国建筑工业出版社，1993：188-193.

⑧ 参见朱永春．从《中国建筑》看1932~1937年中国建筑思潮及主要趋势 [M]// 张复合主编．中国近代建筑研究与保护（二）．北京：清华大学出版社，2001：17-31.

⑨ 参见刘源，陈翀．《申报·建筑专刊》研究初探 [J]. 建筑师，2010（4）：118-121.

⑩ 路中康的博士论文《民国时期建筑师群体研究》（路中康．民国时期建筑师群体研究 [D]. 武汉：华中师范大学，2009）是社会学领域关于近代中国建筑师群体研究的最新成果，该论文以社会学研究视角出发，广泛集合了近代建筑史领域的诸多研究成果，但由于研究者学术背景的差异，对于某些专业性领域的研究尚不够深入。

程度作为重要的研究内容。最早将自由职业者群体整体作为研究对象的徐小群在他的书中提出了"专业性"的概念，但是由于无法具体分析"专业性"如何在这些团体的活动中得到体现，因此尚无法从专业价值的视角阐明专业社团与一般民间社团的差异。其后他人的研究从不同视角加强了对职业性的考察，如张丽艳在其博士学位论文中关注上海律师群体的职业化进程，将衡量律师职业化程度的标准描述为"同质的律师职业群体，职业活动专门化和专业化，具有资格审核及会员惩戒功能的律师公会组织"。[①]又如，魏文享在《近代上海职业会计师群体的兴起——以上海会计师公会为中心》一文中，通过考察上海会计师公会的相关决议和呈文，探讨了会计师群体的职业认同问题，认为会计师群体对于自身的职业观念、职业特性已有相当明晰的认识，会计师自认为处于社会中介者地位，其职业与普通工商业者幡然有别。[②]魏文享还在《近代职业会计师之诚信观》一文中探讨会计师的职业道德，实际上也是职业群体自我认同的重要体现。[③]此外，杨林生关于近代律师身份定位问题的研究讨论了律师职业的社会认同问题，他认为虽然民国时期的律师作为自由职业者的身份已获得法律确认，但由于受传统观念、讼师恶习和官本位思想等的影响，在人们的思想意识中律师身份定位仍未明确，对律师的身份定位出现了与设立律师制度本意的反差，律师积极作用的发挥因此受到严重阻碍。[④]由此可见，"职业化"对自由职业群体的重要性已经逐渐获得社会科学领域的学者的重视，虽然考察人群主要集中于律师、会计师、医师等职业群体，但上述关于职业化进程中的专业性、职业认同等方面的研究思路也同样适用于建筑从业群体的研究。

关于同业团体的研究，多数学者将同业团体的建立作为职业化发展的必然结果，并以此衡量该职业群体的职业化程度，相关研究成果主要集中于同业团体对内、对外两方面的功能：一是考察同业团体对职业群体的发展和行业发展的影响和作用，二是考察同业团体与政府之间的相互作用与相互关系。一般认为，同业团体对职业群体及其职业的发展有积极的影响，对职业群体本身起着规范的作用。如魏文享认为，上海会计师公会的成立不仅表明会计师群体已初具规模，也是会计师群体的团体代表。上海会计师公会对于会计师社会地位的提高、职场的拓展、兼职问题的解决，以及行业监管等方面都发挥了积极作用。以上海会计师公会为首的各地会计师公会，既是会计师群体发展的组织象征，也是近代会计及会计师制度建立的重要推动者。[⑤]在考察自由职业群体与政府的关系时，大部分成果主要集中在考察同业团体与政府的关系方面，研究者往往着眼于某一具体行业中事件的发生和发展过程，从同业团体的应对措施和政府的态度来考察同业团体与政府的关系。如徐小群认为，国民政府规范和管理律师、医生、新闻记者同业团体的各种举措，不仅表现出政府希望通过控制各类职业团体而实现权力向国家集中，而且是反映中国社会现代化转型的重要标志。同时，他还认为上海职业团体的生存与发展在很大程度上取决于政府的态度，其运作只能依附于政府，在政府规范的条件下求得适度生存。这可以说是最早勾勒自由职业团体与政府关系的论述。

---

① 张丽艳．通往职业化之路：民国时期上海律师研究（1912~1937）[D]. 上海：华东师范大学，2003：6.

② 职业认同是职业群体职业化的重要表征，既包括自我认同，即群体自身对该职业的认知，也包括社会认同，即这一职业在民众观念中的反映．

③ 参见魏文享．近代上海职业会计师群体的兴起——以上海会计师公会为中心 [J]. 江苏社会科学，2006（4）：198-205；魏文享．近代职业会计师之诚信观 [J]. 华中师范大学学报（人文社会科学版），2002（5）：111-117.

④ 参见杨林生．中国近代律师身份定位刍论 [J]. 辽宁师范大学学报（社会科学版），2003（4）：109-111.

⑤ 参见魏文享．近代上海职业会计师群体的兴起——以上海会计师公会为中心 [J]. 江苏社会科学，2006（4）：198-205.

与社会科学领域的研究视角不同，中国近代建筑史研究领域较为关注建筑师个体研究，特别是对具有杰出贡献和较大影响力的建筑师（如梁思成、杨廷宝、刘敦桢、童寯等）的研究已有相当数量的成果积累。如清华大学建筑学院于2001年4月举办"梁思成先生诞辰100周年纪念大会"，同时由中国建筑工业出版社出版九卷本《梁思成全集》；2001年中国建筑工业出版社出版的《杨廷宝诞辰100周年纪念文集》则较为集中地展示杨廷宝的建筑创作与建筑教育活动，并从理论上研究杨廷宝的建筑学术思想；东南大学建筑学院于2007年10月举办"纪念刘敦桢先生诞辰110周年暨中国建筑史学史专题研讨会"，同时由中国建筑工业出版社出版十卷本《刘敦桢全集》；2000~2006年，中国建筑工业出版社出版4卷本《童寯文集》，是进一步研究童寯学术思想的重要文献。1993年湖南大学纪念苏州工专建筑科的创办人柳士英先生100周年诞辰并出版了纪念专辑，可以说是柳士英研究的良好开端。侯幼彬对曾任中央大学建筑系主任的虞炳烈有专文研究，发现了许多有关这位因英年早逝而鲜为后人所知的杰出建筑家的宝贵史料。①沈振森对沈理源进行了详尽的研究，从多个角度综述沈理源的生平和作品。②娄承浩对陈植的生平和建筑活动进行了概要分析。③何重建对《建筑月刊》主编杜彦耿的研究也极富开创性。④1999年李海清的论文《哲匠之路——近代中国建筑师的先驱者孙支厦研究》⑤，以及2002年南通工学院纪念孙支厦诞辰120周年学术研讨会的召开和会议所发表的一系列论文，对近代中国土木工程师出身的建筑师的代表孙支厦作了较为系统的研究。

除对建筑师的个体研究外，也有学者将研究视角投向考察近代建筑师职业的形成、建筑师和建筑事务所的执业状况以及相关建筑制度等问题。如法国学者娜塔丽（Natalie Delande）论述了近代中国最早由工程师组成的事务所对建筑事业发展的重要贡献。⑥伍江对近代上海主要华人建筑师和建筑事务所作了总体回顾，并着重分析了其设计思想的演变过程。⑦李海清、付雪梅通过对近代时期中国人自营建筑设计机构发展脉络的梳理，从人员建制、管理体制、经济核算方式、技术工作状况等方面考察以"华盖建筑事务所"、"基泰工程司"等为代表的各类建筑设计机构的运作机制，以及围绕着主要合伙人的工作方式和为人治学风格而形成的"企业文化"。⑧赖德霖以上海公共租界为例，探讨了近代资本主义建筑制度在中国产生的过程和影响，并以《建筑法规的制定与建筑师登记的努力》为题阐述建筑师注册登记制度。⑨李海清在其著作中论述了中国近代建筑师职业的形成，政府对建筑师注册登记的管理，建筑师及事务所参与建筑生产的运作机制的建立及建筑师组织的形成等内容。⑩彭长歆的博士学位论文《岭南建筑的近代化历程研究》论述了岭南近代建筑师

---

① 参见侯幼彬，李婉贞．一页沉沉的历史——纪念前辈建筑师虞炳烈先生[J]. 建筑学报，1996（11）：47-49.

② 参见沈振森．中国近代建筑的先驱者——建筑师沈理源研究[D]. 天津：天津大学，2002.

③ 参见娄承浩．建筑泰斗陈植[J]. 档案春秋，2006（11）：26-28.

④ 参见何重建．杜彦耿与《建筑月刊》[C]// 汪坦，张复合主编．第四次中国近代建筑史研究讨论会论文集．北京：中国建筑工业出版社，1993：188-193.

⑤ 参见李海清．哲匠之路——近代中国建筑师的先驱者孙支厦研究[J]. 华中建筑，1999（2）：127-128.

⑥ 参见娜塔丽（Natalie Delande）．工程师站在建筑队伍的前列——上海近代建筑历史上技术文化的重要地位[C]// 汪坦，张复合主编．第五次中国近代建筑史研究讨论会论文集．北京：中国建筑工业出版社，1998：96-106.

⑦ 参见伍江．旧上海华人建筑师[J]. 时代建筑，1996（1）：39-42.

⑧ 参见李海清，付雪梅．运作机制与"企业文化"——近代时期中国人自营建筑设计机构初探[J]. 建筑师，2003（4）：49-53.

⑨ 参见赖德霖．中国近代建筑史研究[M]. 北京：清华大学出版社，2007：54-66.

⑩ 参见李海清．中国建筑现代转型[M]. 南京：东南大学出版社，2003.

群体的形成与发展，以及岭南建筑师执业制度的建立与发展。①孙全文、王俊雄立足于对中国文化传统背景下新的社会分工过程的研究，对近代中国建筑师职业地位的确立乃至建筑师职业活动的制度化运作等作了深入分析。②王浩娱在其题为《中国近代建筑师执业状况研究》的硕士学位论文中，分三个部分对中国近代建筑师群体的出现及其人员构成，建筑师事务所的运作情况，以及近代建筑师的建筑观作了较为详细的分析。③

相对于建筑师个体和私营事务所而言，建筑同业团体的情况显然更为复杂，需要对其所反映的群体运作和群体关系开展深入研究。何重建对上海营造业从传统行会组织向现代协会组织转变的研究就具有积极的意义。④作为20世纪30年代中国建筑活动空前繁盛的重要表现，中国建筑师学会和上海市建筑协会这两个新型建筑同业团体的出现和发展，对于推动建筑从业群体的职业化进程，提升其社会地位和影响力均起到十分重要的作用。目前关于这两个团体的研究成果主要有：赖德霖在《中国近代建筑史研究》一书中，对中国建筑师学会和上海市建筑协会的成立背景作了概要分析；李海清在《中国建筑近代转型》一书中，亦就中国建筑师学会和上海市建筑协会的建立、活动和影响作了进一步研究。作为近代中国建筑界最具代表性的同业团体，中国建筑师学会和上海市建筑协会是如何形成与发展的？其对于近代中国建筑从业群体现代转型的进程有着怎样的影响？他们又是通过何种方式施加这种影响？结果又如何？对这些问题的深入考察，有助于进一步加深对近代中国建筑同业团体和职业群体的认识，拓展对中国建筑现代化进程研究的广度和深度。

1.2.3 关于近代中国建筑技术与建筑材料

建筑作为人类改造客观世界，满足自身需求的物化成果，其产生与发展始终离不开技术手段和建筑材料的物质支撑，正如勒·柯布西耶所言：“过去的建筑史，经过多少个世纪，只在构造做法和装饰上缓慢地演变。近50年来，钢铁和水泥取得了成果，它们是结构的巨大力量的标志，是打翻了常规惯例的一种建筑的标志。如果我们面对过去昂然挺立，我们会有把握地说，那些‘风格’对我们已不复存在，一个当代的风格正在形成：这就是革命。”⑤因此，对近代中国建筑技术与建筑材料领域发展的研究，是全面认识中国建筑现代化进程无法回避的重要环节。

目前学界对中国近代建筑史时期建筑技术和材料体系的专题研究相对较少。刘先觉、杨维菊通过对19世纪末20世纪初南京近代建筑的考察，论述了此时期新式砖木结构、钢木混合结构及钢筋混凝土结构在南京的发展过程及其对当时建筑的重要影响。⑥法国学者娜塔丽（Natalie Delande）讨论了西方近代建筑技术和材料在上海的本土化应用，强调指出建筑地基体系在设计、施工方面的进步对高层建筑发展的决定性作用。⑦李海清在《中国建

---

① 参见彭长歆．岭南建筑的近代化历程研究 [D]. 广州：华南理工大学，2004.

② 参见孙全文，王俊雄．国民政府时期建筑师专业制度形成之研究 [J]. 城市与设计学报，2000（9-10）：81-116.

③ 参见王浩娱．中国近代建筑师执业状况研究 [D]. 南京：东南大学，2002.

④ 参见何重建．上海近代营造业的形成及特征 [C]// 汪坦，张复合主编．第三次中国近代建筑史研究讨论会论文集．北京：中国建筑工业出版社，1991：118-124.

⑤ 勒·柯布西耶著．走向新建筑 [M]. 陈志华译．西安：陕西师范大学出版社，2004：235.

⑥ 参见刘先觉，杨维菊．建筑技术在南京近代建筑发展中的作用 [C]// 汪坦，张复合主编．第五次中国近代建筑史研究讨论会论文集．北京：中国建筑工业出版社，1998：91-95.

⑦ 参见娜塔丽（Natalie Delande）．工程师站在建筑队伍的前列——上海近代建筑历史上技术文化的重要地位 [C]// 汪坦，张复合主编．第五次中国近代建筑史研究讨论会论文集．北京：中国建筑工业出版社，1998：96-106.

筑现代转型》一书中，对西方近代建筑技术（特别是结构技术）在中国的引进和发展状况作了相当细致的研究，从总体上论述了近代中国建筑技术体系的发展进程，其研究成果具有积极意义。[①]此外，彭长歆在其博士学位论文《岭南建筑的近代化历程研究》中以“岭南建筑近代化之技术建构”为题，专门从结构技术的引入与发展，岭南建筑材料生产体系的形成与发展，建筑应用技术的发展等方面对岭南地区建筑技术与材料体系的近代化问题进行了系统研究。[②]王昕在其博士学位论文《江苏近代建筑文化研究》中对江苏近代建筑发展的技术内容作了相关阐述，从新的结构体系、新的建筑材料、新的建筑工程分工等方面分别论述了江苏地区建筑技术和材料体系的近代化发展。[③]作为本书的基础资料源，《中国建筑》和《建筑月刊》所载内容直接反映了 20 世纪 30 年代国内（主要是上海地区）建筑业发展的状况，是了解这一时期以上海为代表的中国建筑业发展状况的第一手资料。由于这两份刊物的主办者均为建筑生产第一线的直接参与者，而《建筑月刊》更是主要反映了施工方和材料商群体的关注内容和利益诉求，故而对其所载微观现象的具体分析也有助于加深对此时期中国建筑技术体系和材料工业体系现代化进程的认知。

---

① 参见李海清 . 中国建筑现代转型 [M]. 南京：东南大学出版社，2003.

② 参见彭长歆 . 岭南建筑的近代化历程研究 [D]. 广州：华南理工大学，2004.

③ 参见王昕 . 江苏近代建筑文化研究 [D]. 南京：东南大学，2006.

第2章

《中国建筑》与《建筑月刊》概述

2.1 《中国建筑》概述

2.1.1 《中国建筑》的办刊宗旨及其文献著录特征

1927 年 10 月，建筑师范文照、张光圻、吕彦直、庄俊、巫振英等发起成立国内最早的建筑师同业团体——上海建筑师学会，并于第二年更名为中国建筑师学会，由中国建筑师学会主办的《中国建筑》亦于 1932 年 11 月创刊。正如赵深在《中国建筑》创刊号“发刊词”中所言，“惟念灌输建筑学识，探研建筑学问，非从广译东西建筑书报不为功，因合同人之力，而有中国建筑杂志之辑。”[①]该刊以“融合东西建筑学之特长，以发扬吾国建筑物固有之色彩”为使命，其办刊目的有四：一是记录、宣传中国传统建筑文化的精髓；二是摒弃门户之见，广泛介绍国内外建筑师的设计作品；三是介绍西方现代建筑的先进成果以资学习；四是宣传国内大学建筑学专业的教学成果，推动国内建筑教育事业的发展。

图 2-1 《中国建筑》创刊号封面

《中国建筑》(The Chinese Architect) 由中国建筑师学会（地址：上海南京路大陆商场四楼 427 号）出版发行，1932 年 11 月发行创刊号，1933 年 7 月出版第 1 卷第 1 期，至 1937 年 4 月停刊，共出版 30 期（图 2-1）。《中国建筑》以月刊形式发行。[②]自 1933 年 7 月出版第 1 卷第 1 期后，至 1935 年 2 月，除 1934 年 10 月出版第 2 卷 9-10 期合刊，1934 年 11 月出版第 2 卷 11-12 期合刊外，基本按月发刊。其后因时局动荡，出版周期很不稳定，经常出现刊物延期出版的情况。1936 年开始，刊物取消按月出版的卷期编号方式，改为仅标注期数，以避免出版日期与卷期数不符。1937 年 29 期出版后，曾计划改为双月刊发行，但并未实施而因战乱停刊（表 2-1）。

作为期刊的主办机构，中国建筑师学会在 1932 年就专门设立了由杨锡镠、童寯、董大酉组成的出版委员会，负责出版学术期刊、书籍的工作。发轫之初，该期刊的

① 赵深 . 发刊词 [J]. 中国建筑，1932（创刊号）：2.

② 《中国建筑》第 1 卷第 1 期“本刊启事”：“自本期起面积加大，内容刷新，务期于建筑学术上小有贡献，并当按月出版以期不负爱护本刊诸君之殷望。”

编辑人员曾出现若干变动，如期刊创刊号编辑许窥豹并非学会成员，且自第1卷第1期起也再未出现编辑许窥豹的字样。[①]这一人事变动在第1卷第1期“本刊启事”中记载如下：“迳启者，本刊自本年一月间创刊号出版后，因编辑主干人员发生问题未能继续出刊，致令读者诸君纷纷来函垂询，深抱不安。现已由建筑师学会特派专员负责办理。”1934年第2卷第1期起，关于出版方的说明正式改为“编辑及出版：中国建筑杂志社（上海宁波路上海银行大楼405号）；发行人：杨锡镠”，同年4月又改为“出版：中国建筑师学会；编辑：中国建筑杂志社，发行人：杨锡镠”，并最终延续至停刊。该期刊的发行人杨锡镠（1899~1978年），字右辛，江苏吴县人，1921年毕业于南洋大学土木工程系，1924~1929年在黄元吉开办的凯泰建筑公司任建筑师，1929年加入中国建筑师学会，1930年在上海开办杨锡镠建筑事务所，1934年起担任《中国建筑》发行人、《申报》建筑专刊主编。曾获得南京中山陵设计方案竞赛三等奖、广州中山纪念堂设计方案竞赛二等奖。

《中国建筑》各年出版期号一览表　　表2-1

出版年月	期号	出版年月	期号	出版年月	期号	出版年月	期号	出版年月	期号
1932.11	创刊号	1934.1	2卷1期	1935.1	3卷1期	1936.3	24期	1937.1	28期
1933.7	1卷1期	1934.2	2卷2期	1935.2	3卷2期	1936.5	25期	1937.4	29期
1933.8	1卷2期	1934.3	2卷3期	1935.8	3卷3期	1936.7	26期		
1933.9	1卷3期	1934.4	2卷4期	1935.9	3卷4期	1936.10	27期		
1933.10	1卷4期	1934.5	2卷5期	1935.11	3卷5期				
1933.11	1卷5期	1934.6	2卷6期						
1933.12	1卷6期	1934.7	2卷7期						
		1934.8	2卷8期						
		1934.10	2卷9-10期						
		1934.11	2卷11-12期						

《中国建筑》最初四期由上海国光印书局（上海新大沽路南成都路口）承印，自第1卷第4期开始改由上海美华书馆（上海爱而近路三号）承印。刊物自创刊伊始便向国内外发行，1933年的零售价格：每册大洋五角；预定：半年六册大洋三元，全年十二册大洋五元；邮费：国外每册加一角六分，国内预定者不加邮费。1934年以后零售价格调整为：每册大洋七角；预定：半年六册大洋四元，全年十二册大洋七元；邮费与上年相同。

《中国建筑》的开本为16开，每期内容包括正文和广告两部分，正文页数每期41至

① 许窥豹曾于1930年12月至1931年6月任《时事新报》建筑地产副刊主编。

80 页不等，广告页数每期 8 至 26 页不等。刊物文字采用新式横向排版，内容图文并重，自 1935 年起，加大了设计图样在刊物中的比重（图 2-2、表 2-2）。

《中国建筑》各期开本及正文与广告页数统计表 表 2-2

出版年份	开本	每期正文页数（页）	平均正文页数（页）	每期广告页数（页）	平均广告页数（页）
1932~1933	16 开	41~59	49	18~26	22
1934	16 开	52~80	63	11~26	16
1935	16 开	44~75	56	8~16	13
1936~1937	16 开	50~66	59	15~23	18

刊物传达的信息量是衡量刊物发展趋势的重要指标，根据随机抽取样本的计算结果，若以创刊号每页约 900 字为基数（页信息量为 1.00），则该杂志 1933 年每页字数约为 1400 字（页信息量为 1.56），1934~1935 年每页字数约为 1500 字（页信息量为 1.67），1936 年以后每页字数约为 1100 字（页信息量为 1.22）。分别统计刊物各年的页信息量、期信息量与年信息量，即为《中国建筑》各年信息量变化统计表（表 2-3）。

■插图页占比

59.5% 51.8% 62.2% 83.2%

1932~1933年 1934年 1935年 1936~1937年

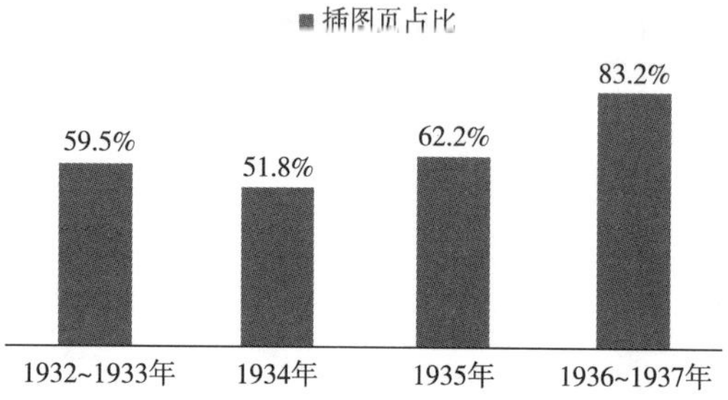

图 2-2 《中国建筑》各年插图页在正文中占比变化图

《中国建筑》各年信息量变化统计表 表 2-3

年份	页信息量	期信息量	年信息量
1932	1.00	1.00	1.00
1933	1.56	1.56	9.36
1934	1.67	2.15	21.50
1935	1.67	1.91	9.55
1936	1.22	1.47	5.88
1937	1.22	1.47	2.94

注：因刊物各年的排版方式、图文比例、字体大小等均有变化，故选取各年比例最大的纯文字排版页面为统计对象；因字体大小变化不大，故忽略字体大小的影响；由于图样在建筑刊物中的地位特殊，故将图样等同于文字信息量进行统计。本表信息量计算属估算数据，但并不影响分析结果的趋势性变化结论

虽然信息量数据为近似值，但从图 2-2 中仍可看出期刊年信息量变化的总体趋势。结合表 2-1 的杂志发行期数统计可知，《中国建筑》的刊载信息量主要受发行期数影响，

信息量的变化与刊物发行期数的变化直接相关：1932~1934年间刊物信息量呈上升趋势，而1935年以后则逐年快速回落，其中1934年是刊物发行最稳定的时期，故其信息量也远高于其他年份（图2-3）。

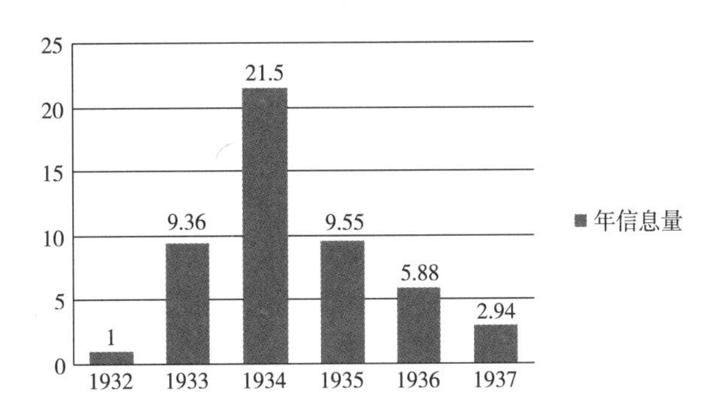

图2-3 《中国建筑》各年信息量变化统计图

《中国建筑》之所以产生出版周期不稳定的状况，稿件征集困难应是主要原因。这一方面源于杂志对于稿件质量，特别是图样（包括设计图样和照片）的较高要求。正如编者所言："本社的小小建筑杂志已有五年过程了，每期所选的作品，似乎读者们都很欢迎，本社同人聊可以自慰的。但是收集图样的苦衷，不是笔墨可以形容得出，每张照片及图样，都要从场地上实事求是地取来，不比别的著作，只要有学问就可以'日试万言马可待'，所以本刊因此每每脱期。"①另一方面，由于这一时期国内建筑师职业群体尚处于发展初期，具备专业学识的作者群体不大，加之具备声望学识的建筑专家又多忙于工程业务而无暇他顾，因而难以形成稳定的作者群体。正如编者自述所言："本刊原系每月出版一期，一年十二期。惟因稿件征集之不易，制版印刷之费时，衡之以往经验，时有延期之可能，以致出版日期与书卷期数互不相符，殊为遗憾。"②此外，一些长期连载的稿件也每每因作者他事缠身而中断刊期，如1935年第3卷第3期"卷头弁语"所述："本刊每期登载之'建筑正轨'一文，因作者事烦，续稿未到，暂停，容到后继续刊登。"因此，为使刊物出版周期与稿件征集情况相适应，学会于1936年12月18日年会议决，"以所出之《中国建筑》原系月刊，每月出书一期，但事实上搜集材料及制版印刷在在需时，以致期期拖延，对于读者不胜抱歉，兹从本期③起改为两月刊，俾可名副其实。"④ 可惜的是，自此之后刊物却因抗日战争爆发而就此停办。

虽然刊物的编辑出版存在种种困难，但是《中国建筑》仍然在近代中国建筑界占据了重要地位，这既缘于该刊物始终秉持"融汇东西，弘扬国粹"的办刊宗旨，大力宣传本土建筑师的最新成果；同时，刊物学术规范的优良传统也使稿件质量得到保障，从而在每每脱期的情况下依然获得读者的拥戴。《中国建筑》在1933年第1卷第1期就刊有投稿简章，1933年第1卷第4期又刊登了更为详细的征稿通知，对于投稿文章的要求作出具体说明。如该刊规定应征稿件均需以中文写作，文言白话均可，但必须注有新式标点；若文中有外文转译之专业名词，则需将原文附于译名之后；若文章系翻译作品，则要求将原文出处、出版时间、作者等信息附于文后。在著作权方面，该刊规定发表稿件的版权归出版社所有，出版社向入选稿件作者支付稿酬，短篇稿件（5000字以下）每篇稿酬5~50元，长篇稿件（5000字以上）每篇稿酬10~200元，出版社对稿件拥有增删修改的权力，稿件一旦发表，不得再在其他任何出版物上登载。从以上规定可以看出，《中国建筑》从创刊之初就十分注重刊物的学术规范建设，在稿件文体、书写格式、稿酬支付、著作权保护等方面都有明确的规定。

---

① 卷头弁语 [J]. 中国建筑，1937（29）.
② 卷头弁语 [J]. 中国建筑，1936（24）.
③ 1937年第29期.
④ 本刊启事 [J]. 中国建筑，1937（29）.

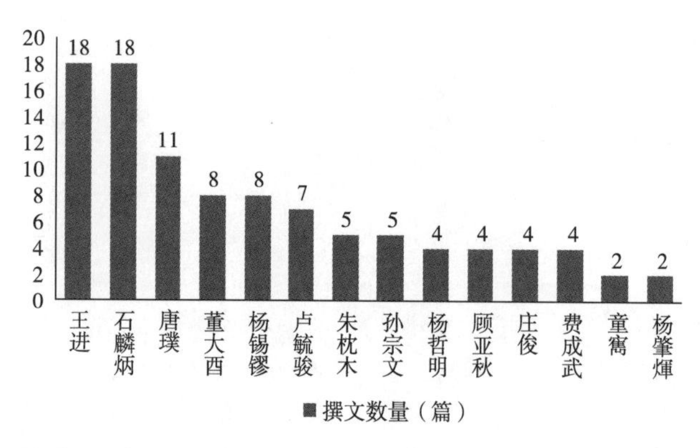

图 2-4 《中国建筑》主要作者发文数量统计图

据统计，《中国建筑》的作者群体中既有中国建筑师学会会员，也有许多建筑界的其他有识之士，其发表文章的数量也较为平均，在总计将近 340 篇稿件中，供稿最多的作者共发表 18 篇稿件，约占总数的 5.3%（图 2-4）。另外，该刊自 1935 年第 3 卷第 2 期开始刊登中国建筑师学会会员的作品专刊（表 2-4），每期专门介绍一到两位会员的最新作品，其内容偏重于设计图样和已建成建筑照片展示，纯文字稿件的数量有所下降（此类专辑稿件未纳入图 2-4 的统计中）。

《中国建筑》之中国建筑师学会会员专刊统计表 表 2-4

出版年月	期号	供稿人
1935.2	第 3 卷第 2 期	董大酉（董大酉建筑师事务所）
1935.8	第 3 卷第 3 期	赵深、陈植、童寯（华盖建筑师事务所）
1935.9	第 3 卷第 4 期	黄元吉、杨锡镠（凯泰建筑公司）
1935.11	第 3 卷第 5 期	庄俊（庄俊建筑师事务所）
1936.3	第 24 期	范文照（范文照建筑师事务所）
1936.5	第 25 期	李锦沛（李锦沛建筑师事务所）
1936.7	第 26 期	陆谦受、吴景奇（中国银行建筑科）
1936.10	第 27 期	李英年（浙江兴业银行建筑部）
1937.1	第 28 期	奚福泉（启明建筑事务所）
1937.4	第 29 期	杨润玉、杨元麟、杨锦麟（华信建筑师事务所）

2.1.2 《中国建筑》文献内容分析

1）选题与内容导向

《中国建筑》创刊发行后，因其内容丰富、图文并茂而广获好评，“各界人士之购阅者，数目激增；国内外各地之订购者，尤见踊跃……迄今为时只三月余，而各代售处寄售之本刊，大都均已销售一空，陆续来函嘱即另寄。行销之速，可见一斑。”[①]这既是因为当时国内出版

① 卷头弁语 [J]. 中国建筑，1933，1（4）.

的建筑书籍为数甚少，而建筑类专业学术期刊更为罕见，因此该刊的出版引起业界的广泛关注；另一方面，刊物的选题和内容导向贴近实际，并不断调整以切合读者的实际需求，也是刊物风行一时的重要原因。

20 世纪 20~30 年代，建筑师作为近代中国建筑业的新兴职业群体，其生存和发展不但受制于社会认同度的提高，而且面临来自在华开业的西方建筑师、本国的土木工程师以及兼营建筑绘图的营造厂等各方面的业务竞争。为拓展本土建筑师的生存空间，作为《中国建筑》主办单位的中国建筑师学会从创立之初就致力于促进建筑师群体的职业化发展和提升本行业的社会地位及影响力，而这一目标也反映在刊物的选题和内容导向上。据 1933 年第 1 卷第 2 期“卷头弁语”记载，《中国建筑》创办之初的内容选题主要包括三个方向：其一，搜罗介绍传统建筑精粹以及现代建筑的最新成就；其二，针对当时业主、建筑师、承造人之间业务往来中存在的实际需求，专门刊登各类建筑文件的示范文本以及工程招标所需建筑章程的格式文件，以冀对规范建筑师执业行为起到促进作用；其三，针对社会上住宅建设的大量需求，专门介绍各式居住建筑的设计成果以供业内外读者参考。从这三个选题方向可以看出，针对现实需要，解决实际问题，从建筑专业的视角为读者提供具有实际借鉴价值的参考信息是刊物选题的主要特点。以规范建筑师执业行为为例，由于这一时期中国建筑业的运行体制正处于变化之中，新兴建筑师职业群体的加入使建筑活动参与者及其相互关系与以往有很大不同，迫切需要与之适应的新的执业操作规范，以避免产生无谓纠纷。正如编者所言：“设计监工，为建筑师分内职务，固当聚精会神以赴之……但交易上之事项，亦应审慎办理，盖建筑师、业主及承造人三方，事实上各立于不同地位，相互间遂生有特殊关系，每方既各有其应享之权利，亦各有其应尽之义务，所以一切须于事前规定详密，以免事后争论纠葛。”[①]因此，《中国建筑》刊载工程说明书等各类建筑文件范本，其目的也在于“应其需要，助其实用也。”

随着城市与建筑的发展，各种建筑形式“日新月异”地充斥于中国近代城市，社会受众在接受新的西方生活模式的同时，也理所当然地将其建筑形式视为西方建筑文化的象征，中国传统建筑文化没有得到应有的重视。有鉴于此，《中国建筑》在 1934 年第 2 卷第 4 期“卷头弁语”中提出：“中国因为社会人士，对于学术观念太漠视了，以致历史上的建筑，大都沦没失传。晚近的建筑，又无人搜集成册，致欲参考而无由，殊属一大遗憾。”并将介绍传统建筑文化精髓和近代中国建筑文化发展新成就作为这一时期刊物选题的一个方向，“商诸全国建筑师，供给图样，按月在本刊披露，以期鼓励社会人士对于建筑文化加以注意”。

中国建筑师学会将《中国建筑》杂志视为其宣传和普及建筑专业知识，推动从业群体职业化发展，扩大本土建筑师群体社会影响力的重要手段。而宣传本土建筑师及其作品，引导社会公众接受并认可本土建筑师的职业能力，则更是关系新兴建筑师职业群体生存发展的重要问题。正如编者所言：“本刊之使命，一方为初学建筑者之指导，一方为国内建筑师设计之出色建筑物作宣传，以期与国外建筑师相抗衡而抵塞漏卮，此则直接关系于个人，间接影响于社会。”[②]为此，该刊大量刊登了本土建筑师的设计作品和理论文章，并以专辑的形式分 10 期专门介绍了中国建筑师学会部分会员的作品，专辑数量占刊物发

① 卷头弁语 [J]. 中国建筑，1933，1（2）.

② 卷头弁语 [J]. 中国建筑，1934，2（6）.

行总量的1/3。这一编排方式既可以使读者直接了解不同建筑师的设计理念和手法特色，进而通过这些专业信息的普及逐渐提升一般读者欣赏和鉴别建筑艺术的能力，又可使从业者获得比较、观摩的机会，从而得到互相激励、互相学习的效果，对于初学建筑者则更起到教诲的作用。同时，这也在客观上宣传并扩大了本土建筑师，特别是学会成员的社会影响力。

总体而言，作为新兴建筑师职业群体的舆论阵地，《中国建筑》始终注意维护本行业群体利益和契合社会的现实需求，先后重点刊登了具有保护价值的传统建筑、市场建设量较大的住宅建筑，以及各类公共建筑的相关稿件。值得注意的是，刊物刊登的建筑实例基本上都是本土建筑师的设计作品，并通过专辑形式重点介绍学会会员的建筑作品，这反映了学会应对市场竞争，维护行业自身利益的基本立场。此外，《中国建筑》刊登的一系列有关建筑师职业规范、技术操作准则等方面的文章，对于提升从业者的职业素质，推动建筑师群体的职业化发展也起到促进作用。作为建筑同业团体主办的学术刊物，《中国建筑》获得包括中国建筑师学会会员在内的业内专家的大力支持，除发表文章外还提供了大量详细而全面的设计图样，从而使刊物具有较强的专业性和学术性，在社会公众和行业内部形成了一定的专业权威性，这也为刊物发挥其对外宣传、对内引导的功能提供了保障。

2）文献类别分析

据统计，《中国建筑》在将近五年的发行期内共刊登稿件336篇，[①]其内容按学科大类可大致划分为建筑学领域（建筑设计、建筑理论、建筑历史、建筑技术及材料、建筑教育等）、城市规划、跨学科研究及其他相关内容（卷头弁语、建筑界信息等）等四个方面。从图2-5可以看出，刊物报道建筑学领域研究的稿件304篇，占总发文量的90.5%；关于城市规划的稿件5篇，占总发文量的1.5%；跨学科研究的稿件2篇，占总发文量的0.6%；各期的“编者按”与相关信息发布等内容25篇，占总发文量的7.4%。显然，建筑学领域的稿件在刊物中占有绝对主体地位，这也是本节分析的重点内容。

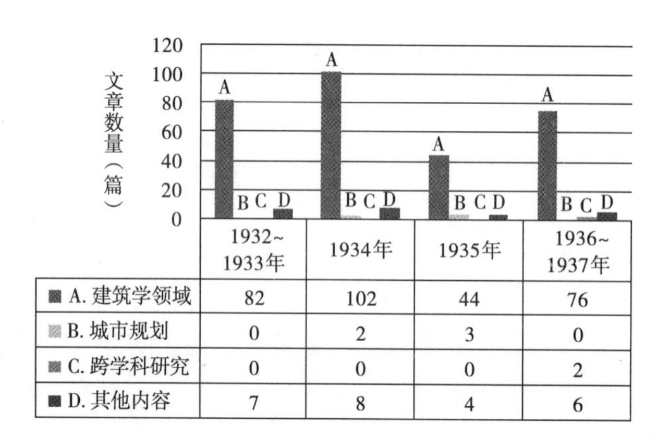

	1932~1933年	1934年	1935年	1936~1937年
A. 建筑学领域	82	102	44	76
B. 城市规划	0	2	3	0
C. 跨学科研究	0	0	0	2
D. 其他内容	7	8	4	6

图2-5 《中国建筑》稿件数量大类分析统计图

从图2-6可以看出，在建筑学领域的稿件中，“建筑设计”（包括建筑设计原理、设计实例以及设计规范）部分的稿件共166篇，占该大类总量的54.6%；“建筑理论”（包括对各种建筑风格、思潮及人物的评论和对建筑体制与建筑师职业化的研究）部分的稿件共40篇，占该大类总量的13.2%；“建筑历史”部分的稿件共15

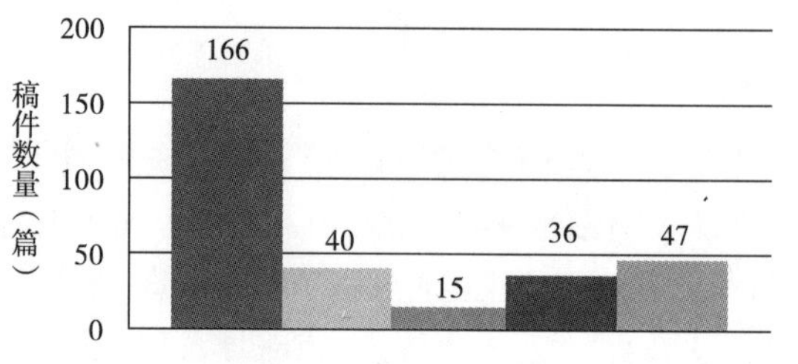

图2-6 《中国建筑》建筑学领域各类稿件数量分布图

① 由于《中国建筑》刊载的部分实例为纯图样稿件，故将实例部分按项目分别统计稿件篇数。

篇，占该大类总量的4.9%；“建筑技术及材料”部分的稿件共36篇，占该大类总量的11.8%；“建筑教育”部分的稿件共47篇，占该大类总量的15.5%。由此可见，关于建筑设计的稿件占该大类稿件的绝对多数，而关于建筑理论、建筑技术及材料，以及建筑教育的稿件所占份额比较接近，建筑历史类稿件所占份额最少。可见，建筑设计实例和设计原理的交流是当时刊物选题的重点，这也与刊物贴近读者实际需求，宣传本土建筑师作品的导向一致。

通过分析刊物稿件的数量及时序分布可以看出，虽然建筑设计类稿件在总量上占主体地位，但刊物在不同时期还是呈现内容编排上的不同特点。在刊物发行期间，1934年刊物的发行期数和每期稿件数均远高于其他年份，是刊物发行的巅峰时期，其后便呈下滑趋势。综合图2-7、图2-8的内容可以看出，1934年也是刊物内容最为丰富多样的时期，建筑设计、建筑理论、建筑教育等各类稿件在数量上呈现相对均衡的状况，说明这一时期建筑界的学术研究处于百花齐放的活跃状态，这段时间建筑设计类稿件数量的下降正是因为大量刊登其他方面的研究文章的结果。这一年既刊登了对上海市政府新屋、体育场、虹桥疗养院、南京中央医院等本土建筑师优秀设计实例的介绍，也有“房屋声学”、“钢骨水泥房屋设计”、“建筑用石概论”等关于建筑技术与材料问题的讨论；既有“建筑的新曙光”、“现代建筑概述”等重要的理论研究文章，也有“建筑正轨”、“建筑几何”等普及建筑知识的长篇连载；而关于建筑历史的文章数量也在这一年达到顶峰。总体而言，除建筑设计类稿件外，其他内容的稿件数量在1934年以后均呈下滑趋势，这一方面是因为1935年2月以后均为建筑师的个人专辑，主要由特定对象专门供稿，故其内容以该建筑师的设计作品和建成实例为主，其他内容的稿件数量自然有所下降；另一方面也说明建筑师的主要精力和兴趣还是集中于具体的建筑设计，而设计业务的繁忙也导致理论研究等其他内容的稿件难以为继。

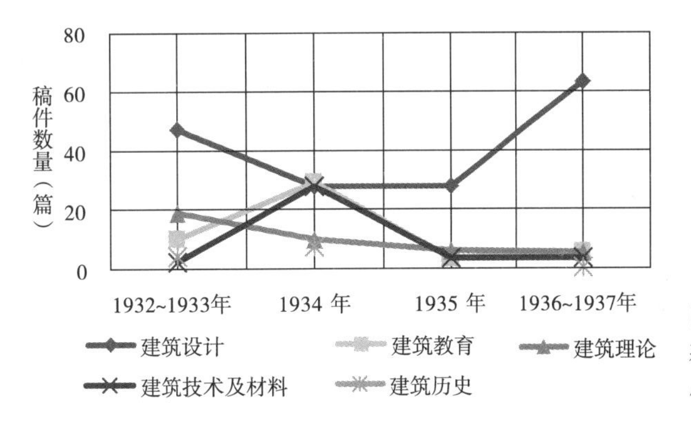

图2-7 《中国建筑》建筑学领域稿件时序（年）分布图

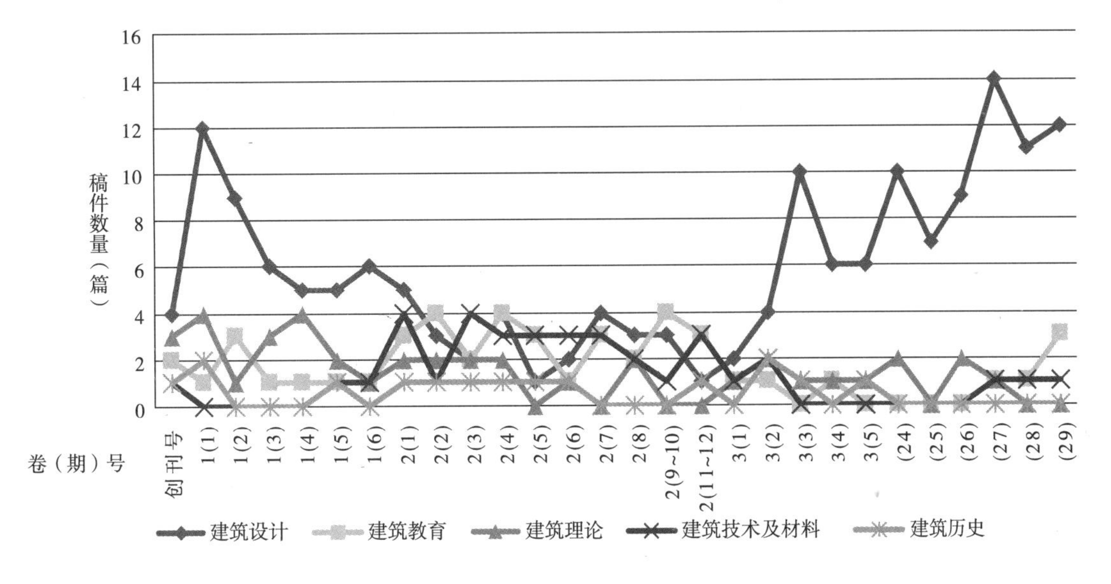

图2-8 《中国建筑》建筑学领域稿件时序（期）分布图

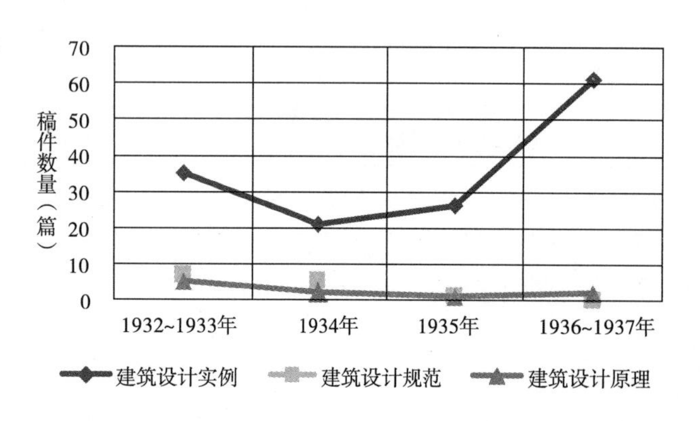

图 2-9 《中国建筑》建筑设计类稿件时序（年）分布图

就建筑设计类稿件的内容分布而言，介绍建筑设计实例的稿件共 140 篇，占该类稿件总数的 85.9%；关于建筑设计规范的稿件共 13 篇，占该类稿件总数的 8.0%；讨论建筑设计原理的稿件共 10 篇，占该类稿件总数的 6.1%。这说明此时期设计案例和建成实例的介绍远远多于对建筑设计规范及设计原理的讨论。至于设计规范的稿件较设计原理为多，则主要因为该刊曾于 1932 年创刊号至 1934 年第 2 卷第 8 期，共分 12 期刊载了由杨肇煇和王进翻译的《上海公共租界房屋建筑章程》一文。这一时期国内建筑市场的发展、建设规模和设计业务量的增加，都使人们对建筑设计的具体实例产生更多的兴趣，但关于各种类型建筑设计的理论研究则尚处于起步阶段，缺乏系统研究和专题讨论。通过图 2-9 的建筑设计类稿件的时序分析可以看出，关于建筑设计实例的稿件在 1934 年后呈明显的上升趋势，而其他两类稿件则始终处于较为低迷的状态，大量介绍本土建筑师的建筑作品成为《中国建筑》的主要特点，这既是配合当时社会关注的需要，也是中国建筑师学会宣传本土建筑师、扩大新兴建筑师群体社会影响力的必然选择（表 2-5）。

《中国建筑》各年建筑设计类稿件内容分布统计表 **表 2-5**

	1932~1933 年	1934 年	1935 年	1936~1937 年	合计
建筑设计实例	32	21	26	61	140
建筑设计规范	7	5	1	0	13
建筑设计原理	5	2	1	2	10
合计	44	28	28	63	163

作为刊物内容的重要组成部分，连载文章对于反映办刊思路、体现刊物内容导向都具有重要作用。据统计，建筑教育类稿件占刊物连载稿件总量的 38.3%，建筑技术及材料类稿件占刊物连载稿件总量的 24.7%，建筑设计规范类稿件占刊物连载稿件总量的 14.8%，建筑理论类稿件占刊物连载稿件总量的 11.1%，建筑历史类稿件占刊物连载稿件总量的 6.2%，城市规划类稿件占刊物连载稿件总量的 4.9%，虽然这一数据并不能完全代表刊物的内容导向，但还是可以反映出一定的趋势性。首先，这些连载稿件中的绝大部分都刊登于 1934 年各期，其后刊出的只有国内建筑院校学生作业的介绍和《谈建筑及其他美术》一文，这再次说明 1934 年是《中国建筑》刊务状况最好的一年，相对稳定的稿源和相对丰富的内容都反映出业界对于影响行业发展诸项因素的多元化思考，说明这一时期国内建筑界的学术活动处于较为活跃的状态。其次，宣传国内建筑教育成果和普及建筑专业知识是中国建筑师学会举办这一学术期刊的主要目的之一，因此，建筑教育类稿件在连载稿件中数量最多，时间跨度最长，也是该

刊办刊目标的直接体现（表 2–6）。

《中国建筑》连载稿件统计表 **表 2–6**

稿件名称	作　者	起止刊号	连载期数	稿件类别
国内建筑院校学生作业		1932（创刊号）至 1935，3（4）	14	建筑教育
《上海公共租界房屋建筑章程》	杨肇煇、王进译	1932（创刊号）至 1934，2（8）	12	建筑设计规范
《房屋声学》	沃森著，唐璞译	1933，1（5）至 1934，2（8）	10	建筑技术及材料
《建筑正轨》	石麟炳著	1934，2（1）至 1934，2（11–12）	10	建筑教育
《钢骨水泥房屋设计》	王进著	1934，2（1）至 1934，2（7）	6	建筑技术及材料
《中国历代宗教建筑艺术的鸟瞰》	孙宗文著	1934，2（2）至 1934，2（6）	5	建筑历史
《建筑投影画法》	顾亚秋著	1934，2（9–10）至 1935，3（2）	4	建筑教育
《实用简要城市计划学》	卢毓骏著	1934，2（9–10）至 1935，3（3）	4	城市规划
《建筑用石概论》	朱枕木著	1934，2（3）至 1934，2（6）	4	建筑技术及材料
《建筑文件》	杨锡镠著	1933，1（1）至 1933，1（4）	4	建筑理论
《建筑的新曙光》	勒·柯布西耶著，卢毓骏译	1934，2（2）至 1934，2（4）	3	建筑理论
《建筑几何》	石麟炳译	1934，2（7）至 1934，2（11–12）	3	建筑教育
《谈建筑及其他美术》	费成武著	1936，（27）至 1937，（28）	2	建筑理论

3）文献内容分析

已建成建筑实例介绍是《中国建筑》的主要内容，所载实例涉及公共建筑、居住建筑及室内设计等各个方面，其中公共建筑因其单体规模较大，设计复杂程度较高，社会影响力较大，更能反映建筑师的专业技术水平，故刊载数量较多。从图 2–10 公共建筑与居住建筑类稿件的时序分析可以看出，公共建筑和居住建筑类稿件数量与建

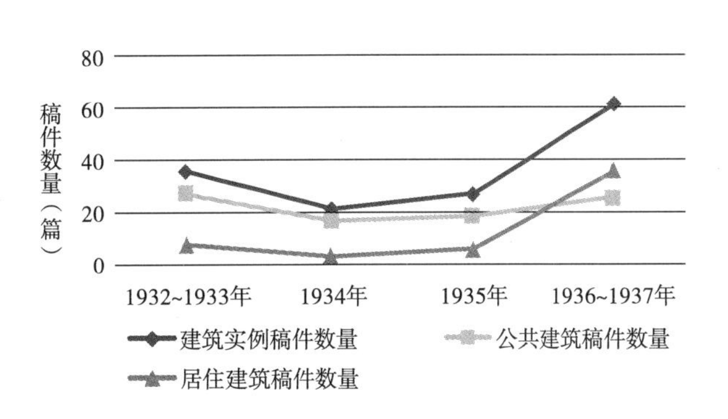

图 2–10 《中国建筑》公共建筑与居住建筑稿件时序（年）分布图

筑设计实例总体数量在时序上呈正向变化，其中有关公共建筑的稿件数量占比较大，其时序分布亦较为稳定，这说明当时人们对此类建筑一直保持较高的关注度，而刊物对此类建筑的宣传力度也一直较大。20世纪20~30年代，国民政府推行“中国本位”的文化建设，“中国固有之建筑形式”成为官方规定的正宗建筑形式，而本土建筑师也借此机会在政府推动的城市建设中获得了更多的实践机会，完成了一批日后影响巨大的建筑作品。《中国建筑》刊载了上海市行政区及市政府新屋、广东省政府合署建筑、南京国民政府外交部办公大楼、广州中山纪念堂、南京中央体育场、上海市体育场、上海金城银行、大上海大戏院、南京新都大戏院、上海火车北站、南京中央医院、上海虹桥疗养院、上海产妇医院等颇具影响的建筑作品。这些由本土建筑师自主完成的设计作品涵盖了办公、体育、金融、娱乐、交通、医疗及纪念性建筑等各种建筑类型，其建筑形式既有“中国固有形式”，也有“西方古典式”、“现代式（国际式、立体式）”以及“新中式建筑”等各种风格，反映了中国第一代职业建筑师对中国建筑的多元化思考，“兼收并蓄、多元发展”成为这一时期中国建筑的重要特征。

居住建筑是构成建筑市场需求的主体内容，这一时期公众在居住模式、居住条件等方面提出了新的要求，而城市扩张所带来的人口膨胀、生活环境恶化等社会问题则使建筑界对居住问题的关注度不断提升。顺应这一趋势，1935年以后《中国建筑》此类稿件的数量呈明显上升趋势，并开始从社会改良的角度将稿件焦点转向居住建筑。正如编者所言：“谈到住宅问题，都认为切己的事，不容稍缓须臾，不过有产阶级可以随心所欲，在山明水秀之地，或在都会繁华之区，建筑住宅，一切布置及卫生设备，力求摩登，可以骄傲人家。但是在今日社会不景气之下，要这些畸形发展，有什么好处呢？我们看到上海闸北区劳动者住着狭小污秽的草棚，空气不足，日光阻蔽，因此容易患传染病及发生火患。推想到凡是各处的劳动者一定同感到这种痛苦！这不是很严重的问题么？要解决这个问题，我希望建设当局划出几个平民住宅区，道路的宽度以及房屋的式样，这种计划又可以整齐市容。希望有产阶级有觉悟心，把造什么里什么村的高尚住宅经费，拿来盖造平民住宅，规定最低的租价……希望我们建筑师不要以为计划平民住宅，没有艺术化的价值，都鄙视而不屑为之……同时我们收集这种图样刊登出来，比较那高尚住宅要有益得多了！”①众所周知，欧洲现代主义建筑运动中始终贯穿着社会改革的思想。勒·柯布西耶在《走向新建筑》序言中写道：“因此建筑成了时代的镜子。现代的建筑关心住宅，为普通而平常的人关心普通而平常的住宅，它任凭宫殿倒塌，这是时代的一个标志。”②可见，刊物所代表的中国建筑师群体已从思想上受到现代主义建筑运动的影响，开始关注居住建筑及其背后的社会问题，从社会改良的角度思考建筑师的社会责任。

《中国建筑》刊载的居住建筑包括别墅、低层联排式住宅、多层公寓住宅、高层住宅等多种类型，既有单体建筑设计也有小区规划，基本涵盖了当时的各种住宅模式。如1936年第27期刊登了李英年建筑师设计的上海愚园路渔光村住宅，该项目为三层联排式住宅，户型多为四室三厅两卫一厨一仆人室，设有入户花园、露台、西式厨卫设备等，该建筑功能实用、造价经济、造型简洁，体现了设计者为适应市场需求对建筑功能与形式的新探索（图2-11）。在建筑风格方面，这一时期的居住建筑相对于公共建筑而言更为多元化，既有中式传统风格、西方古典式样，也有上海霞飞路恩派亚大厦（黄元吉设

① 卷首语[J]. 中国建筑，1937（29）.

② 勒·柯布西耶著．走向新建筑[M]. 陈志华译第2版．西安：陕西师范大学出版社，2004：1.

计，图2-12）、上海惇信路住宅（华盖建筑事务所设计，图2-13）等具有鲜明现代主义建筑风格的作品。除了建筑外部式样多变外，建筑内部装饰亦风格混杂，甚至在单个建筑中采用多种不同建筑风格。如华信建筑师事务所设计的上海愚园路某别墅，其建筑外部采用西班牙建筑式样，而客厅内部装饰却完全采用中国传统风格；起居室充斥着巴洛克繁复的情调，楼梯间、书房、卧室则是装饰主义建筑风格，而女主人会客室又采用现代摩登式的简约风格（图2-14）。这种鱼与熊掌兼得的建筑处理手法也许正是当时西风东渐的上海社会的缩影，中西建筑文化被囫囵地共置于一隅，是碰撞冲突，还是水乳交融？也许实用主义和拿来主义才是对这一状况最好的诠释。当然，现在无法判断在此案例中建筑师与业主的意愿各自起了多大作用，但至少说明当时社会对于各种建筑文化有着较为开放的接纳心态，而“兼收并蓄、多元发展”的特征则更是表现无遗。

图2-11 上海市愚园路渔光村新式住宅
（原图载：中国建筑，1936，27：21）

图2-12 上海市霞飞路恩派亚大厦
（原图载：中国建筑，1935，3（4)：4）

图2-13 上海市惇信路住宅
（原图载：中国建筑，1935，3（3)：35）

除介绍建筑实例外，《中国建筑》还刊登了大量普及建筑教育，宣传新型建筑技术和材料的文章。[①]前者在为本土培养的建筑专才扩大社会影响的同时，也给水平参差不齐的从业人员提供了业务学习和交流的平台，并使规范化的建筑师职业标准得以广泛传播；后者则通过介绍国外现代建筑技术与材料发展的最新成果，拓展了从业人员的专业视野。

此外，建筑理论研究也是刊物的一项重要内容，其中既有从设计层面对中国建筑发展方向的探讨，也有从制度层面对建筑运行体制和建筑师职业化涉及问题的研究。作为近代中国建筑界的主流学术期刊，《中国建筑》刊登的理论研究文章从一个侧面反映了西风东渐的建筑界对于中国建筑之路的种种思考，中西建筑文化的碰撞与交融也在刊物的方寸之间有所展现。刊物最初以“融合东西建筑学之特长，以发扬吾国建筑物固有之色彩”[②]为其使命，其作者中不乏中国固有形式的支持者，如石麟炳在第1卷第1期就撰文指出：“北平营造学社，创始于朱启钤先生，为研究中国建筑之唯一机关……中国建筑之魂，未始不以此为寄托……但愿此萤光之灵魂，不遭狂风吹散，待机产生。中国建筑，仅此一线

① 这部分内容后续章节详述，此处不另赘述.

② 赵深.发刊词[J].中国建筑，1932（创刊号）：2.

图 2-14 上海市愚园路某住宅
（原图载：中国建筑，1937（29）：3-8）

建筑外景

客厅内景

起居室内景

女主人会客室

曙光，建筑界诸君，幸勿漠然视之也。”[①]其后，该作者又在《建筑循环论》一文中将欧洲出现的“国际式”看作一种单纯的式样翻新加以排斥，认为“今天的新，势必成为异日的旧，往日的陈，十百年后又变为当代的新了……想不久有人把简单的建筑看厌了，又要提倡向复杂之路，往前开步走”。[②]

与之相对应的是，也有作者致力于宣扬现代主义建筑的理念，如卢毓骏曾将勒·柯布西耶于 1930 年应俄国真理学院之邀所作演讲的讲稿翻译连载，将现代主义建筑的第一手资讯传递到国内。译者在文中将勒·柯布西耶称为“近代式（亦称国际式）建筑运动之鼻祖”，认为“其所创之说，大抵均于近日实现于世，且风靡焉，是可知并非徒托空言也”[③]。何立蒸则在《现代建筑概述》中阐述了古典主义向现代主义建筑转变的社会背景和必然趋势，并将现代主义建筑的兴起归结于“产业革命以后，社会组织根本变迁，新需要至为迫切；同时工业上之锐进，新式建筑材料，如钢铁，水泥等相继发明，在此种种具备之条件下，新建筑乃正式诞生”。文中介绍了新艺术运动、维也纳学派、芝加哥学派等各自的特点和典型实例，并对包豪斯的学术观点作了概括：“彼等之中心主义即为实用，故又有所谓功能主义者（Functionalism），彼等承认实用者无不美，未有实于用而不美于形者。故其作品除在体积与权衡上（Mass and Proportion）略有讲求外，装饰几于绝迹，房屋之正面侧面，

① 麟炳. 中国建筑 [J]. 中国建筑，1933，1（1）：31.
② 麟炳. 建筑循环论 [J]. 中国建筑，1934，2（3）：2.
③ 柯布西耶著. 建筑的新曙光 [J]. 卢毓骏译. 中国建筑，1934，2（2）：42.

内部外部皆无所偏重，力求其平面上之便利而已。彼等摒除国家观念而探求统一之形式，至有称为国际公式（Internationalism）者。”何立蒸还在该文中将现代建筑运动的基本要义总结如下:“①建筑物之主要目的，在适用。②建筑物必完全适合其用途，其外观须充分表现之。③建筑物之结构必须健全经济，卫生设备亦须充分注意，使整个成为一有机的结构。④须忠实地表示结构，装饰为结构之附属品。⑤平面配置，力求完美，不因外观而牺牲，更不注意正面之装饰。⑥建筑材料务取其性质之宜，不摹仿，不粉饰。⑦对于色彩方面应加注意，使成为装饰之要素。”[①]由此可见，当时的中国建筑界已不乏了解并接受现代主义建筑思想的建筑师，其对于现代建筑运动的理解和认识亦达到相当水准。

除上述两种观点外，具有中西并用、古今兼收的折中主义理念，主张摒弃风格流派之争，从现实出发并兼顾科学性与地域文化观念的群体亦不在少数。如陆谦受、吴景奇在《我们的主张》一文中明确提出：“我们以为派别是无关重要的，一件成功的建筑作品，第一，不能离开实用的需要；第二，不能离开时代的背景；第三，不能离开美术的原理；第四，不能离开文化的精神。”[②]作者认为，所谓实用的需要是指建筑应能满足使用的需求，如设计戏院就应满足观众观演方面的视听要求；所谓时代的背景是指建筑应充分体现出时代进化的特点，不要一味照搬旧制，“使人家怀疑着现在是唐还是宋”；所谓美术的原理是指建筑的结构、颜色、形式等都要合乎美学的原理，不要为了标新立异而不顾一切地求奇求变；而所谓文化的精神则是说建筑应体现本土文化的精神传承，不要把中国的城市都变成欧美的城市。作者的这些观点可谓言辞恳切、切中时弊。

总体而言，《中国建筑》作为当时业界主流群体的信息交流平台，在注重宣传本土建筑师群体、维护行业根本利益的基础上，秉持多元化的内容导向，对业内各种不同学术观点持平等、包容的态度，广泛刊登了讨论建筑业发展所涉及各项问题的学术论文。正是因为这种多元化的视角和平等包容的心态，使刊物始终保持学术活力。

2.2 《建筑月刊》概述

2.2.1 《建筑月刊》的办刊宗旨及文献著录特征

由近代中国营造业著名人士陶桂林、陈寿芝、杜彦耿、卢松华、汤景贤等于1930年发起组织，1931年正式成立的上海市建筑协会，是近代中国建筑界第一个以营造业从业者为主体，包括建筑设计与建筑材料从业者的综合性建筑学术团体。该协会为了促进国内建筑事业，宣传自身建筑主张，出版发行了近代中国建筑界最重要的主流学术期刊之一——《建筑月刊》。作为协会对外宣传的主要媒介，刊物的发行引起了社会的关注，孙科、孔祥熙、林森、吴铁城、

① 何立蒸 . 现代建筑概述 [J]. 中国建筑，1934，2（8）：46-50.

② 陆谦受，吴景奇 . 我们的主张 [J]. 中国建筑，1936，（26）：56.

叶楚伧、王正廷、朱文鑫、胡庶华等社会名流都曾为其题写封面贺词。

上海市建筑协会的主体是上海的营造业从业者，其发起之初曾受到当时上海市营造厂同业公会的质疑，认为一市不应有同样性质的两个团体存在，这也使其会员招募受到影响。正如该协会发起人汤景贤所述："同业中自闻本会筹备之消息，虽不乏自动地加入本会，竭力合作者，但向有一部分同业，因不明本会之宗旨究属若何，故逡巡观望，无所表示。"①为扭转这一局面，协会发起人决定通过刊印会报来宣传协会筹办的消息，并将此会报免费赠阅于行业内外的各有关团体，从而有效地扩大了协会的影响，对协会的成立也起到促进作用，而该会报也就成为日后《建筑月刊》杂志的雏形。

上海市建筑协会以"研究建筑学术，改进建筑事业并表扬东方建筑艺术"②为宗旨，其发行学术刊物的目的也在于宣传自身的建筑理念，促进中国建筑事业的发展。《建筑月刊》的发刊词将近代中国落后于西方的历史原因归结为："专重文学，鄙薄工艺"和"专重墨守，不尚进取"，并认为当时风靡上海的欧风美雨又有矫枉过正之嫌，指出其弊端有二："专务变本，自弃国粹"；"专用外货，自绝民生"。因此，该刊将促进建筑学术研究，沟通国内外建筑信息交流作为办刊宗旨，"务期于风雨飘摇之中，树全力奋斗之帜；冀将数千年积痼，一扫而空"。在刊物内容的具体设置上则提出"以科学方法，改善建筑途径，谋固有国粹之亢进；以科学器械，改良国货材料，塞舶来货品之漏卮；提高同业智识，促进建筑之新途径；奖励专门著述，互谋建筑之新发明"③等多项主张。

《建筑月刊》(The Builder)于1932年11月发行创刊号（即第1卷第1期，图2-15），至1937年4月因时局动荡而停刊，共计出版了5卷49期。该刊以月刊形式发行，刊物在四年多的时间内基本保持了发行期数的稳定性，除少量合辑外，均能做到按月出版（表2-7）。

图2-15 《建筑月刊》创刊号封面

① 汤景贤．本会二届征求会员感言[J]. 建筑月刊，1934，2（2）：33.

② 上海市建筑协会章程[J]. 建筑月刊，1934，2（2）.

③ 发刊词[J]. 建筑月刊，1932（创刊号）：3-4.

《建筑月刊》各年出版期号一览表　　表 2-7

出版年月	期号	出版年月	期号	出版年月	期号	出版年月	期号	出版年月	期号
1932.11	创刊号	1934.1	2卷1期	1935.1	3卷1期	1936.1	4卷1期	1937.2	4卷11期
1932.12	1卷2期	1934.2	2卷2期	1935.2	3卷2期	1936.2	4卷2期	1937.3	4卷12期
1933.1	1卷3期	1934.3	2卷3期	1935.3	3卷3期	1936.3	4卷3期	1937.4	5卷1期
1933.2	1卷4期	1934.4	2卷4期	1935.4	3卷4期	1936.4	4卷4期		
1933.3	1卷5期	1934.5	2卷5期	1935.5	3卷5期	1936.5	4卷5期		
1933.4	1卷6期	1934.6	2卷6期	1935.6	3卷6期	1936.6	4卷6期		
1933.5	1卷7期	1934.7	2卷7期	1935.7	3卷7期	1936.7	4卷7期		
1933.6	1卷8期	1934.8	2卷8期	1935.8	3卷8期	1936.8	4卷8期		
1933.8	1卷9-10期	1934.9	2卷9期	1935.9	3卷9-10期	1936.9	4卷9期		
1933.9	1卷11期	1934.10	2卷10期	1935.12	3卷11-12期	1936.10	4卷10期		
1933.10	1卷12期	1934.12	2卷11-12期						

创办之初，《建筑月刊》的编辑和发行机构均为上海市建筑协会（南京路大陆商场六楼620号），其组织成员亦由该会委派。其后，为更好地推动刊物发展，1934年上海市建筑协会第三届执行委员会决定成立专门的刊务委员会，推举竺泉通、江长庚、陈松龄三人为刊务委员，杜彦耿担任杂志主编。1936年9月，刊务委员变更为江长庚、陈寿芝、姚长安三人，主编仍由杜彦耿担任。《建筑月刊》在当时能够保持编辑发行的稳定性，与其组织机构、运行机制的相对稳定和完备有着密切的关系，而刊务委员和主编对于杂志的内容导向及发行状况也起到了十分重要的作用。

竺泉通（1896~1972年），浙江省奉化县人，15岁进入新仁记营造厂，拜何绍庭为师，白天学习建筑技术，晚上到四川路青年会补习英文、建筑设计、绘图、估算。22岁以后，已能独立从事施工组织、管理、估价预算、建筑设计等业务，又说得一口流利的英语，在同行中崭露头角，他在先施公司后部和宁波同乡会、胶州路自来水池、四川路桥等大工程中成为何绍庭的得力助手。1922年，竺泉通独立主持福州路花旗总会9层大楼工程（现上海市中级人民法院大楼），其后成为新仁记营造厂股东，并担任经理一职，具体主持工作。新仁记营造厂20世纪20~30年代承建了上海许多重要建筑，尤以建造高层建筑闻名，承造项目有沙逊大厦、都城饭店、汉弥尔顿大厦、百老汇大厦等，竺泉通也因此蜚声营造界。竺泉通平时十分注意学习建筑技术，尤其注意研究西方最新建筑技术，如混凝土框架结构、大直径长桩满堂基础、轻质充气混凝土砌块的使用等，在上海建筑界处于领先地位。此外，竺泉通还根据高层建筑施工需要，利用电梯井安装卷扬机和活动平台起重机，创造性地形成新的垂直运输系统。竺泉通是上海市建筑协会的发起人之一，先后担任过建筑协会的执行委员和监察委员，在担任《建筑月刊》刊务委员期间，经常为刊物提供新仁记营造厂承建的最新建筑的图纸、照片及文字说明，并在经济上给刊物以有力的资助，同时他还担任了上海营造业同业公会的委员。抗日战争胜利后，竺泉通一直担任上海市营造工业同业公会理事，并负责调查、财务、福利各科的工作。

江长庚（1891~1962 年），江裕生之子，幼年就学于中西书院，后在东吴大学毕业。17 岁时就协助父亲江裕生经营建筑事业，英文基础好，很快熟悉了西方先进建筑技术，并较好地运用于建造中国传统建筑式样的建筑，如南京原外交部大楼外观及结构均采用西方式样及技术，“内部一切，统用北平故宫典型，集中西建筑精华，熔成一炉”。江长庚在营造厂内推广任务单制度，工时、用料、质量都开列其上，十分明确，为当时营造界中鲜见。张效良逝世后，江长庚被推举为上海营造厂同业公会代理主席委员，并和陶桂林、杜彦耿、杨景贤等一起，发起组织上海市建筑协会，当选为执行委员，掌管协会的总务工作。担任《建筑月刊》刊务委员期间，江长庚除了协助杜彦耿搞好杂志的编辑出版工作外，还在协会所办的正基夜校任校董和主课教师，负责教授营造学。此外，江长庚还担任原上海地方法院建筑类纠纷案件的鉴定工作。抗战胜利后，江长庚和张继光等五人被任命为上海市营造厂同业公会整理委员，担负起重建同业团体的任务。

陈松龄（1881~1958 年），字晚安，浙江省鄞县人，幼时因家境贫寒而辍学到一艘外国轮船上工作，学会了英文后，经同乡介绍进入姚新记营造厂学看工。1924~1926 年，应同乡应兴华（后创办仁昌营造厂）之邀到庐山牯岭从事市政工程建设，在困难的山地施工过程中积累了丰富的实践经验。1928 年，经姚锡舟介绍，与姚长安合伙创办安记营造厂。陈松龄精于施工管理，姚长安擅长施工技术，两人配合默契，建造了一批知名建筑工程，如光华火油公司、虹桥疗养院、道斐南公寓、圣保罗公寓、泰山公寓、环龙公寓、雷米小学、龙华水泥厂等。陈松龄在安记营造厂内推行先进的工程项目独立核算制度，在当时上海建筑界仅此一家。陈松龄为人严谨，一丝不苟，认为建筑业关系到国计民生，从业者应全身心投入，不能仅以此作为生财之道，他的这种敬业精神深受同业尊重，先后被选为上海市建筑协会监察委员、主席。

姚长安（1896~1977 年），上海人，祖上经营建筑，1912 年进入挪威商人穆勒开设的协泰洋行学习建筑设计，其间入青年会夜校英文专科攻读英语，并就读于美国万国函授学院建筑专业直至毕业，曾担任协泰洋行汉口分行的设计、绘图、监工。1919 年姚长安离开协泰洋行进入其叔父、营造家姚锡舟开设的姚新记营造厂，在一些重大工程中担任总监工，并以安记建筑工程师事务所的名义设计了龙潭中国水泥公司、崇明大通纱厂、上海永豫纱厂、济南民安面粉厂、沙市纺织厂等项目。1928 年，上海市工务局进行建筑工程师登记，姚长安是首批获得合格开业资格者之一。同年，该局举办征求市内市房、住房标准建筑图样，姚长安应征并获得第二名。1928 年与营造家陈松龄合伙开设安记营造厂，事业进入全盛时期。姚长安是上海市建筑协会发起人之一，并在成立大会上当选为执行委员。其叔父姚锡舟从事实业后，原姚新记营造厂的班底由姚长安接收，时人把安记营造厂看成是姚新记营造厂的继续。

杜彦耿（1896~1961 年），笔名杜渐、渐、彦，上海川沙人，1896 年出生于上海一个营造世家，其父经营杜彦泰营造厂。杜彦耿中学毕业即协助父亲经营营造厂，业余时间刻苦钻研建筑技术和英文，不仅精通西方现代建筑技术，而且英文的笔译、口语能力都达到很高的水平，在同行中首屈一指。杜彦耿 25 岁左右已开始独立承建工程，至 30 岁时已承揽了七层办公大楼及栈房建筑，这在当时的上海已是规模很大的建筑。其后，因不满当时营造业中洋人骄横跋扈，行业风气污浊的现状而立志不做营造商。同时，杜彦耿深感要组织团体，推动营造业的进步，于是联络同仁陶桂林、卢松华、汤景贤等共同发起成立“上海市建筑协会”。杜彦耿负责起草协会章程、宣言，并被推举为协会执行委员，主持学术及宣传工作，从此致力于协会的学术研究以及出版和宣传事业。

1932 年 11 月，由杜彦耿一手策划并担任主编、主笔的《建筑月刊》问世，其史料价值已为学界公认。杜彦耿作为该刊编辑出版的灵魂人物，引导并组织刊登了大量介绍西方建筑技术成果，沟通国内外建筑信息，普及建筑知识，推广建筑教育，推进国内建筑业体制改革等方面的研究文章，为《建筑月刊》成为建筑界主流学术媒体作出了重要贡献。此外，杜彦耿还为刊物撰写了《营造学》、《建筑辞典》、《工程估价》、《建筑史》等长篇连载文章，其中《营造学》内容涉及建筑概论、土方工程、砖墙工程、石作工程、木作工程、钢窗、五金、油漆、管子工程和建筑估价等方面，理论与实践并重，图文并茂，时至今日仍具有一定的参考价值。当时，上海市建筑协会、中国建筑师学会等团体计划统一国内建筑用语及规范其与国外建筑用语的对应关系，并组织由庄俊、董大西、杨锡镠、杜彦耿组成的起草委员会。其后由于种种原因，主要由杜彦耿负责完成了这项工作。杜彦耿对于改革和发展国内建筑事业，振兴民族建筑材料工业，维护国家主权和人民权益等有很高的热情，《营造业改良刍议》、《国难当前营造人应负之责任》、《改革营造业之我见》、《建筑工业之兴革》等一系列切中时弊，笔锋犀利，充满激情为改革振兴建筑业大声疾呼的文章均出自其笔下。虽然，杜彦耿对于时弊的痛恨导致其文中部分改革构想有矫枉过正之嫌，其远景规划亦带有明显的乌托邦色彩，但还是在引起社会重视、引导社会舆论等方面起了一定的作用，有助于国内建筑业的改革与发展。

《建筑月刊》一直由新光印书馆（上海法租界圣母院路圣达里 31 号）承印，刊物发行范围遍及全国各地（包括香港）、南洋群岛，以及西方各国，其 1932 年的零售价格：每册大洋五角；预定：全年十二册大洋五元；邮费：国外每册加一角八分，国内预定者不加邮费。1933 年 2 月以后国内邮费调整为本埠每册两分，外埠每册五分，国外邮资不变。

《建筑月刊》的开本为 16 开，每期内容包括正文和广告两部分，其正文页数每期 43~124 页，广告页数每期 11~57 页（表 2-8）。刊物文字采用传统竖排版，内容图文并重，插图占比基本保持稳定，1936 年以后图样在刊物中的比重有所增加（图 2-16）。

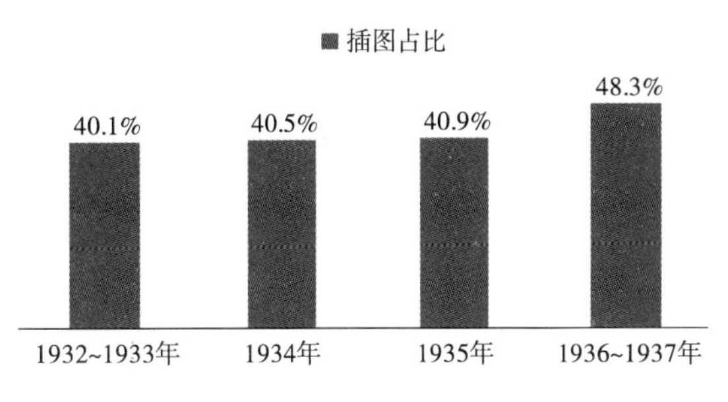

图 2-16 《建筑月刊》各年插图页在正文中占比变化图

《建筑月刊》各期开本及正文与广告页数统计表　　表 2-8

出版年份	开本	每期正文页数（页）	平均正文页数（页）	每期广告页数（页）	平均广告页数（页）
1932~1933	16 开	52~124	70	17~57	33
1934	16 开	46~92	65	24~47	30
1935	16 开	43~90	54	16~26	21
1936~1937	16 开	47~114	59	11~55	21

在刊物传达信息量方面，根据随机抽取样本的计算结果表明，若以创刊号每页约 1044 字为基数（页信息量为 1.00），则该杂志 1933 年每页字数约为 1362 字（页信息量为 1.30），1934 年每页字数约为 1334 字（页信息量为 1.27），1935 年每页字数约为 1380 字（页信息量为 1.32），1936 年以后每页字数约为 1392 字（页信息量为 1.33）。分别统计刑物各年的页信息量、期信息量与年信息量，即为《中国建筑》各年信息量变化

统计表（表 2–9）。

《建筑月刊》各年信息量变化统计表　　表 2–9

年份	页信息量	期信息量	年信息量
1932	1.00	1.00	1.00
1933	1.30	1.30	5.85
1934	1.27	1.18	6.49
1935	1.32	1.02	5.10
1936	1.33	1.12	5.60
1937	1.33	1.12	1.68

注：因刊物各年的排版方式、图文比例、字体大小等均有变化，故选取各年比例最大的纯文字排版页面为统计对象；因字体大小变化不大，故忽略字体大小的影响；由于图样在建筑刊物中的地位特殊，故将图样等同于文字信息量进行统计。本表信息量计算属估算数据，但并不影响分析结果的趋势性变化结论。

虽然信息量数据为近似值，但从图 2–17 仍可看出期刊年信息量变化的总体趋势。结合表 2–7 的杂志发行期数统计可知，除 1932 年与 1937 年因刊物发行期数较少外，《建筑月刊》的信息量在 1933~1936 年间基本保持稳定，最大落差不到 30%，其中 1934 年的刊物年信息量达到峰值。这说明刊物的发行状况总体上较为稳定，在正常年份基本能做到按月发行。同时，刊物拥有相对稳定的作者群体，在各期稿件数量上保持了稳定性和连续性，这也是其信息量保持稳定的重要原因。正如编者所言，刊物创办伊始便获得业界的踊跃支持，以致“辱承各地同志纷投大作，琳琅满目，美不胜收；只因迫于付印，多未及刊登”，而刊物出版未及充分筹备，即被催询刊出，亦可见需求之迫切：“本刊草刱伊始，又未经充分筹备，即因各方催询，仓卒付梓，贸然问世，致内容外观均未能尽臻美善。如建筑界消息及同仁允撰之稿件，多不及刊入；各种名贵之插图绘样，亦以不及赶制铜锌版而多付阙如。”[①]

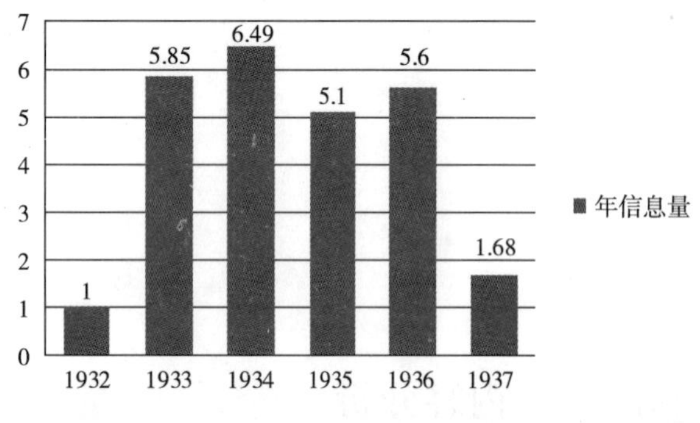

图 2–17《建筑月刊》各年信息量变化统计图

《建筑月刊》1933 年创刊号即刊有投稿简章，对投稿文章的要求作出具体说明。如该社规定投稿文章翻译创作均可，文言白话不拘，但均需加注新式标点符号；对于翻译稿件，要求随稿附寄原文，若原文不便附寄，则要求详细注明原文书名，出版日期与地点等相关信息；在著作权益方面，该刊规定发表稿件之版权归出版社所有，出版社向入选稿件作者支付稿酬，创作稿件每千字 1~5 元，翻译稿件每千字 0.5~3 元，重要著作酌情加酬；出版社对于来稿有增删修改之权，稿件一旦发表，不得再在其他任何出版物上登载；对于抄袭之作，则取消稿酬。从以上内容可以看出，《建筑月刊》从举办之初就较为注重刊物的学术规范建设，在稿件文体、书写格式、稿酬支付、著作权保护等方面都有明确规定。

据统计，《建筑月刊》的作者群体中既有上海市建筑协会成员，也有许多建筑界的其他有识之士。在总计 700 余篇稿件中，供稿两篇以上作者稿件共计 190 篇，约占稿件总量的 26.7%。其作者主要为建筑施工及建筑技术方面的专家，这也与上海市建筑协会以

① 建筑月刊，1932，1（1）.

营造业人士为主体的状况相匹配。在主要作者中发文量最多的杜彦耿共计发表稿件123篇，约占该作者群体稿件总量的64.7%，占刊物稿件总量的17.3%。由此可见，杜彦耿作为刊物主编，除了管理组织日常编务工作外，还持续为刊物撰写大量稿件，其历年供稿数量基本稳定在刊物年稿件数量的15%~20%左右，为《建筑月刊》的编辑发行作出了很大贡献（图2-18、图2-19）。

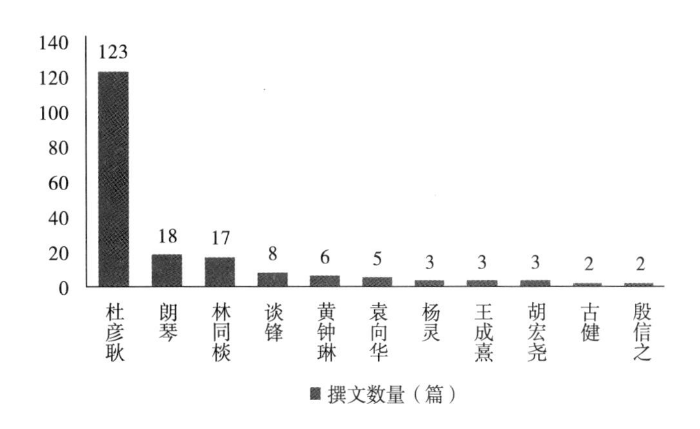

图2-18 《建筑月刊》主要作者发文数量统计图

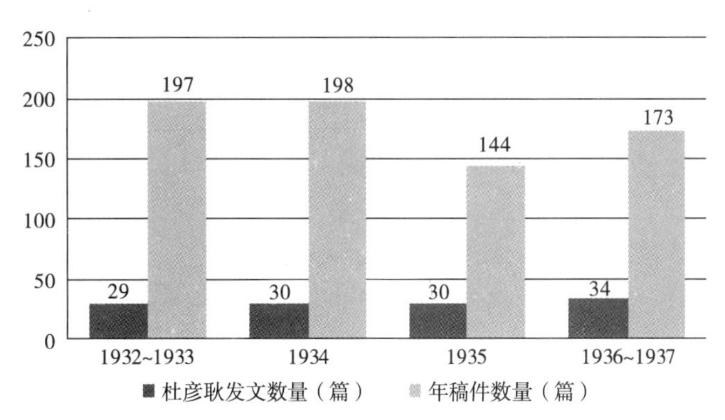

图2-19 杜彦耿历年发文数量统计图

2.2.2 《建筑月刊》文献内容分析

1）选题与内容导向

上海市建筑协会作为由营造业从业者发起组织，集建筑施工、建筑材料以及建筑设计从业者于一体的建筑同业团体，是近代中国建筑界囊括专业人员门类最齐全的民间建筑同业团体，主要代表建筑营造业的主张与诉求。作为协会对外宣传的主要媒介，《建筑月刊》的办刊理念和内容导向也根据协会“推动建筑技术之革进，国货材料之提倡，职工教育之实施，工场制度之改良”①的总体目标，提出“改善建筑途径，谋固有国粹之亢进；改良国货材料，塞舶来货品之漏卮；提高同业智识，促进建筑之新途径；奖励专门著述，互谋建筑之新发明”②等具体目标。

随着国内建筑市场的发展，20世纪20~30年代中国营造业在数量、规模、技术水平等方面均有巨大进步。以上海为例，1922年共有营造厂200家，第二年猛增至822家；至1933年，

① 附录上海市建筑协会成立大会宣言[J].建筑月刊，1934，2（2）：27.

② 发刊词[J].建筑月刊，1932（创刊号）：4.

在上海特别市工务局注册的营造厂已达2150家，因而上海绝大多数房屋建筑均由本国营造厂建造。1895~1927年间，上海尚有英商德罗洋行、法商上海建筑公司等数家实力雄厚的外籍施工企业，承包了汇丰银行、徐家汇天主教堂等重要建筑的建造，至20世纪20~30年代，上海建成的33幢10层以上高层建筑的主体结构均为中国本土营造厂承建，上海的建筑营造业已基本形成了本土营造业一统的局面。为宣传本土营造业的最新成就，为同行提供相互学习与信息交流的平台，《建筑月刊》刊载了150余栋当时上海兴建的重要建筑的资料，以及包括南京、武汉、天津、重庆、青岛等城市在内的一些建筑的资料。这些建筑的设计者既有本土建筑师，也有在华的外籍建筑师，同时还有兼营绘图的营造厂的作品，但负责施工的都是本埠的营造企业。这一方面扩大了本土营造厂的知名度，通过具体实例使社会了解本土营造厂的技术实力与工程业绩；另一方面，由作为协会成员的营造厂直接提供工程资料也可使编辑部的组稿工作较为顺利，使刊物的稿件来源保持相对稳定。

近代中国营造厂多由传统建筑工匠队伍逐步发展而成，在组织制度和运行模式等方面深受传统营建体系的影响，员工技能亦缺乏新技术、新知识的培训，导致旧式工场制度和人员素质与建筑活动的现实需求颇有不合之处。作为以营造业为主的新型学术团体，上海市建筑协会对上述弊端有着十分清醒的认识："吾国建筑业之所以萎靡不振，工场制度之腐窳，与夫工场生活之不良，实为两大主因。为工场场主者，每不能以社会为对象为其服务之目的，但知断断锱铢，谋得个人业务上之利益。其观察点仅及于现在，不知谋远大之发展。为工作人员者，既乏学术上之训练，又无道德之素养，驯至糟蹋材料，不顾公德，或慵懒性成，甘习下流……凡此种种，驯至场主不能谋进工场制度，以保障工作人员之幸福，同时工作人员亦与场主貌合神离，不能收上下合作之效。""试观建筑工场中，从事于中下层工作者，其日常应付本能，泰半得诸实地工作中所换得之经验，知其然而不知其所以然，未能以学理辅助经验之不足。此辈工作人员，率因境遇关系，在未置身于建筑事业前，不能获得充分之教育机会，临场应付，不得不尔；故其建筑思想之幼稚，国际观瞻，相形见绌……是故提倡职工教育，革进匠工心灵，又为本会唯一之急务。此种职工教育之实施，其科目不期高深，但务实践，俾此辈工作人员所受得之学理不悖于经验，经验有恃乎学理，两相为用，以增高工作上之效率。"①因此，宣传改革旧式工场制度的理念与方法，推广普及合乎现实需求的各种建筑知识，就成为《建筑月刊》的又一项重点内容。

20世纪20~30年代，水泥、钢材、陶瓷、五金等现代建筑材料与各种现代建筑设备在国内的应用范围日益扩大，由于国内工业体系的落后，大量进口建材充斥国内建筑市场，1932年全国进口水泥的费用接近570万两②，进口钢铁的费用达4190万美元③，社会财富外溢的情况十分严重。有鉴于此，《建筑月刊》将支持民族建筑材料工业的发展视为己任，通过刊登对各种建材及其市场份额、价格变化的研究报告，大力宣传使用国货与保护本国国民经济整体安全性的关系，尽力引导协会成员与其他营造业者使用国产建筑材料，从舆论方面为民族建材工业的发展提供有力的支持。

此外，全方位介绍西方建筑是《建筑月刊》的重要特征，主要包含以下六方面内容：①介绍国外最新落成的重要建筑工程实例；②介绍国外建筑材料以及建筑设备方面的最新成果；③介绍国外建筑界的最新动态、设计理论以及建筑制度的相关内容；④介绍国外建

---

① 附录上海市建筑协会成立大会宣言 [J]. 建筑月刊，1934，2（4）：27.

② 参见吕骥蒙 . 中国水泥的过去现在及将来 [J]. 建筑月刊，1934，12（11-12）：64.

③ 参见微中 . 全国钢铁业概况 [J]. 建筑月刊，1935，3（1）：63.

筑技术的发展及其在国内的实际应用；⑤介绍世界建筑史；⑥介绍部分在华的西方建筑师。据统计，《建筑月刊》所载稿件中翻译稿件占总量的 11.2% 左右，大量国外建筑界的最新资讯通过这一渠道进入中国。与当时中国建筑界另外两份重要的学术期刊《中国营造学社汇刊》与《中国建筑》相比，《建筑月刊》从建筑工程实例、建筑材料、技术、设备、历史乃至人物等方面较全面地介绍西方建筑，对于中国建筑界开拓国际视野，学习西方建筑的最新成果等方面均起到重要作用，有助于推动中国建筑业的现代化进程。

总体而言，《建筑月刊》作为上海市建筑协会的主要宣传媒介，维护其所代表的营造业、建材业等的行业群体利益，是举办刊物的基本立场。而在以杜彦耿为首的编辑人员的努力下，刊物内容在充分体现其基本立场的基础上，在宣传介绍本土营造业的最新成就，呼吁改革现行工场制度和普及建筑知识，支持民族建材工业发展，全面介绍西方建筑的各种成就等方面均有不俗的表现，不但对当时的从业人员有重要的参考价值，而且其史料价值亦为今日的研究者所公认。

2）文献类别分析

据统计，《建筑月刊》在近五年的发行期内共刊登稿件 712 篇①，其内容按学科大类可大致分为建筑学领域（建筑设计、建筑理论、建筑历史、建筑技术与材料、建筑教育等）、城市规划、建筑界信息及跨学科研究、建筑经济及其他等四个方面。从图 2-20、图 2-21 中可以看出，刊物报道建筑学领域研究的稿件 543 篇，占总发文量的 76.3%；城市规划的稿件 10 篇，占总发文量的 1.4%；介绍建筑界信息及跨学科研究的稿件 59 篇，占总发文量的 8.3%；建筑经济及其他内容的稿件 100 篇，占总发文量的 14%。显然，建筑学领域的研究在刊物中占有主体地位，而关于建筑经济和建筑界信息的内容也占有一定篇幅，故本节主要就这三方面内容作重点分析。

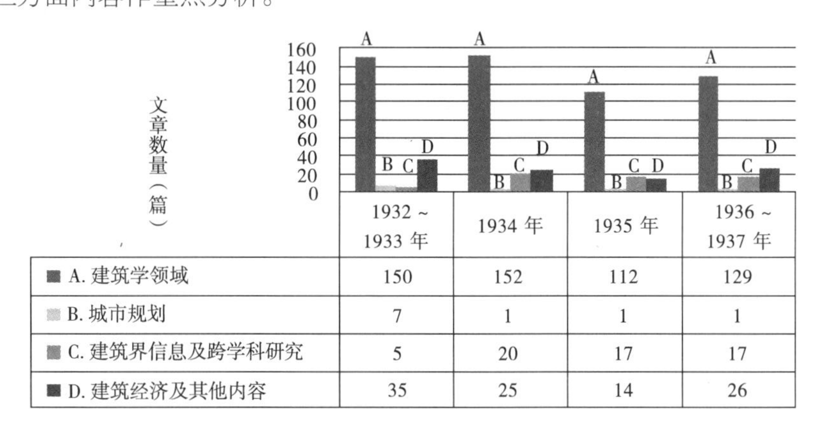

	1932～1933 年	1934 年	1935 年	1936～1937 年
A. 建筑学领域	150	152	112	129
B. 城市规划	7	1	1	1
C. 建筑界信息及跨学科研究	5	20	17	17
D. 建筑经济及其他内容	35	25	14	26

图 2-20《建筑月刊》稿件数量大类分析统计图

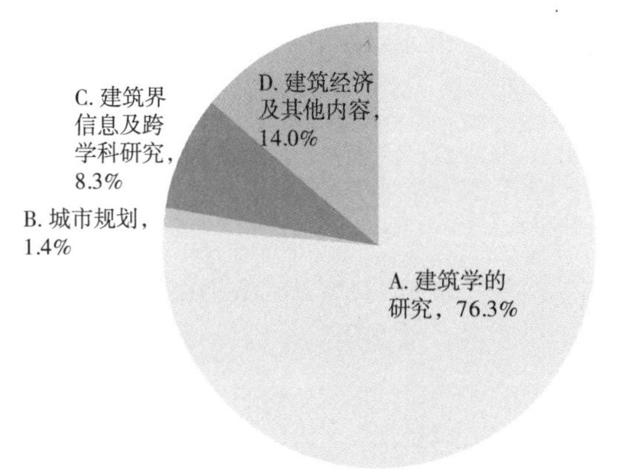

图 2-21《建筑月刊》各类稿件占比分析图

① 由于刊物登载的部分建筑实例为纯图样稿件，故将实例部分按项目分别统计稿件篇数.

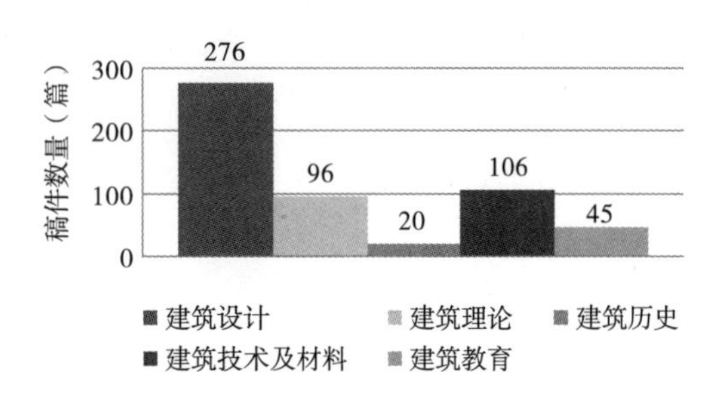

图 2-22 《建筑月刊》建筑学领域各类稿件数量分布图

从图 2-22 可以看出，在有关建筑学领域的 543 篇稿件中，“建筑设计”（包括建筑设计原理、设计实例以及设计规范）部分的稿件共 276 篇，占该大类总量的 50.8%；“建筑理论”（包括建筑制度、营造业运行机制、建筑思潮以及有关建筑人物的评论等）部分的稿件共 96 篇，占该大类总量的 17.7%；“建筑历史”部分的稿件共 20 篇，占该大类总量的 3.7%；“建筑技术及材料”部分的稿件共 106 篇，占该大类总量的 19.5%；“建筑教育”部分的稿件共 45 篇，占该大类总量的 8.3%。由此可见，有关建筑设计的内容占该大类稿件总数的一半以上，而建筑理论与建筑技术及材料类稿件的数量相差不多，建筑教育类稿件的刊载频次相对较少，建筑历史类稿件则占比最少。因此，建筑设计实例介绍，有关建筑体制的理论研究以及有关建筑技术和材料的内容是当时刊物内容的重点，这也与前文所述的刊物内容导向一致。

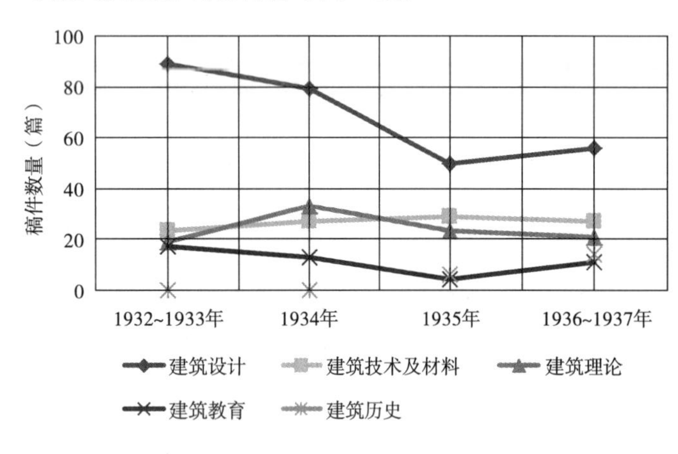

图 2-23 《建筑月刊》建筑学领域稿件时序（年）分布图

通过分析刊物稿件的数量及时序分布可以看出，虽然建筑设计类稿件在总量上占主体地位，但刊物在不同时期还是呈现内容编排的不同特点。排除 1932 年及 1937 年刊物发行期数很少的影响，图 2-17 的刊物年信息量分析图说明《建筑月刊》在 1933~1936 年间基本保持了稿件数量和发行期数的稳定，其年度最大落差不到 30%，其中 1934 年为刊物年信息量的峰值，1935 年为低谷。图 2-23、图 2-24 则说明，1933~1936 年间建筑设计类稿件的数量总体呈下降趋势，其中 1933~1935 年尤为明显，建筑技术及材料方面的稿件则总体呈稳中有升的趋势。建筑理论研究类稿件在 1934 年达到高峰，其后虽有下降，但在刊物所占比重还是有所上升的。从此类稿件的时序（期）分布图中也可发现这一趋势，1935 年以前各期建筑设计类稿件数量波动较大，其在刊物所占比例也较高，1935 年以后此类稿件数量相对保持稳定，其整体占比则有所下降。建筑理论研究在 1934~1936 年间相对较为活跃，其中 1934 年达到峰值。关于建筑技术及材料方面的稿件则一直保持相对稳定的数量，其在刊物中的比例逐年有所上升。从上述分析可以看出，虽然 1932 年及 1937 年由于创刊及时局不稳导致刊物发行期数较少，但就总体而言，《建筑月刊》在发行期间还是基本保持了稳定的发行状况。其刊物内容从早期报道建筑工程案例为主，兼顾建筑理论与建筑技术，发展到三者并重，从工程、体制、技术与材料等方面全面反映建筑业的发展状况，这也体现了刊物主办机构上海市建筑协会各行业多元综合的特点。与《中国建筑》类似，《建筑月刊》也十分注重刊物选题和内容导向贴近实际需求，提出“扩大建筑图样与摄影之取材范围，凡与各阶级各方面有关之各种建筑图样，只须具备参考价值，当予搜罗刊布，借供观摩”，“刊登之文字或图样，均求切合实用，不尚空谈；而于著译等文字，尤重简明，力避浮华奥涩，免费读者宝贵之光阴。”①选题的多元化与内容的现实性也是刊物广受欢迎的原因之一。

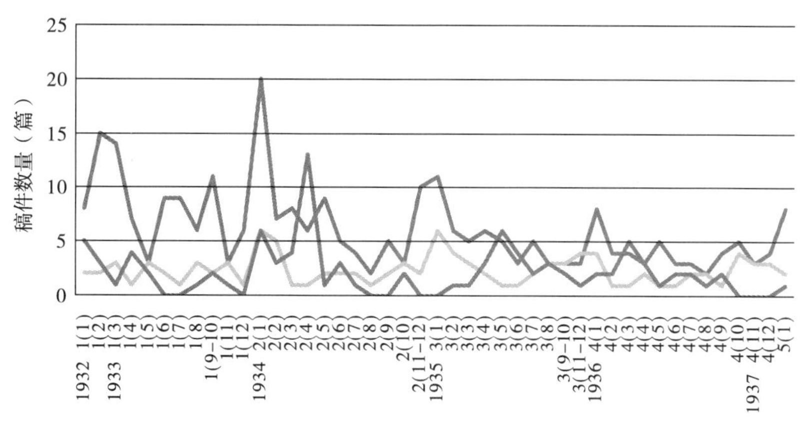

图 2-24《建筑月刊》建筑学领域稿件时序（期）分布图

就建筑设计类稿件而言，介绍建筑设计实例的稿件共254篇，占该类稿件总数的92.0%。曾刊载介绍的国内工程案例有：上海图书馆、博物馆、体育场、汉弥尔顿大厦、百老汇大厦、虹桥疗养院、峻岭寄卢、永安公司，四川重庆美丰银行，南京交通部新署、阵亡将士公墓、聚兴诚银行、中央农业实验所、香港汇丰银行总行新屋等。国外工程包括英国惠勃尔登皇家影戏院、日本东京英国大使馆、美国门罗炮台之堤防建筑工程、日本东京帝国大学图书馆、日本东京共同建物株式会社新屋等。关于建筑设计规范的稿件共8篇，占该类稿件总数的2.9%，主要是对北平市建筑规则的介绍；讨论建筑设计原理的稿件共14篇，占该类稿件总数的5.1%，包括《房屋设计之哲理》、《现代博物馆设计概要》、《现代之浴室》、《防空地下室设计》、《新式电影院建筑》、《都市住宅问题及其设计》、《现代厨房设计》、《近代影院设计之趋势》等。建筑工程实例稿件占比的绝对多数，说明《建筑月刊》主要从营造业的视角报道国内外建筑业动态，主要关注工程实例本身，纯建筑设计原理研究并非其关注的重点，刊物内容的这一特点也和其主办机构以营造业从业者为主，主要反映营造业群体关注重点的状况适应（表 2-10）。

《建筑月刊》各年建筑设计类稿件内容分布统计表　　表 2-10

	1932~1933年	1934年	1935年	1936~1937年	合计
建筑设计实例	84	73	48	49	254
建筑设计规范	0	6	1	1	8
建筑设计原理	7	0	1	6	14
合计	91	79	50	56	276

建筑材料价格、施工费用以及概预算的计算方法、标准等直接影响建筑的整体经济指标，是业主与从业人员都十分关心的问题。由于主办方的营造商和材料商背景，从经济角度收集和发布当时建筑施工、建筑材料市场的相关信息一直是《建筑月刊》的重要内容，自创刊号起就先后设有“建筑材料价目表”、“建筑工价表”、“工程估价”等长篇连载专栏。其中“建筑材料价目表”专栏自1932年11月创刊至1937年4月停刊共连载49期，从货名、商

① 编余 [J]. 建筑月刊，1934，2（1）：92.

号、标记、规格、数量、价目、用途及备注说明等方面发布当时上海市场各种建材的相关信息。由于“市价瞬息变动，涨落不一，集稿时与出版时难免出入”[①]，编辑部还对希望了解正确市价的读者提供来函来电随时询问的服务。“建筑工价表”专栏自 1933 年第 1 卷第 4 期至 1933 年第 1 卷第 12 期共连载 8 期，分类叙述当时上海建筑施工业各类人工费的计价标准，包括各类砖墙砌筑、土方挖掘、饰面工程、屋面铺设、钢筋绑扎、水泥浇捣等方面的内容，其具体价格亦根据市场价格波动而作调整，为营造业者估算人工费用提供资料。“工程估价”专栏由杜彦耿编写，自 1932 年创刊号开始至 1935 年第 3 卷第 4 期为止共刊载 24 期，其内容注重真实性与实用性，涉及当时建筑施工中人员工价及其计算方式，各类施工技术要点，材料分类及其性能等多项内容，为建筑造价计算提供了有价值的参考依据。

此外，介绍国内建筑活动的最新进展，发布上海市建筑协会及其他业内相关团体的动态消息，加强从业人员的信息交流与沟通，也是刊物的重要内容之一。如该刊自 1935 年第 3 卷第 6 期至 1936 年第 4 卷第 2 期设有“中国之建设”专栏，较为全面地报道了这一时期全国各地重大的市政交通等基础设施建设情况。《建筑月刊》曾先后设置了“通信栏”、“问答”、“专载”、“建筑界消息”、“会务”等专题栏目，或回答读者提问，或宣传协会决议，或应政府和其他团体要求刊载通知事项等，既为从业人员相互沟通及掌握最新资讯提供了交流平台，也使协会的主张迅速得到传播。

作为刊物稿件的重要组成部分，连载文章反映了刊物内容的某些特点。据统计，《建筑月刊》的连载稿件中关于建筑材料及建筑经济的稿件占连载稿件总量的 47.2%，有关建筑技术的稿件占 15.3%，可见建筑技术及材料问题是刊物关注的重点。此外，这些稿件中由杜彦耿完成的部分达到令人惊讶的 55.1%，这既说明杜彦耿的办刊热情与笔耕不辍对刊物保持稳定稿源的重要作用，也反映出由于杜彦耿对刊物的巨大影响，在某种程度上导致刊物的个人化倾向，这种个人化倾向在有关营造业制度改革、建筑业各类从业者相互关系的讨论文章中较为明显（表 2-11）。

《建筑月刊》连载稿件统计表 表 2-11

稿件名称	作　者	起止刊号	连载期数
材料价目表	编辑部	1932，1（1）至 1937，5（1）	49
工程估价	杜彦耿著	1932，1（1）至 1935，3（4）	24
营造学	杜彦耿著	1935，3（2）至 1937，5（1）	22
建筑辞典	杜彦耿著	1933，1（3）至 1934，2（9）	17
建筑史	杜彦耿译	1935，3（7）至 1937，5（1）	17
各种建筑形式	编辑部	1935，3（8）至 1936，4（11）	13
建筑工价表	编辑部	1933，1（4）至 1933，1（12）	8
北行报告	杜彦耿著	1934，2（6）至 1935，3（1）	7
开辟东方大港的重要及其实施步骤	杜彦耿著	1933，1（3）至 1933，1（7）	5

① 建筑材料价目表 [J]. 建筑月刊，1933，1（8）：50.

续表

稿件名称	作者	起止刊号	连载期数
七联梁算式	胡宏尧著	1936，4（10）至1936，4（12）	3
“偷工减料”与“吹毛求疵”	杜彦耿著	1935，3（4）至1935，3（6）	3
计算钢骨水泥改用度量衡新制法	王成熹著	1935，3（7）至1935，3（9-10）	2
建筑师公费之规定	朗琴译	1935，3（6）至1935，3（7）	2
烧土	袁宗耀著	1935，3（11-12）至1936，4（1）	2
营造厂之自觉	杜彦耿著	1936，4（4）至1936，4（5）	2
中国之变迁	朗琴著	1934，2（2）至1934，2（3）	2

除连载稿件外，专题栏目也是刊物的重要内容之一（表2-12）。专栏对读者而言是阅读单元，对编者而言意味着编辑分工，对期刊而言，则是大于文章、图片等独立篇章的有固定内容与形式的构成单元，既有时间（刊期）的连续性，又有空间（版面）的延展性。专题栏目的设置服从于办刊的总体思想，栏目是专栏的名称，突出专栏的意义，是凸显刊物内容与风格的编辑手段；专栏的内容则是办刊宗旨与内容导向的反映。总体而言，《建筑月刊》虽曾设置部分专栏，但尚未能形成稳定而连续的专题栏目。其部分连载稿件（如《营造学》、《材料价目表》、《建筑辞典》）虽具有专栏的部分特点，但并非编者有意为之；而所设置的专栏也存在栏目变化较多，缺乏稳定性和连续性的问题。刊物所设专栏主要包含四方面的内容：发布协会有关会务信息及与其他团体的往来文件，与读者的交流，介绍各地工程建设信息，研究住宅问题，其中关于协会有关信息的发布占相对多数。由此可见，《建筑月刊》作为上海市建筑协会的自办刊物，介绍和宣传协会有关情况，扩大其社会影响力，为会员提供信息交流平台，是刊物的重要使命之一，也是协会自身利益诉求的体现。设置专栏与读者交流，有利于增强刊物与受众群体的互动性，也利于刊物自身的生存与发展。介绍建筑信息以及对住宅问题的关注，则反映了刊物对现实性的追求，对社会需求度较高的建筑问题的关注。因此，刊物的专栏设置虽存在一定缺陷，但基本上还是在办刊总体思想的框架内，实现了对某些问题的重点关注。

《建筑月刊》专题栏目统计表 **表2-12**

专栏名称	主要内容	起止刊号	刊载期数
通信栏	公布协会往来之重要文件；会员及读者关于建筑问题之来信。此专栏后并入会务专栏	1932，1（1）至1933，1（5）	5
建筑界消息	各地在建及招标工程简讯	1932，1（2）至1934，2（3）	5
营造与法院	有关建筑之法律译著，建筑界之诉讼案件，回答业内同人及读者有关法律疑问	1932，1（2）至1934，2（6）	7
居住问题	选载可作参考之中西住屋图样及摄影	1932，1（2）至1934，2（1）	11
住宅专栏	选载可作参考之中西住屋图样及摄影	1934，2（2）至1934，2（3）	2

续表

专栏名称	主要内容	起止刊号	刊载期数
经济住宅	选载可作参考之经济性住宅图样及摄影	1934，2（6）至 1934，2（10）	3
问答	回答读者有关建筑方面问题	1933，1（4）至 1935，3（1）	11
会务	发布协会重要通知及会务消息，沟通会员间的信息	1934，2（1）至 1935，3（5）	9
上海市营造厂业同业公会会讯	受同业公会委托，发布该会会务消息	1934，2（3）至 1934，2（4）	2
中国之建设	国内各地之市政交通建设信息	1935，3（6）至 1936，4（2）	6
专载	协会会务信息，协会与其他行业团体的往来文件	1935,3（11–12）至 1936,4（9）	7
家具与装饰	室内设计及家具布置摄影	1936，4（2）至 1937，5（1）	12

3）文献内容分析

通过对刊物稿件类别的分析可以看出，上海市建筑协会作为一个以营造业为主的综合性学术团体，其多元化的行业背景也导致《建筑月刊》内容的多元化。从营造业群体的视角出发，宣传行业的发展成就，维护和扩大行业自身利益，关注与建造活动密切相关的制度、技术、材料、经济等各方面的问题，是刊物的主要特点。此外，以杜彦耿为中心的编辑部十分注重介绍西方建筑业发展的最新成就，刊载了大量编译文章，其内容涵盖了建筑实例、技术、材料等各个方面，这使刊物的多元化既表现为关注行业的多样性，也表现为刊物视野的国际化，因而与前述《中国建筑》杂志主要关注建筑设计问题、侧重宣传本土建筑师的内容导向有所不同。

在工程实例的选择上，《建筑月刊》主要突出了对本土营造业发展成果的宣传，刊载的国内建筑实例的设计者既有本土建筑师，也有在华的外籍建筑师，同时还有兼营绘图的营造厂，其共同点在于负责施工的都是本土营造商，涉及企业包括馥记营造厂、新仁记营造厂、久记营造厂、陶桂记营造厂、江裕记营造厂、安记营造厂、陆根记营造厂、新申营造厂、朱森记营造厂等一批近代中国著名营造企业，对于扩大本土营造商的知名度，提高营造业群体的社会地位和影响力都起到积极作用。

据统计，刊物报道的国内外建筑实例共 250 余项，其中公共建筑 140 余项，占 57.5%，居住建筑 100 余项，占 42.5%，二者比例大体相当。从图 2–25 可看出，刊物对于居住建筑一直较为关注，保持了相对稳定的报道频次，对公共建筑的报道篇幅则随着 1934 年后非建筑实例类稿件的增加而有所下降。刊物曾刊载了上海图书馆、博物馆、体育场、大舞台戏院、百乐门跳舞场、莱斯德工艺学院、雷米小学、上海疗养院、永安公司、大新公司、中国银行、法国邮船公司大厦、中山医院、国立上海医学院、南京阵亡将士公墓、香港汇丰银行

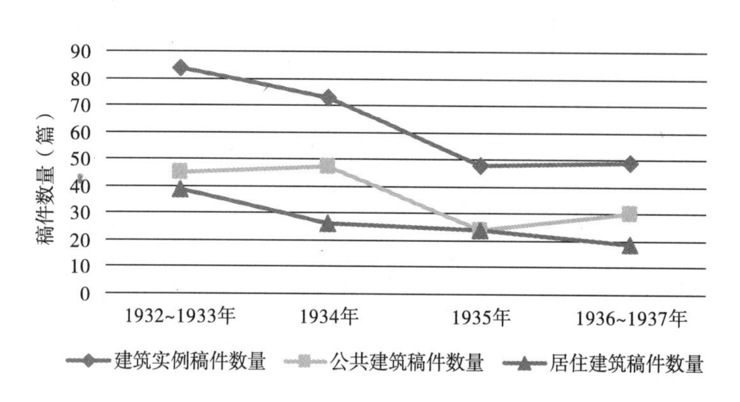

图 2–25 《建筑月刊》公共建筑与居住建筑稿件时序（年）分布图

总行新屋等一系列近代中国颇具影响的公共建筑；以及英国惠勃尔登皇家影戏院、英国班师雷市政厅新厦、美国门罗炮台之堤防建筑工程、美国洛克菲勒城RKO大戏院、日本东京帝国大学图书馆、日本东京共同建物株式会社新屋、日本东京英国大使馆等许多国外公共建筑实例。在居住建筑方面，《建筑月刊》几乎每期均刊载有关住宅设计的图样和文章，并曾为此设立专题栏目。除刊登包括别墅、联排式住宅、多层公寓、高层住宅在内的各类本土在建案例外，刊物还根据当时社会对西方古典及新式住宅的需求，刊载了不同风格的各类西式住宅项目，从设计方案到建成实例均有所涉及。

此外，由于这一时期上海房地产业的蓬勃发展，刊物对居住建筑的市场开发等问题也有所关注。如1934年第2卷第10期刊载了唤弱的《经济住宅区计划》一文，文中针对当时上海居住成本较高，低收入阶层房租支出占收入比重过大的现状，综合现有出租屋存在的成本问题，提出建设新型经济住宅区的建议，即所谓以新的居住方式改善旧有的租屋制度。文中将这种经济住宅区描述为：租金远低于租界，选址在交通便利的低价地段；建筑设计不求奢全，但求适用（具备电话、卫生器具、水、电及安保设施），不动产租期为20年，普通里弄出租房每亩建14幢，设立社区的业委会管理制度等，这一设想可称现代廉租房制度的早期形态。又如1936年第4卷第3期刊载了《上海之房地产业》一文，总结分析了当时上海房地产业的发展状况，指出土地商品化和房地产业与金融业的结合是推动房产市场迅速发展的重要因素，这表明研究者的观察视点已从行业自身提高到产业经济的高度，从宏观视角探讨建筑业的发展。

除介绍大量建筑实例外，《建筑月刊》还十分关注建筑制度的改革问题，其中既有对改革营造业自身的探讨，也有对建筑业整体运行机制的讨论。如杜彦耿在《营造业改良刍议》一文中提出，改革营造业应从团结同业、抛弃私见、认清使命、研习学术等方面入手，形成在业内具有号召力的领导团体，摒弃各自为政的一己私念，以促进建筑事业发展的精神来钻研建筑技术的进步，只有这样才能真正有利于中国营造业自身的发展。[①]又如康建人在《为吾营造界进一言》中对当时国内营造业存在的问题作了概括描述：其一是营造厂缺乏严格而合理的管理制度，导致人员流动频繁、职工责任心不强的现象丛生，进而产生工作效率低下、浪费材料、延误工期等不良现象；其二是国内营造厂不遵循正当的市场竞争途径，为谋中标而恶性竞争，工程报价低于成本甚至倒贴的情况均有发生，而中标后又想方设法偷工减料，甚至卷款潜逃者亦不在少数；其三是建筑承揽契约缺乏公平性，契约条件只从业主角度考虑，缺乏对营造商利益的合理保障；其四是部分设计人员不顾实际情况，对营造商颇有刁难之处，有滥用职权之嫌；其五是营造商未能保持合理的心态，逐渐习惯于对业主及建筑师的意见委曲求全而不能维护自身的正当利益；其六是营造商群体中存在一种不实事求是、铺张浪费、爱面子的恶习。文中还呼吁协会与各地营造业同业公会应当共同面对这些问题，“指导同业之组织，维护同业之利益，不受外界之倾挤侮慢”。[②]又如杜彦耿的《改革营造业之我见》一文，透过眼前建筑业的繁荣景象，看到未来外资大举进入建筑业后本土营造业可能面临的困境。文中呼吁从业者未雨绸缪，应尽快组织包括地产开发、设计、施工、建材等产业链各环节的大型联合营业所，抓紧培养适应建筑业发展需要的新型人才，以避免在国外资金和技术的冲击下，从业者面临“临渴掘井”的窘境。[③]此外，上海市建筑协会委员殷信之在《筹

① 参见杜彦耿．营造业改良刍议 [J]. 建筑月刊，1932，1（1）：17-19.

② 参见康建人．为吾营造界进一言 [J]. 建筑月刊，1936，4（1）：67.

③ 参见杜彦耿．改革营造业之我见 [J]. 建筑月刊，1933，1（11）：3-4.

设建筑银行缘起》一文中分析了国内建筑业资金流向的隐患："国人之投资经营斯业者，尤多短视之嫌。内地僻壤之农村建设固无论矣；即就特殊膨胀之都市言，凡稍稍有补于国计民生之工程，殆寥落若晨星，而一般消费场合如旅社饭店舞场剧院等之建造，则群趋若鹜，犹虞其未遑。此种现象，实属莫大之病态，流弊所及，惟驱使我整个之建筑业，深陷于动摇不定中耳。"[①]故此，该文呼吁业界同仁应齐心协力，共谋建筑业系统之发展，而欧美各国的已有经验则足资参考："如营造企业之集体组织，贷款团体之普遍设立，材料商地产商之互惠组合，设计与估价机关之专门设施等等，均属实践之新献；其成效最著实力最充者，则莫如建筑银行之设立。"[②]根据殷信之的介绍，建筑银行计划分为三大部门，其服务功能与传统银行有着许多不同的构想，从中可以看出当时业界对建筑业与金融业的联动关系已有相当认识。

此外，《建筑月刊》还刊登了大量关于建筑结构、建筑构造、建筑材料等方面的文章，包括各种技术的理论研究和实际应用，以及行业发展及其与国民经济关系的探讨。

2.3 小 结

20 世纪 20~30 年代是近代中国建筑业的快速发展阶段，其中 1927~1937 年的十年时间更是发展鼎盛时期。《中国建筑》和《建筑月刊》作为此时期出现的代表中国建筑界主流声音的学术期刊，对其内容的分析可以直观地反映这一阶段中国建筑活动的种种现象。

《中国建筑》和《建筑月刊》分别由中国建筑师学会和上海市建筑协会主办发行，刊物主办机构的不同决定了其所代表利益群体的不同，这也表现于刊物内容导向的不同倾向。中国建筑师学会是新兴建筑师职业群体的代表，是中国首个职业建筑师的学术团体，其成立的目的即在于帮助"本土建筑师"这一新生职业群体获得生存与发展空间，"联络感情，研究学术，互助营业，发展建筑职业，服务社会公益，补助市政改良"[③]是其立会宗旨。学会创办了《中国建筑》杂志，刊名虽为"中国建筑"，但英文题名却是 The Chinese Architect（中国建筑师），反映了杂志宣传本土建筑师，代表该群体利益诉求的基本立场。上海市建筑协会由营造业从业者发起组织，是集建筑施工、建筑材料及建筑设计从业者于一体的，近代中国囊括建筑专业人员门类最齐全的建筑同业团体。正如《建筑月刊》的英文题名 The Builder（建造师、营造商）所示，营造业者作为协会的发起人和主要成员，在协会的组织机构和日常运作中处于主导地位，因此由其主办的学术期刊也主要代表了营造业群体的利益诉求。

作为建筑业的专业学术期刊，《中国建筑》和《建筑月刊》在内容导向上具有一定的共

---

① 殷信之 . 筹设建筑银行缘起 [J]. 建筑月刊，1934，2（1）：53.

② 殷信之 . 筹设建筑银行缘起 [J]. 建筑月刊，1934，2（1）：53-54.

③ 中国建筑师学会 . 中国建筑师学会章程 . 北京：全国图书馆文献缩微中心 . 馆藏号：00M029586，1926（1930 修正）.

性，如维护作为整体的本土建筑业的切身利益，向社会传播建筑界的有关资讯，宣传普及建筑专业知识，促进建筑学术研究与交流等，其存在与发展促进了中国建筑的现代化进程。同时，由于各自代表的行业群体不同，刊物在宣传的侧重点上有所不同。《中国建筑》致力于促进本土建筑师群体获得更好的发展机会及更多的话语权，因此在对内推动建筑师群体自身职业化进程和对外扩大本土建筑师社会影响力等方面投入更多的关注。该刊不仅登载了一系列有关建筑师职业规范、技术操作准则等方面的文章，而且刊载的建筑实例基本都是本土建筑师的设计作品，并以专辑形式重点宣传学会会员的设计成果。刊物的视野主要集中于本土建筑师、建筑师职业规范与制度，以及建筑设计本身，期刊的专业性特征与《建筑月刊》相比更为明显且更具权威性。上海市建筑协会作为以营造业从业者为主，集建筑施工、建筑材料及建筑设计从业者于一体的新型建筑同业团体，其办会宗旨与传统营造厂同业公会有所不同，不再局限于维护营造业内部平衡与行业利益，而是在此基础上对制度改革、技术进步等事关行业整体发展的问题有新的诉求，这使《建筑月刊》的内容具备自身特色。相对于《中国建筑》而言，《建筑月刊》涉及内容更广，牵涉问题更杂。刊物除宣传本土营造厂成就，传递营造业者呼声，推动营造业制度变革外，以多元化、跨行业的视角观察建筑现象，介绍了许多与营造业发展密切相关的新材料、新技术以及新型生产工具，并关注建筑经济及民族建材工业的发展。此外，刊物还表现出更为国际化的视野，多方位介绍西方建筑是刊物的另一个重要特征，与《中国建筑》相比，《建筑月刊》从建筑工程实例、建筑制度、建筑技术、材料、设备、历史乃至人物等方面对西方建筑进行了较全面的介绍，对于近代中国建筑界开拓国际视野，学习西方建筑的最新成果均起到重要的桥梁作用。

《中国建筑》和《建筑月刊》因其内容丰富、贴近现实需求而广受业内外读者欢迎，刊物不仅风行国内，而且远销东南亚及欧美诸国。在发行状况方面，《中国建筑》自1932年11月创刊至1937年4月停刊，共出版30期。该刊原计划为月刊形式，但实际出版周期并不稳定；《建筑月刊》自1932年11月创刊至1937年4月停刊，共出版5卷49期。该刊以月刊形式发行，刊物在四年多的时间内基本保持了发行期数的稳定，除少量合辑外均能做到按月出版。在刊物传递的信息量方面，除1934年信息量大致相当外，其余各年《建筑月刊》的信息量均远高于《中国建筑》，由于其页信息量及期信息量差别不大，所以年信息量的巨大差距主要是因为《建筑月刊》的发行相对稳定，历年出版期数均高于《中国建筑》（图2-26）。

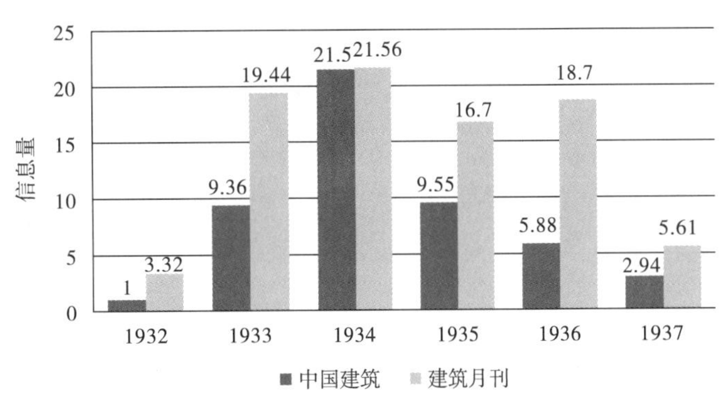

图2-26 《中国建筑》与《建筑月刊》各年的年信息量对比分析图

就作者群体而言，《中国建筑》供稿作者的分布较《建筑月刊》更为平均，其供稿最多的作者共发表18篇稿件，占刊物稿件总量的5.3%，而为《建筑月刊》供稿最多的杜彦耿则发表了123篇稿件，占刊物稿件总量的17.3%，无论数量还是占比均远高于《中国建筑》。这既说明杜彦耿作为主编对刊物的巨大贡献，也反映出《建筑月刊》在杜彦耿的影响下在某种程度上导致刊物的个人化倾向。相比之下，《中国建筑》多元化的视角以及兼容并蓄的学术心态，加上作者群体的多元化，使得刊物在专注于建筑学的基础上呈现出更为丰富的学术面貌。

《中国建筑》和《建筑月刊》分别由中国建筑师学会和上海市建筑协会主办发行，虽然这两个团体均注册于上海，但由于其成员中包括了近代中国建筑界大部分著名建筑师、营造商和材料商，加以上海在近代中国建筑业中毋庸置疑的重要地位，因此这两套期刊所传递的声音在当时中国建筑界具有相当的权威性和代表性。《中国建筑》和《建筑月刊》在内容导向上有着不同的侧重，《中国建筑》更专注于建筑师和建筑设计领域，《建筑月刊》则对营造业和技术、材料、设备等问题更为关心，分别代表了建筑业不同职业群体的利益诉求。虽然《中国建筑》的稳定性和连续性不如《建筑月刊》，但这并不影响其在建筑学领域的专业性和权威性。总体而言，《中国建筑》和《建筑月刊》的出版发行改变了当时国内建筑专业期刊匮乏的局面，对于扩大近代中国建筑从业群体的社会影响，提高其社会地位，介绍现代建筑发展的最新成果，拓展从业群体的国际视野，推动中国建筑业的现代化进程都起到十分重要的作用。

中国建筑的现代化进程

第3章

建筑从业群体的组织化——现代建筑同业团体

3.1 现代建筑从业群体的产生与发展

现代意义的建筑师（architect）指受过专业训练，领有专业执照，以建筑设计为主要职业的从业者。中国古代没有现代意义的“建筑师”，承担房屋设计和建造工作的是被称为“匠人”或“梓人”的民间营造手工业者，技艺传承主要通过“师徒相授”的方式进行，“历代以来，帝皇宫宇之建造，虽主专员；但民间营屋，大率操诸工匠之手，人民对于所谓建筑事业者，亦只以之为梓工大匠之事，至于士大夫则多不屑为之”①。中国传统的道器观念，使中国传统农业社会的建筑行业始终未能完成西方文艺复兴以后建筑师与工匠、建筑设计与建筑施工的明确分工，因此，始终未能形成现代意义上的建筑师职业。

1840年以后，西方现代建筑体系传入中国，引发了中国传统建筑业的变革，中国传统农业社会的建筑体系逐渐转变为现代工业社会的建筑体系，现代意义的建筑师职业也开始出现。首先是西方建筑师及其建筑师事务所进入中国，然后产生了中国本土建筑师，20世纪20~30年代，中国本土建筑师已经成为一个独立的职业群体，这是中国建筑现代化进程的重要组成部分。1938年12月26日国民政府公布的《建筑法》已经明确规定，“建筑物之设计建筑师，应以依法登记之建筑科或土木工程科工业技师或技副为限，但造价在三千元以下之建筑物不在此限。”1944年9月21日修正的《建筑法》则规定：“建筑物之设计人称建筑师，以依法登记开业之建筑科或土木科工业技师或技副为限。”②建筑师职业群体的出现改变了中国传统建筑业当事人关系中“业主—承造人”的二元模式，作为“独立第三方”的专业设计人承担向业主提供专业咨询，以及代表业主监督和指导承造人的职责，构成“业主—建筑师—承造人”的三元模式，这种源于西方的三元模式在强化专业分工的同时，也将契约化的建筑制度带入建筑活动，是中国建筑现代化进程的重要进展。

中国建筑师开办建筑事务所从事市场化的建筑设计活动出现于20世纪初期，如1917年建成的上海早期“大世界”由“周惠南打样间”设计，其主持人周惠南（1872~1931年）曾在英商业广地产公司供职，学徒出身，在实践中成长并开设了自己的设计机构。③又如毕业于上海徐家汇土山湾工艺学校的杨润玉（1892~?）曾任英商爱尔德洋行“助理建筑师”，于1915年创办“华信建筑公司”，后改称“华信建筑事务所”。④20世纪20年代，在国外完成高等建筑专业教育的中国建筑师陆续归国开设建筑师事务所，从事建筑设计。1921年吕彦直与过养默、黄锡霖合组“东南建筑公司”，同年吕彦直独自创办“彦记建筑事务所”；1922年刘敦桢、王克生、朱士圭、柳士英合组上海“华海公司建筑部”；1925年庄俊开设“庄俊建筑师事务所”。此后，在上海、天津、南京、汉口、广州等城市陆续开设的中国建筑师

---

① 张志刚．吾人对于建筑事业应有之认识[J]. 中国建筑，1933，1（4）：35.

② 蔡鸿源主编．民国法规集成（第41卷）[M]. 合肥：黄山书社，1999：84，352.

③ 参见伍江．上海百年建筑史1840—1949[M]. 上海：同济大学出版社，1997：151.

④ 参见李海清．中国建筑现代转型[M]. 南京：东南大学出版社，2003：239.

事务所还有：基泰工程司（建筑师关颂声、朱彬、杨廷宝，结构工程师杨宽麟），华盖建筑事务所（建筑师赵深、陈植、童寯），董大西建筑师事务所（建筑师董大西、哈雄文），范文照建筑师事务所（建筑师范文照），同业建筑事务所（建筑师徐敬直、李惠伯），大方建筑事务所（建筑师李宗侃），李锦沛建筑师事务所（建筑师李锦沛、李扬安、张克斌），杨锡镠建筑师事务所（建筑师杨锡镠），启明建筑事务所（建筑师奚福泉），五联建筑事务所（建筑师陆谦受、黄作燊、王大闳），凯泰建筑事务所（建筑师黄元吉），中国工程司（建筑师阎子亨），华信工程司（建筑师沈理源），林克明建筑设计事务所（建筑师林克明）等。[①]至1935年，按国民政府《技师登记法》在上海市工务局注册登记的建筑师共299人。随着20世纪20~30年代中国建筑师逐渐在建筑活动中占据一定地位并发挥其影响力，近代中国建筑师职业群体也逐渐发展壮大。1927年10月，留学回国的建筑师范文照、张光圻、吕彦直、庄俊、巫振英等发起成立第一个中国建筑师同业团体——上海建筑师学会，并于第二年更名为中国建筑师学会，在南京设立分会，并“拟于最短期间，加设分会于国内各通商大埠，藉广联络”[②]。建筑师同业团体的出现标志着近代中国建筑师群体的职业化进入了新的阶段，对近代中国建筑设计行业的规范化和制度化建设有着重要而深远的影响。

20世纪20~30年代，中国建筑师的社会地位与社会认同度仍处于较低水平，建筑师群体试图改变这种状况。梁思成在给东北大学建筑系第一届毕业生的信中指出，毕业生未来任务首先是让社会认识建筑与建筑师：“在今日的中国，社会上一般的人，对于‘建筑’是什么，大半没有什么了解，多以‘工程’二字把他包括起来，稍有见识的，把他当土木一类，稍不清楚的，以为建筑工程与机械、电工等等都是一样，以机械电工问题求我解决的已有多起，以建筑问题，求电气工程师解决的，也时有所闻。所以你们‘始业’之后……在对于社会上所负的责任，头一样便是使他们知道什么是‘建筑’，什么是‘建筑师’。现在对于‘建筑’稍有认识，能将它与其他工程认识出来的，固已不多，即有几位，其中仍有一部分对于建筑，有种种误解，不是以为建筑是‘砖头瓦块’（土木），就以为是‘雕梁画栋’（纯美术），而不知建筑之真义……为求得到合用和坚固的建筑，所以要有专门人材，这种专门人材，就是建筑师，就是你们！但是社会对于你们，还不认识呢……他们不知道我们是包工的监督者，是业主的代表人，是业主的顾问，是业主权利之保障者。”[③]由此可见，作为新兴职业群体的代表，建筑师同业团体的首要任务是提升行业的社会认同度，通过各种途径引导社会正确认识建筑师职业与建筑设计行业，认同建筑师群体在建筑设计领域的专业性和权威性。

与从西方引进的新兴职业——建筑师从业群体不同，近代中国营造业从业群体是从传统建筑工匠群体逐渐发展转变形成，与前者相同的是，这种发展转变的过程也是中国建筑现代化进程的重要组成部分。建筑市场的繁荣、从业者素质的提高、建筑技术的进步，以及建筑活动市场化导致的市场竞争是传统建筑工匠转化为现代营造业从业者的社会因素，这一转型过程在建筑活动最繁盛的上海得到集中体现。1863年，中国承包商魏荣昌（译音）中标承建法租界公董局大楼，1864年，孙金昌（译音）中标承建大英自来火房建筑工程，可以说是中国建筑工匠主动参与市场竞争的开始。1880年，上海川沙籍建筑工匠杨斯盛开设了上海第一

---

① 参见潘谷西主编．中国建筑史[M]. 第4版．北京：中国建筑工业出版社，2001：366-367.

② 范文照．中国建筑师学会缘起[J]. 中国建筑，1932（创刊号）：4.

③ 梁思成．祝东北大学建筑系第一班毕业生[J]. 中国建筑，1932（创刊号）：32-33.

家由本土营造商开设的营造厂——杨瑞泰营造厂，并于1893年独立完成了当时规模最大的西式建筑——第二期江海关大楼。这一时期，上海钟惠记、李合顺、张裕泰营造厂等也先后成立。1894~1895年，杨斯盛主持重修“鲁班殿”，并筹建水木公所，标志着上海现代营造业的初步形成。

20世纪20~30年代，上海的建筑营造业已经形成本国营造厂一统建筑市场的局面。1922年上海共有营造厂200家，第二年猛增至822家，1933年，在上海特别市工务局注册的营造厂已达2150家，①上海绝大多数房屋建筑均由本国营造厂建造。1895~1927年间，上海尚有英商德罗洋行、法商上海建筑公司等数家实力雄厚的外籍施工企业从事营造活动，承包建造了汇丰银行、徐家汇天主教堂等重要建筑。至20世纪20~30年代，上海建成的33幢10层以上高层建筑的主体结构承建者均为中国本土营造厂，他们将西方现代建筑技术与中国传统建筑技艺结合，承包建造了一批重要建筑。根据1946年的资料统计，当时上海有大小营造厂929家，其中444家是在1928~1937年的十年间开设的，具有一定实力的甲等营造厂共390家，外籍营造厂则只有一家，即由白俄籍人赤金开设的谦耕营造厂，该营造厂的营造业务也已经没有重要建筑项目。②

20世纪20~30年代，近代中国营造业不仅在数量上有很大发展，企业的经营方式和经营理念也有重大变化。在经营方式上，传统营造厂在市场竞争中已经逐渐认识到合资经营、股份制、规模经营的重要性，尤其是《管理营造业规则》将营造厂注册资本登记与承揽工程规模直接挂钩以后，这种发展趋势更为明显。至1946年，上海合资经营的甲级营造厂已占营造厂总数的27.8%，营造厂逐渐由分散的个体生产模式转化为股份制集约化的经营模式，出现了“馥记营造股份有限公司”这样的大型营造企业，担任总经理的陶桂林只占股本的29.4%，其余股份分别来自几十个个人、商号和银行。③此外，一批有远见的营造商还在发展营造业的同时跨行业经营，投资创办建材企业，为民族建材工业的发展作出了贡献。如上海著名营造商“姚新记营造厂”厂主姚锡舟联合上海金融、实业界巨头吴麟书、陈光甫、聂云台及龙潭矿山主屠述三等人，集资白银50万两，创建中国水泥股份有限公司龙潭工厂，生产的泰山牌水泥畅销国内外。1921年，上海申泰营造厂厂主钱维之在江苏省昆山县张浦镇创办上海振苏砖瓦厂，1923年正式投产后实现年产砖1000万块，瓦70万片，是这一时期较有影响的机制砖瓦生产企业之一。此外还有部分营造商涉足房地产业及与营造业无关的其他行业，如交通运输、纺织、造纸等行业，显示了多元化经营的现代企业经营理念。

随着近代中国建筑业的发展，营造厂逐渐涌现出一批具有现代经营理念和市场意识的新型营造商，他们对营造业的职业认同度（包括自我认同和社会认同）较以往有很大提高。在发展各自企业经营业务的同时，他们一方面在行业内部的协调与管理，人才培养与从业群体职业素质的提升，企业经营模式与运作机制的改良等方面提出新的诉求，表现出不同以往的现代经营理念；另一方面，西方建筑师与营造厂商具有的社会地位，令长期处于从属地位的本土营造厂从业者羡慕不已。他们对中国传统社会遗留下来的造房者“仅供一时之诛求，不

---

① 参见上海建筑施工志编委会．东方巴黎——近代上海建筑史话[M]．上海：上海文化出版社，1991：8．

② 参见何重建．上海近代营造业的形成及特征[C]// 汪坦，张复合主编．第三次中国近代建筑史研究讨论会论文集．北京：中国建筑工业出版社，1991：120．

③ 参见何重建．上海近代营造业的形成及特征[C]// 汪坦，张复合主编．第三次中国近代建筑史研究讨论会论文集．北京：中国建筑工业出版社，1991：120．

作异代之借镜，事过境迁，湮没无举"[①]的现象极为不满，产生获得社会认同的强烈要求。因此，他们积极组织行业群体参与社会活动，为政府提供各种专业咨询和建议，参加各种建筑设计投标，积极参与抗战军事工程或提供物资捐助，通过各种途径塑造营造业从业群体的正面形象。这种自我认同度的提升说明近代中国营造业从业者的职业意识日益增强，希望改变鄙薄工艺、轻视匠人的传统观念，提升本行业的社会地位。

传统建筑工匠的同业组织具有明显的行会性质，如上海先后出现的"鲁班殿"、"沪绍水木工业公所"，以及"上海市营造业同业公会"等，其功能多限于行业内部的利益协调与行业保护，对于促进同业团结，维护行业整体利益有一定作用，但是由于其运作机制沿袭传统农业社会的管理模式，其组织功能也缺乏制度化保障和规范化的运作机制。随着 20 世纪 20~30 年代中国营造业的不断发展，具有现代企业经营理念的新型营造商已不满足于传统的行会组织，1931 年 2 月，由陶桂林、陈寿芝、杜彦耿、卢松华、汤景贤等人发起组织成立以营造业从业者为主体，集建筑施工、建筑材料以及建筑设计从业者于一体的现代建筑同业团体——上海市建筑协会，实现了组织结构和组织功能的制度化和规范化，上海市建筑协会的产生与发展，是近代中国营造业群体进入现代化进程新阶段的重要标志。

3.2　建筑师同业团体——中国建筑师学会

20 世纪 20 年代以后，一批在海外接受高等建筑专业教育后归国的中国建筑师陆续开业，这些具备西方建筑教育背景的建筑师也带来了西方现代建筑师的职业理念，他们力求团结业内同仁，组织同业团体以形成社会影响，提升建筑师职业群体的社会地位与社会认知度。

1922 年夏，建筑师范文照从美国留学归国，与先后留学归国的张光圻、吕彦直、庄俊、巫振英等商议组织建筑师同业团体，虽因从业建筑师人数较少未能成功，但已为日后中国建筑师学会的筹建奠定了基础。1927 年南京国民政府成立后，建筑事业渐趋兴盛，更多具有海外留学背景的建筑师学成归国，建筑师群体数量不断增加，成立建筑师同业团体的条件已经成熟，遂于 1927 年冬成立上海建筑师学会，为使上海建筑师学会具备更广泛的代表性，该会于 1928 年在国民政府工商部正式备案注册后，更名为中国建筑师学会（The Society of Chinese Architects），在南京设立分会，并"拟于最短期间，加设分会于国内各通商大埠，藉广联络"[②]。中国建筑师学会（以下简称学会）是中国建筑师最早成立的学术团体，抗战时期学会迁往重庆，抗战胜利后于 1946 年迁回上海，1950 年初学会宣告结束活动。

---

① 发刊词 [J]. 建筑月刊，1932，1（1）：4.

② 范文照 . 中国建筑师学会缘起 [J]. 中国建筑，1932（创刊号）：4.

3.2.1 中国建筑师学会的办会宗旨、章程及组织机构

中国建筑师学会会员大多具有海外建筑教育背景，国外的留学经历使他们在创会之初就能以较为系统规范的方式对待行业自身的发展。虽然建筑师职业在国内还是新兴职业，但学会的创立者对其发展方向和目标已有较明确的认知，对于建筑师的职业定位、职业标准以及职业道德等方面也有较为清晰的认识，因此确定将“联络感情，研究学术，互助营业，发展建筑职业，服务社会公益，补助市政改良”①作为学会的办会宗旨。并通过会务活动、创办刊物等方式规范和影响从业群体的执业行为，致力于促进从业群体的职业化发展，提升本行业的社会地位和社会影响，从而对近代中国建筑师群体的职业化进程产生了深远的影响。

从业群体的自我定位和职业操守是行业发展的基础，也是其获得社会认同的前提。因此，1928 年学会创立之初制定的《中国建筑师学会公守诫约》就对建筑师的职业定位作了以下阐述：“夫建筑师之事业于国家社会负有极大之责任，盖其建筑物与文化之进步有直接之关系，故为建筑师者应具纯洁之精神、高尚之道德、诚恳之毅力、灵敏之手腕、精美之艺术思想，方能不负社会之信仰、金银之委托。”对建筑师的职业操守则提出：“夫既受人委托则当本其平日之训练和精神从事周旋，对于委托人当取公正廉洁之态度，介于委托人与承造人之间则以不偏不倚为宗旨，对于同事同业应以指导互助为方针，对于公众之事业应放弃一切私利为表率，如是建筑师之地位得日增而社会信仰亦日益深焉。”②由此可见，西方文化的契约传统和中国文人的道德传承共同影响着近代中国第一代建筑师群体的价值取向。

发轫之初，学会就制定了《中国建筑师学会章程》、《中国建筑师学会公守诫约》，以及《建筑师业务规则》等纲领性文件，对学会的组织程序、会员管理，以及建筑师执业行为和职业操守等作出详细的规定（见附录～附录 3）。总体而言，学会章程在组织机构的设置、责权界定以及运作方式等方面尚缺乏系统规范的规定，仅明确学会常设机构的人员数量和选举办法，未对其责权范围和相互关系作进一步的阐述，机构间相互监督和制约的机制也不够清晰。章程将学会机构分为执行和理事二部，其成员均在正会员中选举产生（图 3-1）。其中执行部设会长 1 人，副会长 1 人，书记 1 人，会计 1 人，均于召开年会时选举产生，任期一年，可以连任，担任相同职务不得超过 2 年。理事部共设 7 位成员，除执行部会长、副会长为当然理事外，于年会时再选举入会满 2 年的正会员 5 人为理事，理事长由理事选举产生。后来根据会务发展的实际需要，学会在 1933 年度会议上修改章程，增补了关于增设委员会的规定：“本会会务工作如有认为应另设委员会专司其事之必要时，得随时由常会议决设委员会办理之。委员会由委员若干人组织之，除临时性质之委员会于工作完成时随即取消外，其永久性质之委员会任期一年，在每年年会时改选之。”③此外，学会章程还规定学会每年举行一次年会，如章程需要修改可于年会中提出修改方案，获得 2/3 以上会员同意后生效。

---

① 中国建筑师学会．中国建筑师学会章程．北京：全国图书馆文献缩微中心．馆藏号：00M029586，1926（1930 修正）.

② 中国建筑师学会．中国建筑师学会公守诫约．北京：全国图书馆文献缩微中心．馆藏号：00M029586，1928.

③ 中国建筑师学会三月廿六日年会会议纪录 [J]. 中国建筑，1934，2（2）.

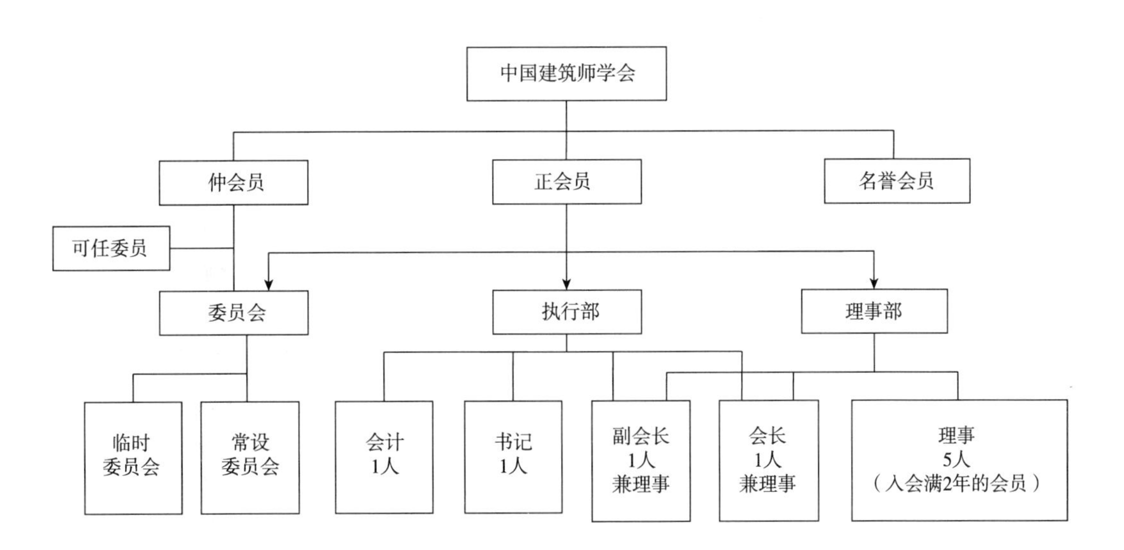

图3–1　中国建筑师学会组织结构示意图（根据《中国建筑师学会章程》绘制）

章程对于会员资格认定和等级划分有较严格的规定，将会员分为正会员、仲会员两类，并于1933年度增设名誉会员，所有会员均须为中华民国国民。获得学会正会员资格必须具备以下条件之一：①在国内外建筑专门学校毕业而有三年以上之实习经验，得有证明书者。②在国内外建筑专门学校毕业专任建筑学教授而有三年以上之经验者。③有国民政府发给工业技师建筑科登记证书者。④自营建筑师业务至少十年，有确实成绩证明者。⑤办理建筑事项，有改良或发明之成绩或有特别著作或具有相当资格，经理事部审查合格者。仲会员必须具备以下条件之一：①在国内外建筑专门学校毕业，尚未具有三年以上之实习经验者。②在国内外大学或高等工业专门学校毕业而具五年以上之建筑经验者。③在建筑界服务，具有充分经验，经理事部审查及格者。对于具备会员资格已递交入会志愿书者，章程还规定："凡遇所具志愿书经本会理事部审查否决者，一年内不得再具。"[①]由此可见，学会接受会员有相当严格的要求和审查程序，与上海市建筑协会吸纳营造家、建筑师、工程师、监工员，以及与建筑业有关之热心人士的做法不同，学会将其正会员限定为受过建筑专业高等教育或资深的职业建筑师，即便仲会员也须受过高等教育且从事建筑实践工作。此外，学会的会员退出机制也较为严格，要求会员必须出具理由书，经理事部过半数认可，并自行将其对学会承担的一切责任料理清楚后，才能正式出会。20世纪20年代国内高等建筑教育尚处于起步阶段，其毕业生满足会员条件者数量较少，因此学会的骨干成员（正会员）大多数为留学归国人员，这使学会在举办之初就表现出较强的专业性和知识精英团体特征。

会员权利方面，正会员作为学会骨干享有选举权和被选举权，执行部和理事部成员均在正会员中选举产生。仲会员不享有选举权和被选举权，可以出席学会会议并可被委任为各委员会成员。关于会员管理，章程规定："凡遇本会会员有违犯本会章程或本会职业诫约之行为者，本会理事部得调查确实，分别轻重斟酌处理。"此外，章程还规定会员有缴纳会费的义务，其入会费为国币25元，日常会费为国币46元，其中常年费国币10元，经常费每月3元。此项费用比上海市建筑协会会费高出一倍有余。

除制定章程外，学会还于1928年6月制定了《中国建筑师学会公守诫约》和《建筑师业务规则》。其中，《中国建筑师学会公守诫约》从职业道德和职业规范的角度对建筑师职业活动作了相应规定，强调建筑师的职业定位是"独立第三方"，即作为业主的"顾问者"和

① 中国建筑师学会．中国建筑师学会章程．北京：全国图书馆文献缩微中心．馆藏号：00M029586，1926（1930修正）．

营造商的“指导者”，其社会地位和社会认同源于公平公正地履行其专业职能，以严谨的契约意识和学术精神服务于社会。《中国建筑师学会公守诫约》还从维护行业内部团结的角度，要求所属会员不得通过不当手段争揽业务、扩充营业，同时也不宜接受不合常规或不符合建筑师职业地位的设计业务，对外联络时应尽量遵守行业统一标准以维护行业整体利益。《建筑师业务规则》对建筑师的业务范畴、收费标准、工作方式，以及工作程序等执业内容规定了行业统一要求，如规定该会建筑师的最低收费标准为工程费用（此费用包括建筑材料工价、一切附属工程费用，以及营造商费用与赢利）的6%，但纪念性建筑为10%，住宅工程费用在两万两以内者为8%，拆改旧屋暨装修门面为10%，内部美术装饰为15%，园艺建筑为10%。[①]《建筑师业务规则》的制定既有利于规范建筑师的个体执业行为，也可以通过统一的执业标准树立建筑师行业的整体形象，提升这一新兴职业群体的社会认同度。

通过对学会章程及规章的分析可以看出，学会将职业建筑师定位于受过高等建筑专业教育的知识精英群体，作为代表这一群体的同业团体，学会的会员资格认定标准强调其专业性和精英化特征，从人员构成上强化了建筑师职业的技术壁垒。就组织机构和制度建设而言，学会已经具备较为系统规范的组织架构，但尚未建立明晰的权力分配和监督体系，其内部规章的制度化建设也有待加强。此外，强调建筑师的职业道德和个人素质，强化从业群体的自我认同和行业自律，是学会约束会员职业活动的主要方式。对违反学会规定的惩戒办法尚缺乏具体明确的条款，仅提出“分别轻重斟酌处理”的模糊概念，制度层面存在不明确和不公平的隐患。与之相比，西方建筑师组织的规定则更具明确性和可操作性，如1806年成立的伦敦建筑学社规定：会员应参加该社每年举办的公开展览并提交规定数量的设计文件，违反者罚金2枚；会员受邀后应参加建筑学术讨论会，无故不到者罚金半枚；会员不参加全体会议满两次者罚五先令，以后每不参加一次再罚五先令。[②]由此可见，虽然建筑师职业是从西方引进的新兴行业，学会骨干成员也深受西方建筑师制度的影响，但其运行机制与会员管理在制度化与规范化方面仍有待加强。

3.2.2 中国建筑师学会的发展及其活动

据记载，1930年学会有正会员33人，仲会员16人，共计会员49人；1932年新增正会员6人，仲会员数量不变，共计会员55人；1933年新增会员16人，共计会员55人，并新增名誉会员2人，共计57人，著名建筑师庄俊、范文照、董大酉、李锦沛、陆谦受等曾任中国建筑师学会历届会长。[③]就正会员的教育背景而言，1930年度33位正会员中31人具有海外留学教育背景，其中留美23人，留英2人，留法2人，留比利时1人，留日1人，留德2人，占正会员总数的93.9%；1932年度39位正会员中37人具有海外留学教育背景，其中留美29人，留英2人，留法2人，留比利时1人，留日1人，留德2人，占正会员总数的94.9%。就从事的职业而言，正会员多为开业建筑师，少数供职于政府部门及高等教育机构，其中著名开业建筑师有庄俊（庄俊建筑师事务所），吕彦直（彦记建筑事务所），关颂声、

---

① 参见中国建筑师学会．建筑师业务规则．北京：全国图书馆文献缩微中心．馆藏号：00M029586，1928.

② 参见古健．英国皇家建筑学会之进展史[J].建筑月刊，1935，3（6）：30.

③ 董大酉在中国建筑师学会1933年年会曾提案暂时取消仲会员，经讨论后决定于该年会员名录中暂不提及仲会员名录[中国建筑，1933，1（1）：38-40]，因此1933年的会员名录应指正会员，其中丁宝训、张克斌、浦海、葛宏夫、庄允昌等五人系由上年度仲会员晋升为正会员。另据中国建筑师学会1934年会会议纪录[中国建筑，1934，2（2）]记载，此次年会对赵深所提之“取消仲会员案”的讨论结果仍为“议决暂不取消”．

朱彬、杨廷宝（基泰工程司），赵深、陈植、童寯（华盖建筑事务所），董大西、哈雄文（董大西建筑师事务所），范文照（范文照建筑师事务所），李宗侃（大方建筑事务所），李锦沛、李扬安、张克斌（李锦沛建筑师事务所），杨锡镠（杨锡镠建筑师事务所），奚福泉（启明建筑事务所）等（表3-1）。20世纪20年代，中国的建筑学高等教育尚处于起步阶段，因此没有海外留学教育背景的专业建筑师数量很少，加以学会为强化其专业地位而采取精英化的组织路线，所以学会早期的仲会员多数为开业建筑师事务所的助手，如1930年度的仲会员中，张克斌、卓文扬供职于李锦沛建筑师事务所，陈子文、丁陛保、杨锦麟、赵璧供职于范文照建筑师事务所，葛宏夫、庄允昌、浦海均与董大西有工作关系。此外，仲会员中还有在政府或高校供职的人员，后者或毕业于苏州工业专门学校建筑科，或毕业于南京中央大学建筑系，其受教育程度自初中、夜校至国内高等建筑院校不等。

1930年、1932年、1933年中国建筑师学会会员名录　　表3-1

1930年 共49人	正会员 （共33人）	吕彦直（已故）、张光圻、李锦沛、刘福泰、范文照、庄俊、黄锡霖、赵深、卢树森、刘既漂、董大西、李宗侃、刘敦桢、陈均沛、杨锡镠、贝寿同、杨廷宝、关颂声、黄家骅、奚福泉、李扬安、巫振英、罗邦杰、谭垣、陆谦受、陈植、梁思成、童寯、朱彬、薛次莘、苏夏轩、林澍民、莫衡
	仲会员 （共16人）	张克斌、葛宏夫、庄允昌、丁宝训、陈子文、丁陛保、卓文扬、浦海、刘宝廉、姚祖范、杨光煦、卢永沂、周曾祚、濮齐材、杨锦麟、赵璧
1932年 共55人	正会员 （新增6人，共39人）	吕彦直（已故）、张光圻、李锦沛、刘福泰、范文照、庄俊、黄锡霖、赵深、卢树森、刘既漂、董大西、李宗侃、刘敦桢、陈均沛、杨锡镠、贝寿同、杨廷宝、关颂声、黄家骅、奚福泉、李扬安、巫振英、罗邦杰、谭垣、陆谦受、陈植、梁思成、童寯、朱彬、薛次莘、苏夏轩、林澍民、莫衡 本年新增：林徽音、朱神康、吴景奇、黄耀伟、孙立己、徐敬直
	仲会员 （共16人）	张克斌、葛宏夫、庄允昌、丁宝训、陈子文、丁陛保、卓文扬、浦海、刘宝廉、姚祖范、杨光煦、卢永沂、周曾祚、濮齐材、杨锦麟、赵璧
1933年 共57人	名誉会员 （共2人）	朱启钤、叶恭绰
	会员 （新增16人，共55人）	吕彦直（已故）、张光圻、李锦沛、刘福泰、范文照、庄俊、黄锡霖、赵深、卢树森、刘既漂、董大西、李宗侃、刘敦桢、陈均沛、杨锡镠、贝寿同、杨廷宝、关颂声、黄家骅、奚福泉、李扬安、巫振英、罗邦杰、谭垣、陆谦受、陈植、梁思成、童寯、朱彬、薛次莘、苏夏轩、林澍民、莫衡、林徽音、朱神康、吴景奇、黄耀伟、孙立己、徐敬直 本年新增：裘燮钧、黄元吉、顾道生、许瑞芳、缪苏骏、杨润玉、李惠伯、王华彬、哈雄文 张至刚、丁宝训、张克斌、浦海、葛宏夫、庄允昌、李蟠

注：本表根据附录5、附录6、附录7整理。

据《中国建筑》记载，学会于1933年1月12日在上海巨泼来斯路310号郑公馆召开1932年度大会，到会会员有陆谦受、吴景奇、杨锡镠、薛次莘、巫振英、奚福泉、杨廷宝、罗邦杰、孙立己、董大西、林澍民、范文照、徐敬直、庄俊、黄耀伟、李锦沛、赵深、童寯、陈植等19人，另有该年度新发展的会员顾道生、张至刚、黄元吉、杨润玉、李惠伯、许瑞芳、王华彬、浦海、葛宏夫、庄允昌、张克斌、丁宝训等12人参加会议，新发展的会员缪凯伯、哈雄文等 2 人未参加会议，赵深担任大会主席（图 3–2）。[①]会上先由各专门委员报告上年度学会工作情况，包括学会会计陆谦受报告财政状况、会所筹备委员陈植报告、筹划会所工作委员童寯报告、出版委员会杨锡镠报告、设计芝加哥博览会中国馆委员会徐敬直报告、编制章程表式委员会范文照报告、建筑名词委员会庄俊报告等内容。本次会议还讨论了有关会员的提案，如讨论通过了范文照提议修改学会章程“第八条理事部组织”的议案，将该条改为“本会理事部以七人组织之，除执行部会长副会长为当然理事外，并于年会时再由正会员中选举入会满二年之会员五人为理事，理事长由理事选举之”；讨论通过了陈植提议的修改会费案，将学会会费调整为：入会费 25 元，常年费 10 元，经常费每月 3 元。此外，会议还选举产生了学会 1933 年度的领导成员，其中执行部会长为董大酉，副会长为庄俊，书记为杨锡镠，会计为陆谦受；理事部理事为范文照、李锦沛、赵深、巫振英、罗邦杰。[②]

图 3–2　1933 年中国建筑师学会年会到会会员全体摄影
（原图载：中国建筑师学会二十二年年会 [J]. 中国建筑，1933，1（1）：37）

1934 年 3 月 26 日，学会在新亚酒楼召开 1933 年度会议，到会会员有董大酉、童寯、陆谦受、奚福泉、赵深、李锦沛、巫振英、张克斌、吴景奇、哈雄文、罗邦杰、陈植、庄俊、杨锡镠、浦海，以及新会员伍子昂，董大酉担任大会主席。[③]会议先由上届会长、书记、会计以及各委员会主席报告一年来学会的工作情况，继而审议了有关提案，如赵深提交的“本会大陆商场会所开支浩大而对于会务进行毫无裨益，拟行取消”案，同意取消会所并另设通信处，后来会所于当年 6 月 6 日由大陆商场四楼迁至香港路银行公会 108 号；[④]讨论通

① 参见中国建筑师学会二十二年年会 [J]. 中国建筑，1933，1（1）：37.

② 参见中国建筑师学会二十二年年会 [J]. 中国建筑，1933，1（1）：38.

③ 参见中国建筑师学会三月廿六日年会会议纪录 [J]. 中国建筑，1934，2（2）.

④ 参见中国建筑师学会启事 [J]. 中国建筑，1934，2（3）.

过了杨锡镠"提议章程中加添委员会一条文"案，将学会章程第九条改为："本会会务工作如有认为应另设委员会专司其事之必要时，得随时由常会议决设委员会办理之。委员会由委员若干人组织之，除临时性质之委员会于工作完成时随即取消外，其永久性质之委员会任期一年，在每年年会时改选之。"原章程第九条与第十条合并。讨论通过了童寯的"提议本年以前所有一切委员会皆宣布解散，俟常会时另行组织"案。此外，会议还议决通过了理事会关于学会组织规章和会员管理的议案。如规定学会常务会议每两周举行一次，执行部、理事部联席会议每月举行一次；规定凡会员无故不到会继续至三次以上者，可于年会时报告大会通过取消其会员资格；凡会员欠缴会费者，由会计通知其在一个月内缴清，届期再不缴清即停止会员资格，至缴清时恢复之。[①]会议还选举产生了 1934 年度的领导成员，其中执行部会长庄俊、副会长李锦沛、会计奚福泉、书记童寯；理事部理事为董大酉、赵深、巫振英、陈植、杨锡镠。

总体而言，中国建筑师学会的成员数量虽少，但专业性较强，学历高且普遍具有西方现代建筑教育背景，是近代中国新兴建筑师组成的知识精英团体，其对于社会的影响不可低估。从表 3-1 可以看出，学会成员包括了绝大部分近代中国著名建筑师和建筑事务所合伙人，以及建筑教育家和参与政府建筑制度制定的建筑家，其会员作为建筑师的职业行为对提高近代中国新兴建筑师从业群体的社会地位及社会影响起到十分重要的作用，学会也正因为这批骨干会员的存在而得以实现在同业中的广泛影响，从而实现其推动建筑师群体职业化的目标。作为一种从国外引入的新兴职业，本土建筑师职业的发展面临在华开业的西方建筑师、本国的土木工程师，以及兼营建筑绘图的营造厂的业务竞争，因此，同业群体内部的团结与协作是推动本土建筑师职业群体发展的重要条件，而作为同业代表的学会则肩负着组织和协调的重要作用，学会根据发展需要不断调整和修改其章程和组织管理条例，是发挥这种作用的组织基础。

3.3 营造业同业团体——上海市建筑协会

1930 年 3 月 26 日，30 余位建筑营造业人士在平望街商业地产公司举行会议，决定组织上海市建筑协会（The Shanghai Builders' Association，以下简称协会）。陶桂林、陈寿芝、杜彦耿、卢松华、汤景贤等为发起人，汤景贤[②]任筹备委员会主任，负责起草章程与征集会

---

① 中国建筑师学会于 1934 年 8 月规定，凡未缴清会费之会员不得发给实业部登记证明书．

② 据上海建筑施工志记载，汤景贤（1896 ~ 1974 年），江苏吴县人，南洋路矿学校土木科理学学士，1914 年进入清政府开设的开浚黄浦江工程总局任工程师。1916~1928 年任美商茂生洋行建筑材料部经理。1929 年创设泰康行，专为客户计算工程中混凝土的含钢量，并提供钢材。汤景贤参与设计的工程，上海有金城银行、四行储蓄会、中国银行虹口分行、乡下总会、花旗总会、申报馆、爵禄饭店、惠中饭店、远东饭店、中国饭店、一品香饭店、南京大戏院、北京大戏院和一些面粉厂、纱厂等，南京有铁道部、卫生署、金陵女子大学，北平有清华大学、商务印书馆、邮政局等，成为上海"著名钢骨工程专家"．

员等工作，汤景贤还将其九江路19号泰康行的房屋作为协会的临时会所。1930年秋协会向上海特别市市党部民训会、市教育局递交正式申请，于1931年获准正式成立。[①]1931年2月28日，协会在西藏路宁波同乡会召开成立大会，大会设五人主席团，创始会员逾百人，王皋荪[②]任协会第一届主席，杜彦耿、谢秉衡、陶桂林、汤景贤、卢松华、陈士范等任执行委员，会址定于南京路大陆商场六楼620号。上海市建筑协会是由营造业从业者发起组织，集建筑施工、建筑材料及建筑设计于一体的现代建筑同业团体，是近代中国囊括专业人员门类最齐全的民间建筑同业团体，协会积极组织开展各类活动，为促进中国建筑的现代化进程作出贡献。直至1937年抗日战争爆发，协会才停止活动。

3.3.1 上海市建筑协会的办会宗旨、章程及组织机构

20世纪20~30年代，中国建筑业进入发展鼎盛时期，日益增长的社会需求使建筑营造业的市场迅速扩大，也促使建筑营造业尽快改变技术落后、基础薄弱的状况。因此，上海市建筑协会以“研究建筑学术，改进建筑事业并表扬东方建筑艺术”[③]为宗旨，在创办之初就分析了当时国内建筑业的种种习弊，并据此提出办会的三个目标：“卒以吾国为一种富于因循苟且性之民族，任举一事一业，或倡一技一术，保守有余，创造不足。即就建筑而论，既已承袭先人之殊绩，亦只拘囿一隅，绳守旧规，不能发挥光大，加以演进，适应突进之时代要求，其关于建筑学术之专门著作，更付阙如……此后愿赓续东方建筑技术之余荫，以新的学理，参融于旧有建筑方法；以西洋物质文明，发扬我国固有文艺之真精神，以创造适应时代要求之建筑形式。旁以能力所及，致力于建筑材料之发明，国货材料之提倡，作事实上之研究与倡导。此其一。”“试观建筑工场中，从事于中下层工作者，其日常应付本能，泰半得诸实地工作中所换得之经验，知其然而不知其所以然，未能以学理辅助经验之不足……是故提倡职工教育，革进匠工心灵，又为本会唯一之急务。此种职工教育之实施，其科目不期高深，但务实践，俾此辈工作人员所受得之学理不悖于经验，经验有恃乎学理，两相为用，以增高工作上之效率。此其二。”“吾国建筑业之所以萎靡不振，工场制度之腐窳，与夫工场生活之不良，实为两大主因……凡此种种，同人等愿凭过去经验之教训，考究症结所在，作缜密之研究，以为改良工场制度，摒除浮夸习气之预备。此其三。”[④]综合来看，成立协会的目的是从建筑技术与材料工业、建筑职业教育、建筑营造制度等方面推动国内建筑业的整体发展，正如协会成立宣言所言：“综观上述建筑技术之革进，国货材料之提倡，职工教育之实施，工场制度之改良诸端，俱为本会服务之对象，而同人等此后愿以出世之精神，献身于此种入世之事业者。”[⑤]

创办伊始，上海市建筑协会在组织制度的制定和机构的建设方面就显示出较强的规范化和制度化特征，在其正式对外公布的《上海市建筑协会章程》中，对协会组织架构及其运作

---

① 参见汤景贤．本会二届征求会员感言[J]．建筑月刊，1934，2（4）：31-34.

② 据上海建筑施工志记载，王皋荪（？～1944年），浙江镇海人，1906年建造外白渡桥时还是个小工头，后为英商太和洋行买办，开设王荪记营造厂。1929年承建上海法租界第一幢超过10层的大厦——高57m的华懋公寓（今锦江饭店北楼），王皋荪也成为较有名气的建筑专家。1911年起王皋荪担任浙宁水木工业公所议董，后浙宁、沪绍两帮合并为上海市营造厂同业公会，王皋荪任同业公会委员。1931年上海市建筑协会成立，王皋荪是积极创建者之一，被推举为大会五人主席团成员，并当选为协会第一届执行委员、常委、主席．

③ 上海市建筑协会章程[J]．建筑月刊，1934，2（3）．

④ 附录上海市建筑协会成立大会宣言[J]．建筑月刊，1934，2（4）：27.

⑤ 附录上海市建筑协会成立大会宣言[J]．建筑月刊，1934，2（4）：27.

方式、会员管理及协会职能等方面均作了明确规定，为协会组织运作和日常工作的正常开展提供了制度保障（见附录 4）。这种制度化的同业团体促进了近代中国建筑从业群体，特别是营造业和材料业从业群体的职业化发展。

按《上海市建筑协会章程》规定，协会具有较为完善和规范化的组织体系，其最高权力机构为会员大会，下设执行委员会及监察委员会，其委员均由会员大会选举产生。其中执行委员会设委员 9 人，候补执行委员 3 人；监察委员会设监察委员 3 人，候补监察委员 2 人。执行委员中推选 3 人为常务委员，常务委员中推选一人为主席。委员任期以一年为限，可连任，但至多以三年为限。委员未届期满而因故解职者以候补委员递补之，但以补足一年为限。协会章程规定了各委员会的职能，执行委员会负责执行会务，筹议协会的日常工作，代表协会对外联络，并可视会务情况雇用办事人员。监察委员负监察全会之责任，对执行委员及会员有提出弹劾的权力。所有委员均为义务职务，但可视其为协会办理公务情况支取相应酬劳。章程还规定会员大会每年举行一次，负责讨论重要会务，报告账略并修订会章，选举执监委员等职能，其日期由执行委员会酌定。执行委员会每月举行常会一次，开会时监察委员应共同列席，必要时可举行执行委员与监察委员联席会议。如获得执行委员 1/3 或监察委员 2/3 以上，或会员 1/10 以上同意，还可召开临时大会表决重要议题。[①]从上述规定可以看出，协会组织体系的架构责任分明，会员大会为“立法”机构，负责章程的制定、修改，重要事项的决议，人事安排的选举、财务收支状况的审核等；执行委员会为执行机构，具体执行会员大会的决议，负责日常工作；监察委员会则专司监督，这种分权制的组织架构有利于协会的正常运转。概而言之，协会的组织制度确立了依靠明确的制度体系保障协会正常运作的组织架构，上海市建筑协会已由传统匠人行会式的松散组织转化为制度化规范化的现代行业组织（图 3–3）。

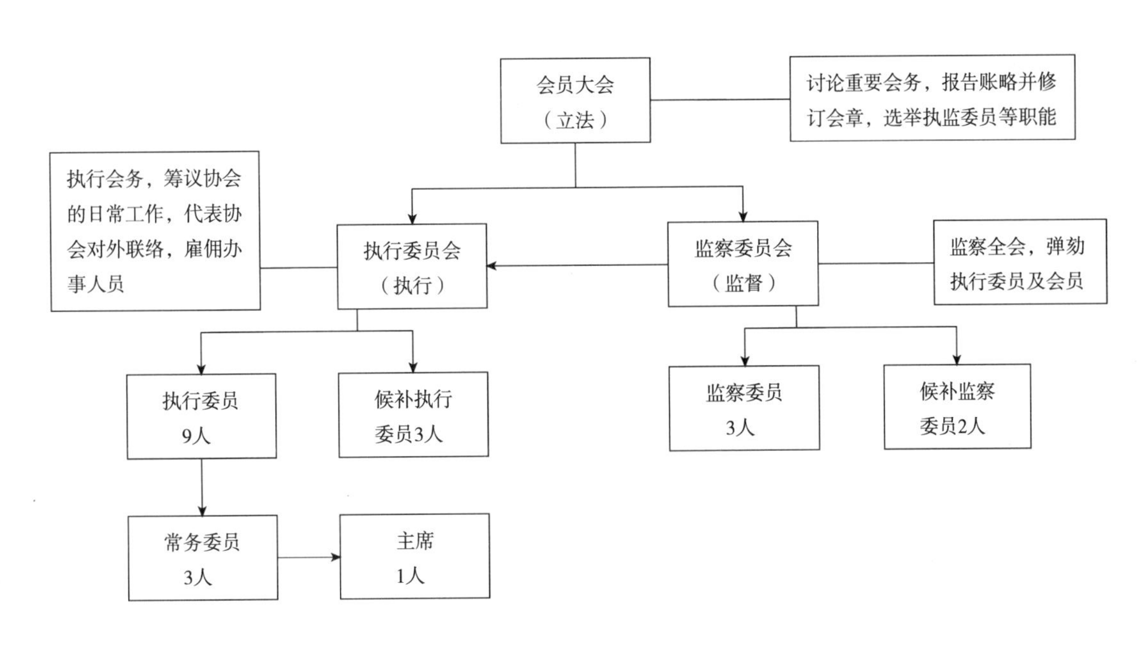

图 3–3　上海市建筑协会组织结构示意图（根据《上海市建筑协会章程》绘制）

① 参见上海市建筑协会章程 [J]. 建筑月刊，1934，2（3）.

协会章程在会员管理方面有明确的规定，内容涉及入会资格的核定、会费的缴纳、会员的权利和义务等问题。如章程规定："凡营造家、建筑师、工程师、监工员及与建筑业有关之热心赞助本会者，由会员二人以上之介绍，并经执行委员会认可均得为本会会员。"[①]又如，规定会员均有缴纳会费及临时捐助之义务，同时暂定会费为每年国币 20 元，[②]临时捐款额度则由会员量力而为。会费如有盈余则由专门基金委员会负责保管，不得用于无关协会之事。对于违反会章规定之会员，则可由监察委员会提出弹劾并予以除名或具函或登报警告之处分。在会员权利方面，规定会员均有选举权及被选举权、可依据会章请求召集临时大会或向执行委员会提出建议并要求审议实施，会员如有正当理由可自由退会，但已缴会费概不退还。此外，会员还可享受协会各项设备的使用权以及章程规定的其他权利。

协会章程中将其职能概括为以下四项。①作为同业群体的代表负责与外界联络，通过宣传和对社会提供专业服务等手段扩大行业自身的社会影响，同时进一步强化和明确协会的行业代表地位。具体内容包括：调查统计行业内部建筑工商或团体机关以及有关从业人群的基本情况；设计并征集改良的建筑方法介绍于社会；就建筑业相关事务向政府提交建议和意见；为社会提供专业服务，答复政府的咨询及委托事项。②组织开展建筑学术研究，宣传和倡导国产建材的使用，具体包括研究建筑学术，尽量介绍最新的安全建筑方法；提倡国产建筑材料并研究建筑材料的创造与改良。③促进学术交流，推行职业教育。协会计划通过发行出版物，创设建筑图书馆及书报社，举办建筑方面的研究会及演讲会，以及向世界宣传东方建筑艺术等，加强行业内部及国际学术交流，在引进和介绍国际建筑业发展最新成果的同时，也将中国传统建筑艺术和中国建筑界的发展成果推向世界。此外，培养社会急需的专业建筑人才也是协会的工作重点，计划由协会设立专门的劳工教育及职业教育学校，以提高建筑从业人员的专业技术能力。④推动行业内部的制度建设。由于协会主要成员多为脱胎于旧时包工组织的营造企业，其内部管理和运行机制在很大程度上沿袭旧制，已不能适应时代发展的要求。为敦促其改良与发展，协会提出改善劳工生活与劳动条件，推广劳动保险，提倡并设立储蓄机构，以及设立会员俱乐部以丰富文化娱乐等要求。

通过对协会章程的分析可以看出，协会自成立时起就表现出与传统行会组织的明显差异，其组织架构具有制度化、规范化的特征，协会的组织制度反映了组织作风的民主化取向，会员管理制度和协会职能的设定则体现了适应时代发展的现实需求，表现出结合国情、接轨国际的特点，有利于提升行业的社会影响和职业认同度，有利于促进行业自身的职业化发展。

3.3.2 上海市建筑协会的发展及其活动

创会初期，为迅速扩大影响，尽量团结建筑界各类人士，协会对入会资格的要求较为宽松，规定"凡营造家、建筑师、工程师、监工员及与建筑业有关之热心赞助本会者，由会员二人以上之介绍，并经执行委员会认可均得为本会会员"[③]。同时协会还成立了专门的组织机构，积极开展征求新会员的活动。如协会第十次执监联席会议决定，1934 年 5 月 1 日至 7 月 31

① 上海市建筑协会章程 [J]. 建筑月刊，1934，2（3）.

② 根据樊卫国的研究 [民国时期上海生产要素市场化与收入分配 [J]. 上海经济研究，2004（8）：76]，1920 年上海工人家庭（夫妻二人）最低生活费用为每月 17.5 元，考虑到协会成员收入高于社会平均水平，故会费标准并不为高，有利于会员的招募 .

③ 上海市建筑协会章程 [J]. 建筑月刊，1934，2（3）.

日举行第二届征求会员大会，并设立由陶桂林任总队长，汤景贤任总参谋，杜彦耿任总干事的会员征求队，负责宣传和印刷品制作等相关事宜。为配合此次征集活动，协会还在《建筑月刊》刊登征求会员大会专辑，由陶桂林、谢秉衡、汤景贤、殷信之等协会领导撰文介绍协会有关情况，以加强宣传和对外沟通。原计划筹组征求队共 22 队，[①]后因陶桂林请辞总队长，故取消征求队，改为按现有会员数分队，另推陶桂林、江长庚、谢秉衡、陆以铭 4 人担任总队长，拟征集约 160 人。[②]

1932 年 10 月 9 日，协会举行第二届全体会员大会并照章修订会章，改选协会领导成员。经选举产生执行委员 9 人：汤景贤、陶桂林、江长庚、谢秉衡、孙德水、杜彦耿、卢松华、王岳峯、殷信之，候补执行委员 2 人：贺敬第、陶桂松（因执委陈寿芝当选后辞职，乃由候补执委殷信之递补，故候补执委 3 人改为 2 人）。监察委员 3 人：竺泉通、陈松龄、孙维明，候补监察委员 1 人：王法镐（监委陈士范、孙维明票数相同，因陈士范以抽签当选后辞职，乃由候补监委孙维明递补，故候补监委 2 人改为 1 人）。另经 10 月 14 日第一次执监联席会议决定，推举陶桂林、杜彦耿、谢秉衡 3 人为本届常务委员，[③]选举结果报国民党上海市执委会民训会、市教育局备案后生效。

1934 年 10 月 20 日，协会在法租界八仙桥青年会九楼西厅举行第三届会员大会，参加会议的还有国民党上海市党部代表毛霞轩和市教育局代表聂海帆。大会主席团由谢秉衡、江长庚、汤景贤、陈松龄、殷信之、杜彦耿、卢松华等组成，由杜彦耿报告会务开展状况及经济概况，继由汤景贤报告附设正基建筑工业补习学校校务概况。本次会议根据市党部的要求对协会章程作了修改："将'会址'一项移前，与'定名宗旨会址'顺序并列，俾符法合；将'职员任期'修改为：各项委员任期以二年为限，连举得连任，但至多以四年为限。各项委员未届期满而因故解职者，以候补委员递补之，但以补足二年为限；将'大会'修改为：本会每年举行会员大会一次，讨论重要会务，报告账略。于第二年举行大会时，并修订会章，选举执监委员，其日期由执行委员会议决通告之；将'附则'修改为：本章程如有应行修正之处，须俟大会决定之，并呈请当地政府核准后发生效力。"[④]本次会议选举产生第三届领导成员，其中执行委员 9 人：竺泉通、姚长安、陈松龄、应兴华、陈寿芝、贺敬第、殷信之、孙德水、孙维明；候补执行委员 3 人：汪敏章、陈士范、王法镐；监察委员 3 人：江长庚、陶桂林、卢松华；候补监察委员 2 人：汤景贤、杜彦耿。据记载，大会结束后由建筑材料商"大陆实业公司"赞助举行了招待宴会，来宾有上海市教育局长潘公展、建筑师赵深等社会各界人士。其后放映了介绍钢铁冶炼和水泥制造的工业纪录电影，席间并有上海各建材企业（吉星洋行、大陆实业公司、兴业瓷砖公司、元丰油漆公司、中华铁工厂等）在场分发产品样本及赠品。从上述会议情况看，建筑同业团体的集会既是专业人士组织交流的平台，也是相关行业信息发布和拓展市场的手段，企业提供赞助以获得高效率的市场推广，协会则在节约经费的情况下实现会务的正常运行，这种互惠的会务运作模式体现了较高的市场化倾向。

第三届执行委员会于 1934 年 10 月 23 日选举殷信之、应兴华、贺敬第为常务委员，殷

---

① 参见会务 [J]. 建筑月刊，1934，2（3）：65-67。据该文记载，原定征求队队长为：江长庚、谢秉衡、汤景贤、陶桂林、卢松华、王岳峯、陈寿芝、陈士范、竺泉通、邵大宝、孙德水、陶桂松、蔡和璋、陆以铭、朱鸿圻、应兴华、陈松龄、殷信之、孙维明、吴仁安、刘银生、杜彦耿等 22 人 .

② 参见会务 [J]. 建筑月刊，1934，2（6）：28.

③ 参见建筑界消息 [J]. 建筑月刊，1932，1（2）：66。另根据上海建筑施工志记载，陶桂林为协会第二届主席 .

④ 会务 [J]. 建筑月刊，1934，2（10）：41.

信之当选主席。执委会还对协会的工作内容及下属机构作出调整：①规定每月第一星期之星期二下午5时为协会常会时间，将会务联络常态化、制度化。②组织《建筑月刊》杂志刊务委员会及协会夜校校务委员会，以推动月刊及校务之发展，推举竺泉通、江长庚、陈松龄为月刊刊务委员，贺敬第、应兴华、姚长安为夜校校务委员。③组织经济委员会，并推陈寿芝、殷信之、孙维明、姚长安、卢松华等5人为委员。

图3-4 上海市建筑协会第四届会员大会摄影
（原图载：专载[J].建筑月刊，1936，4（9）：43）

1935年11月28日，协会在上海南京路大陆商场七楼正谊社举行第四届会员大会，除到会会员100余人外，另有市党部代表杨家麟等列席会议（图3-4）。大会主席团由陈松龄、应兴华、陶桂林、贺敬第、江长庚、姚长安等组成，由应兴华代表主席团致开会词，继由贺敬第报告会务及刊务，应兴华报告附设正基建筑工业补习学校校务概况，陈松龄报告全部经济账略。会议选举产生第四届领导成员，其中执行委员9人：陶桂林、江长庚、陈松龄、应兴华、谢秉衡、竺泉通、贺敬第、汤景贤、孙德水；候补执行委员3人：姚长安、王皋荪、陈士范；监察委员3人：陈寿芝、邵大宝、陶桂松；候补监察委员2人：杜彦耿、卢松华。①

由于协会成立后的经费来源均靠会员会费收入，故常感预算不敷使用。为满足协会正常运作的需要，执监委员会于1935年3月决定自该年度起，协会各委员拨付其营业额的0.5‰给协会充作经费，并在《建筑月刊》公布捐款情况。②此举不但为协会的正常运作提供了经济保障，也反映了主要由营造业主和建材商组成的同业团体的商业化特征。

在协会发展过程中，其组织内部也不断反思协会的运行机制及其未来的发展目标，如协会第三任主席殷信之曾撰文指出，"溯我建筑协会发轫伊始，响应者不过寥寥三十余人，迨正式肇立，赞助者瞬逾百人……今昔悬殊，殊无庸讳；然而细审同业之入会初衷，大率为局部业务之方便计，徒惑于时尚所趋，仅目为俱乐之场合，盖罕有了然于集团组合之真谛者也。是以创设之初，群力漫散，殆有类于沙砾，而事权琐碎，未能纳诸范畴，纵或援例集议，而聚散靡定，往往议定案决，踌躇践行，会务进展，只见停滞，推究原委，组织之未具系统，厥为唯一症结。"③由此可见，当时协会会员中不乏因追赶潮流或为谋自身利益而入会者，其对于协会的目标与职能缺乏正确认知，对于组织的忠诚度也是建立在与个体利益不发生冲突的基础上，这种会员认知上的缺位削弱了协会在行业中的权威性和影响力。因此，虽有较为规范的制度体系和运作机制，但协会的许多议案还是在执行方面遇到困难，并因此影响了协会的整体发展。殷信之在文中提出要厘定会务纲目，规划事权标准，加强协会的系统性和影响力，整合行业群体以重施缜密的组合；同时严格遴选会员，充实和完善协会的组织机构以图会务工作的有力进行。他认为协会今后发展应"首在具体的实现原有计划，一方切实严定进行步骤，一方汇集群思，衡度工作性质，区别何者为急务，何者应缓图，依次循序共扶盛

① 参见专载[J].建筑月刊，1936，4（9）：43。另据上海建筑施工志记载，陈松龄为协会第四届主席.

② 参见会务[J].建筑月刊，1935，3（2）：46.

③ 殷信之.贡献于建筑协会第二届征求会员大会之刍议[J].建筑月刊，1934，2（4）：36.

举，则协会万幸！同业万幸矣”[①]！又如，汤景贤曾在《建筑月刊》1934年第2卷第4期发文，就协会未来的发展目标提出三点具体设想。其一，将协会的影响推广扩展至全国乃至全球，并且进一步扩大协会的人才基础，集思广益，增进同业的交流与团结。其二，整合协会内部资源，加强分工合作，在适当的时候成立专门的分类学术研究委员会，以突出各类会员的专业技能优势。学术委员会可分四种：“（甲）工程组，由工程师组织之。专门研究工程上一切学术。（乙）艺术组，由建筑师及美术家合组之。专门研究艺术上一切学术。（丙）经济组，由熟谙社会经济诸问题之会员组织之。专门研究关于建筑事业与社会经济问题有关之事项。（丁）理化组，由工程师中之潜通理化者与经营建筑材料业之会员共同组织之。”[②]其三，积极扩充建筑夜校以培养中等职业人才，使上（受高等教育而潜通建筑学术者）中（看工、小包作头）下（因经济萧条，很多失业者进入建筑行业成为产业工人，其人员数量已不患无人）三种人才成比例增加。此外，杜彦耿也在《建筑工业之兴革》（建筑月刊，1934，2（4）：37-40）一文中进一步重申建立职工学校的重要性，痛陈从业人员素质低下所带来的诸多问题，强调教育是解决问题、清除积习的根本之计，虽然其设定的职工学校运行模式带有浓厚的乌托邦色彩，但从中仍可看出职业人才（尤其是受过专门职业教育的中等人才）的缺乏是制约当时国内建筑业（特别是营造业）发展的重要因素。[③]

中国传统建筑业并没有现代意义的“营造商”，普通工程均由水木工匠负责承造，“自通商口岸，因事实上之需要，盛行西式房屋后，承造者由经济地位之增高，而渐得社会上相当之位置。迨后皆知营造事业之有利可图，遂群起逐鹿；故营造厂之设立，日增而月盛”[④]。随着营造业的发展，其从业群体的经济地位和社会地位不断提高，成立统一的同业团体以推动行业整体发展成为业内有识之士的共同愿望。纵观协会的发展历程，虽然其初衷是集合建筑业界各类专才以推动建筑业的整体发展，并发出“宁盼营造家、建筑师、工程师、监工员及建筑材料商等，踊跃参加，共襄进行，建筑业幸甚”的呼吁，[⑤]但就其实际组织发展情况看，从事建筑营造业者以及相关的施工、监理技术人员始终是协会的骨干成员，同时由于部分营造业主也兼营建材业务，故而建材业者也是协会的重要组成群体，相比之下建筑师，特别是当时的主流建筑师群体并没有直接参加协会的活动，协会与专业建筑师群体的沟通更多地表现为两个独立的建筑同业团体，即作为营造业和建材业代表的上海市建筑协会与作为建筑师代表的中国建筑师学会之间的交流与协作（表3-2）。

上海市建筑协会部分主要成员名录 表3-2

姓名	职业	姓名	职业	姓名	职业
汤景贤	泰康行总经理	杜彦耿	杜彦泰营造厂	王皋荪	王荪记营造厂厂主
陶桂林	馥记营造厂厂主	卢松华	创办鹤记营造厂、开山砖瓦公司、扬子木材厂	邵大宝	创办大宝建筑公司、东方钢窗厂
陶桂松	陶桂记营造厂厂主	陈松龄	安记营造厂股东	姚长安	安记营造厂股东

① 殷信之．贡献于建筑协会第二届征求会员大会之刍议 [J]. 建筑月刊，1934，2（4）：36.
② 汤景贤．本会二届征求会员感言 [J]. 建筑月刊，1934，2（4）：34.
③ 参见杜彦耿．建筑工业之兴革 [J]. 建筑月刊，1934，2（4）：37-40.
④ 汤景贤．本会二届征求会员感言 [J]. 建筑月刊，1934，2（4）：32.
⑤ 上海市建筑协会第二届征求会员大会宣言 [J]. 建筑月刊，1934，2（3）.

续表

姓名	职业	姓名	职业	姓名	职业
江长庚	江裕记营造厂厂主	陈士范	陈林记营造厂厂主	应兴华	仁昌营造厂厂主
谢秉衡	创新营造厂厂主	孙德水	余洪记营造厂	贺敬第	锦地营造厂厂主
孙维明	昌升营造厂股东	竺泉通	新仁记营造厂经理		

注：本表根据《建筑月刊》各期相关资料及上海建筑施工志相关记载整理。

3.4 建筑同业团体的公共职能

3.4.1 建筑同业团体的对外职能

中国建筑师学会和上海市建筑协会作为建筑业主流群体的代表，其对外职能主要表现于为社会提供专业咨询服务，以及代表本行业与政府相关部门及其他行业沟通，协调处理相互间存在的问题。

1）提供专业咨询与服务

随着建筑业的发展，建筑活动中的问题与纠纷日益增多，由于相关专业知识缺乏，社会公众在面对此类问题时处于信息不对称的劣势地位，政府相关仲裁机构则难以具备足够的相关建筑知识，社会公众与政府机构都需要得到专业而具有公信力的权威解答，建筑同业团体中的专业人员是可以提供这种权威解答的重要来源，因此，提供专业咨询服务就成为建筑同业团体对外职能的重要组成部分。

中国建筑师学会经常为涉及建筑工程的法律诉讼案件提供专业咨询。当时建筑活动中的纠纷经常产生于业主与承包人之间，正如《中国建筑》记载："盖业主与承包人，由立场之不同，水火其利害，纠纷冲突，于焉而起。或以图样之更改，或由账目之增益，或起于承包者之偷工减料，或缘乎业主之延期不付，凡此诸端，皆为渊薮。初者取决于建筑师之调解，再者取决于第三者之仲裁；调解之不能，仲裁而无效，乃进而涉讼于法院，以听取最后之处决。"法院受理案件后，其对于法律条文的解释固然毋庸置疑，"但对于建筑部分，无专门学者，以为之理直，则孰是孰非，何所率从；故常有以此见询请为鉴定者，本会无不秉公执言，以求其当，法院判决因多取从也"①。同样，上海市建筑协会也经常为此类法律纠纷提供专业咨询，协会主办的《建筑月刊》杂志还设有"营造与法院"专栏，通过有关案件的报道和法律译著的刊载，向社会宣传相关知识。如1933年第1卷第8期报道的江苏高等法院审理的建筑师杨文咏上诉奚籁钦拖欠设计费一案，上海市建筑协会作为独立咨

① 专载 [J]. 中国建筑，1933，1（3）：39.

询方，委派宋天壤就建筑设计合同及收费的有关情况出庭作证，为司法审判提供专业咨询意见。又据 1934 年第 2 卷第 3 期记载，江苏上海第二特区地方法院在审理祥和木行与胡祥记营造厂关于工程费用的诉讼案件时，对于上海地区工程承揽惯例不了解，特向协会发出咨询，协会与上海营造厂同业公会召开联席会议讨论，并经多方咨询后给予答复。同期“会务”专栏还记载，协会会员殷信之在承建天津回力球场工程时，遇到该项目建筑师意大利人包内梯拒绝提供设计图纸的问题，特来函询问。协会援引美国类似案例说明建筑师应给予配合，否则因此导致的一切损失应由建筑师赔偿。其后，协会还应邀派员出庭应询，并请将此问题反映给有关政府部门。

上海市建筑协会于 1933 年前后设立了协会服务部，免费对外提供有关建筑营造问题的咨询和服务，内容包括：咨询有关建筑材料、建筑工具及运用于营造现场的一切最新工具等有关问题，代向材料厂商索取样品标本及最新价目表。提供这些服务，体现了协会协助业界与社会沟通信息的桥梁作用，拓展了消费者获得最新产品信息及厂商宣传产品的渠道。同时，该服务部可代建筑师绘制正式图样，只需建筑师提交草图，墨水蜡纸均由协会自备（蜡布另议），收费每平方尺六分至六角不等，此举可以减轻建筑师雇佣绘图员的成本。协会服务部还对外承接建筑工程造价估算工作，以其专业公信力为社会提供关于建筑经济的独立第三方咨询服务，使业主能够据此实现对工程造价的审计，从而避免不必要的损失和纠纷。如协会服务部应上海三森建筑公司委托，为上海邱伯英建筑师设计的贝当路某住宅及公寓工程出具造价估算单，该估价单对建筑的土建材料和部分安装工程用材作了详细的统计，下至基础的三合土，上至屋面防水和用瓦、内外门窗、栏杆等皆逐项列明数量和单价。此外，该服务部还曾经对外承接建筑工程的设计任务。如《建筑月刊》1933 年第 1 卷第 9-10 期以及 11 期分两期连载介绍了协会服务部设计的嘉善闻天声住宅。该项目为两层独立式住宅，协会服务部完成了全套施工图设计、工程造价估算书，并代拟了施工招标文件。

2）作为行业代表与外界沟通和协调

除了向社会提供专业咨询和服务外，中国建筑师学会和上海市建筑协会还担负着与外界沟通和协调的职能，这一方面体现于其与其他建筑同业团体一起代表建筑业与政府和社会公众沟通，另一方面表现为这两个同业团体代表各自所属行业，为维护自身利益与建筑业内其他群体沟通和协调。

在与政府和社会公众沟通与协调方面，中国建筑师学会和上海市建筑协会一方面将政府规章与公众需求传达给从业群体，另一方面也将业内呼声传递给社会。如 1933 年财政部税务署规定从当年 12 月 5 日起加倍征收水泥统税，由于该项税收对各营造厂生产成本影响颇大，上海市建筑协会应各会员营造厂要求专门召开执监联席会议，决定联合上海市营造厂业同业公会上书财政部，请求收回成命。但这一要求未能获得财政部同意，为避免此类情况对营造厂成本的不利影响以及由此产生的经济纠纷，上海市建筑协会于 1934 年 1 月召开执监联席会议，会议认为凡营造厂投标开账后所增加的税款应由业主承担，并决定向会员营造厂提供由该会统一制定的“日后新增之税概由业主负担”图章，要求营造厂将此章印于估价单上以为凭证。同时协会还专门发函给建筑师、工程师团体，说明凡盖有此章的工程估价其造价并不包含以后新增的税款。又如 1934 年上海市政当局有鉴于当时市场上建筑用工字钢及钢条的质量良莠不齐，影响使用安全，故计划要求各生产厂家在钢条等产品上加镶凸牌标志，说明产品性能和生产单位以利检验。为此，上海公共租界工部局工务处专门致函上海市建筑协会，言明由于“此法若藉建筑法规强制施行，殊感困难”，故“应请有关系各方共同注意公共安全而赐与合作，方克有济，尚希贵会转知贵会会员加以采用，为幸”。[①]协会除将此函通知有关会员单位外，还专门在《建筑月刊》上全文刊登以作宣传。再如，1935年初，中国物理学会上书行政院，要求改订度量衡标准制单位名称与定义，行政院召集教育部、实业部、兵工署、中国物理学会、中国工程师学会开会审查，并函邀中央研究院派专家代表参加讨论后审查通过，并令教育、实业两部向各有关系的学术团体征求意见以供决策。上海市建筑协会接教育部令后，安排专人对其内容进行研讨，并结合本行业有关度量衡使用情况以及国内相关传统提出修改意见。可见，建筑同业团体作为代表行业与政府沟通的纽带，有利于政府相关政策的制定和实施。

以行业代表身份对政府行政建言献策，是建筑同业团体的另一项重要职能。1935年南京市工务局规定在建筑工程完工时，承包人需签订类似于工程质量保证书的“工竣销案具结”，上海市建筑协会从维护营造厂的利益出发，由杜彦耿在《建筑月刊》撰文对其内容的合理性进行讨论。该保证书内容如下：“为出具切结事，窃包工人前报建字第 × 号工程，均系遵照核定图样（及计算书等）办理，已于 × 月 × 日竣工，并无偷工减料情事。如将来发生损坏倾倒事项，负修理赔偿之责。所具切结是实，此上。（附注）证明人应为业主。”[②]杜彦耿在文中对上述规定提出以下六点疑问：首先，营造商承揽工程后，是以工程图样说明书及合同为根据，按照各地工务机关颁布的建筑章程的要求施工，故只需对图样说明书、合同及建筑章程负责。若因设计问题，政府有关部门审查图纸问题或自然灾害等原因导致房屋坍塌，其责任自然不能由营造商承担。其次，该文件缺乏关于营造商为所承揽工程负质量责任的时间期限规定，若因使用寿命到期而出现问题，自不应由营造商承担。第三，文件中写明工程建造系按照设计图样及计算书等执行，计算书是工程师设计过程的中间结果，政府在审核设计文件时须进行审核，但营造商只是按图样施工，并不了解计算书的具体内容，因此不应让营造商为计算书负责。第四，该文件中“并无偷工减料情事”的提法不甚妥当，因为“若就严格而言，所谓偷工减料者，则凡砖作砌墙，某一块砖于砌时未砌端正，形式歪斜，此即偷工。砌墙时两砖相并之砖缝中灰沙并未置足，此即减料。是则余可谓为全世界之建筑，均有偷工减料之弊”[③]。第五，以业主为证明人的做法不妥，因业主未必是专业人士，亦无法证明工程质量优劣或是否完全按图施工之类的专业问题。第六，这种将房屋质量问题完全归结于营造商的做法有欠妥当，对于图样设计和审核阶段的相关要求也应一并考虑，以达成全周期的质量控制。上述疑问的提出固然是基于保护行业自身利益的目的，其分析问题的角度亦难免偏颇，但从中可以看出严谨法律意识和契约精神已经成为当时建筑制度的基本准则，因此对规章制度字斟句酌的探讨就成为照章办事的前提条件，协会作为营造业的同业团体，自然需要担负为普通从业人员争取公平交易环境的职责。

除了与外部社会沟通之外，中国建筑师学会与上海市建筑协会还代表各自同业群体与建筑业内其他群体沟通和协商。如1932年10月19日，中华水泥厂联合会曾致函上海市建筑协会，询问该会会员企业使用进口水泥一事。[④]协会调查后指出，部分工程采用进口水泥是因为业主直接购买之故，加之国产水泥价格高于进口水泥，故从经济上考虑竞争力较弱。当时上海国产水泥每桶净价四两五钱，而进口水泥连运费在内每桶只售三两二钱五分，且定购便捷，货款可于到货后一个月内交付，其价格优势显而易见。为提倡国货和维护会员利益，

---

① 会务 [J]. 建筑月刊，1934，2（2）：63.
② 杜彦耿 . 论工竣销案具结 [J]. 建筑月刊，1935，3（4）：3.
③ 杜彦耿 . 论工竣销案具结 [J]. 建筑月刊，1935，3（4）：3.
④ 参见通信栏 [J]. 建筑月刊，1932，1（1）：54.

协会专门邀请中华水泥厂联合会、砂石业同业公会一起召开联席会议，共同商讨解决方案。1936年协会监察委员、馥记营造厂总经理陶桂林还专门在《建筑月刊》上发表致启新、中国等水泥公司的公开信，就国产水泥涨价一事呼吁业内精诚团结，共度时艰。又如关于营造厂参加工程招标时的手续费和押样费问题，《建筑月刊》于1934年第2卷第7期刊登文章《振兴建筑事业之首要》，主张在营造厂参加投标时，建筑师不应收取手续费和押样费（此费待开标后，落选厂家交还设计图纸后归还），认为这会导致种种弊端。文中提出可通过严格审查参加投标厂家的资质来保证质量，同时不应以最低价中标，要考虑营造厂的利润空间，避免低价竞争导致施工质量的下降。作者呼吁："欲振兴建筑事业，应由全体建筑业者共同努力之；建筑师工程师应注意营造商之利益；营造厂商亦应注意工程之良善。一言以蔽之，则建筑业之从业者，应放远目光，以公共事业为前提，毋以私利为尾闾，庶几整个建筑事业日趋繁荣也。"[①]关于这一问题，1934年7月31日上海营造厂业同业公会也曾致函中国建筑师学会，说明上海南市某住宅项目施工招投标时，长源测绘公司向十余家营造厂收取投标开账手续费和押样费共计3000余元，后因该测绘公司主任身故，导致押样费等费用无法退回，因而产生纠纷。因此营造厂业同业公会亦建议取消此开账手续费。对此，中国建筑师学会经常会讨论后回函认为，学会会员本就不取开账手续费，而押样费则于开标之后照数退还，并无不妥；此项纠纷中收押样费的测绘公司并未在学会正式注册登记，故责任应由营造厂自负。再如，《建筑月刊》1935年第3卷第11–12期和1936年第4卷第1期刊登了中国建筑师学会拟定的建筑工程的统一应用文件，包括保证书、工程合同、建筑章程等内容。协会专门就文件内容进行讨论，并将修改意见反馈给中国建筑师学会，而学会方面亦对此加以研讨，并对部分意见给予采纳。由此可见，中国建筑师学会与上海市建筑协会由于所属同业群体的利益不同，看待问题的角度也有所不同，正如学会会员杨锡镠在给协会的回函中所言："敝会与贵会之立场不同，为公道计，敝会各会员以为如此为妥。"[②]从发展本国建筑事业的基本共识出发，中国建筑师学会与上海市建筑协会从不同角度就彼此关心的问题展开讨论，以求同存异的方式处理相互间的关系，有利于维护协调建筑业内部的关系，形成具有广泛接受度和可操作性的行业规范。

3）宣传和推广的集中体现——中国建筑展览会

为增强建筑从业群体的社会影响力，吸引公众对建筑业发展状况的关注，提升建筑业从业群体的社会地位和社会影响，中国建筑师学会与上海市建筑协会也十分注重强化建筑行业的宣传和推广，1936年4月12日开始在上海举办的"中国建筑展览会"（Chinese Architectural Exhibition）即是这种宣传和推广的集中体现。这次展览会由社会知名人士和建筑业民间团体共同发起组织，堪称民国时期规模最大、影响范围最广的中国建筑业发展成果的宣传展示活动。中国建筑师学会、上海市建筑协会、中国工程师学会、上海市营造厂同业公会等业界团体为这次活动的顺利举办作出了很大贡献，上海市政府也通过拨助经费和组织机关、团体、学校前往参观的方式给与支持。

1936年2月28日在上海八仙桥青年会举行了首次发起人会议，出席者既有热心建筑事业的社会名流，也有建筑界各行业的知名人士，包括叶恭绰、黄伯樵、陆东磊、顾兰洲、张继光、李锦沛、庄达卿、赵深、沈怡、梁思成、裘燮钧、董大酉、吴秋繁、李大超、姚华荪、

① 振兴建筑事业之首要[J]. 建筑月刊，1934，2（7）：43.

② 专载[J]. 建筑月刊，1936，4（1）：82.

陶桂林等共计30余人，由叶恭绰[①]任主席。会上叶恭绰谈及筹办这次展览会的动因是："年来国内建筑事业，不可谓不发达，惟在建筑工程上，对于社会文化，对于工商业，未见有若何巨大贡献表现出来，此为社会需要太急，各人忙于自己业务，未遑筹思精研。去岁北平营造学社，曾拟以该社历年研究所得，与上海各界联合举办一建筑展览会，嗣以时间关系，未曾实现，现在拟趁市博物馆未开幕前，即假该馆馆舍联合各界，举行一中国建筑展览会。"[②]为使中国建筑展览会顺利举办，会后专门成立了由各界名流组成的组委会：名誉会长为时任上海市长的吴铁城，名誉副会长为曾养甫（国民党中央执行委员、中国工程师学会会长）、沈怡（上海市工务局局长），会长叶恭绰，副会长李锦沛、张效良，常务委员朱桂辛、庄达卿、陶桂林、赵深、李大超、汤景贤、董大酉、黄首民、杜彦耿、张继光、裘燮钧、姚华荪、梁思成、刘士能、卢奉璋等15人。组委会下设展品征集组（主任关颂声，副主任赵深）、展品陈列组（主任林徽因，副主任胡肇椿，后改为董大酉任主任）、展会宣传组（主任徐蔚南，副主任杜彦耿）、展会事务组（主任李大超，副主任陈端志、郑师许）等多个办事机构。[③]从上述人员构成看，这次展览会得到了政府有关部门的支持，集合了当时建筑设计、建筑施工及建筑材料等各个行业的代表人物，其中也包括中国建筑师学会、上海市建筑协会等业界团体的骨干成员。国内建筑界各种力量的全面整合，为这次展览会的成功打下了坚实的基础。

吸引公众对建筑和建筑业的关注，推动建筑事业发展是这次展览会的主要目的，正如组委会在其章程中所言："本会征集中国古今建筑之模型，图样，材料，工具等，公开展览，藉以表扬中国建筑演化之象征与伟大，并以引起社会上对于中国建筑之认识与研究为宗旨。"[④]由于学识所限，一般公众对建筑工程的具体流程及复杂程度，从业群体的分工范围及专业特点并不了解，也因此产生了一些错误认识。所以，有识之士提出应利用这次展览向公众解释建筑的整体流程，使之认识到建筑工程的复杂性与专业性。如杜彦耿曾撰文指出："会场中有一不可缺少之陈列，厥为建筑之系统图是。所谓建筑系统者，即自建筑师之测量营造地面起，以至于设计草图正图，规订建筑合同，承揽章程，土木工程师之计划钢筋混凝土底基，及梁柱屋架等之结构，与夫管子工程师之设计冷热水管浴室厨房之设备，与暖气冷气之设置。又如电气工程师之计划室内电灯电扇电铃电热等之装置，他如沟管工程师装饰工程师以至各业工人工作情形，与各种建筑材料之供给图表说明等，俾参观者得以明了一屋之建筑过程，至为繁复，非若一般人理想中之简纯易举也。"[⑤]此外杜文中还提出，由于上海是中外人士荟集之地，为向纷至沓来的外国人宣传中国传统建筑文化以及当代建筑发展的最新成就，应设法使此类展览固定化、常年化，向政府申请建造专门的建筑馆用以收集和陈列各类建筑的图片、模型等资料。同时，该展馆亦可作为国内工业学校与大学建筑系及土木工程系学生学习参观的第二课堂。

展品方面，组委会将展出物品设定为建筑模型与图样、建筑材料以及建筑用工具等三类，其中以建筑模型与图样为主要内容。在展品征集方面，除由组委会致函各团体及个人征求外，还分别委托中国工程师学会、中国建筑师学会、上海市建筑协会、上海市营造厂同业公会等四团体帮助征集，中国建筑师学会还同时负责南京、广州、天津等其他城市的展品征集工作。

---

① 叶恭绰（1881~1968年），字裕甫，又字誉虎、玉父，号遐翁、遐庵，晚年别署矩园，广州番禺人，祖籍浙江余姚。清末历任邮传部路政司主事、员外郎、郎中等职。民国后，历任路政司司长、交通部次长、总长、交通部长，并兼理交通银行、交通大学。1935年"上海市博物馆临时董事会"成立，叶恭绰任董事长.

② 中国建筑展览会会务杂志[J].建筑月刊，1936，4（2）：38.

③ 参见中国建筑展览会会务杂志[J].建筑月刊.1936，4（2）：38.

④ 中国建筑展览会会务杂志[J].建筑月刊.1936，4（2）：38.

⑤ 渐.中国建筑展览会[J].建筑月刊，1936，4（2）：3.

经费方面，展览会筹备费用共计 3000 元，其中上海市政府拨款 1000 元，上述四团体赞助 1200 元，其余发起人捐助 800 元。其他收入包括：展览会门票每张收费 5 分，材料商陈列室每间租金 10 元，对在会场销售的有关建筑书籍、照片等收取 10% 的手续费。为扩大展览会的影响力，组委会还指派卢树森、童寯负责组织在展会期间举办建筑学术演讲会，向参观者宣传建筑文化；由宣传组与中国建筑师学会和上海市建筑协会商讨出版纪念刊物事宜；由宣传、事务两组负责接洽各大报刊出版展览会特刊；由董大酉负责设计展览会纪念章，用以感谢为展览会提供展品的各界人士；《建筑月刊》杂志于 1936 年第 4 卷第 3 期刊出了中国建筑展览会特辑。除此之外，组委会还专门致函上海市公用局，申请在展会期间开设专线交通并降低票价，以吸引社会各界前往参观。

经过各方努力，中国建筑展览会于 1936 年 4 月 12 日至 19 日在上海如期举行，主会场设于上海市中心区最新落成的市博物馆，分会场在中国航空协会新楼（图 3–5）。共展出包括模型、图样、书籍、摄影、材料、工具等六类共两千余件展品，除材料部分陈列于航空协会新楼外，其余均在主会场展出（图 3–6）。中国营造学社为这次展览会提供了历年收集的各种宫殿烫样、模型、书籍、图版、宋画、宋瓦等珍贵展品，是展会的一大亮点。模型方面，除展出历代斗栱模型外，还有“北平天坛皇穹宇”、“北平天坛祈年殿”、“北平故宫千秋亭”、“北平南海风月亭”、“北平万寿山排云殿前四柱七楼牌楼”等许多精美模型，其中“河北蓟县独乐寺观音阁”模型用木料雕制，花费木工 1290 工，雕刻工 180 工，制作费用达 1600 元，制作工艺精细准确（图 3–7）。图样方面，展出了“山西应县佛宫寺辽释迦木塔”、“江苏吴县

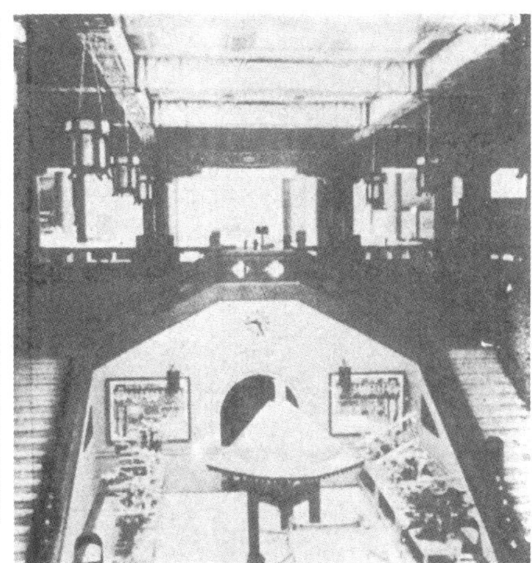

图 3–5　中国建筑展览会会址
（原图载：建筑月刊，1936，4（3）：2）
（左图）

图 3–6　中国建筑展览会上海市博物馆会址内景
（原图载：建筑月刊，1936，4（3）：5）
（右上）

图 3–7　中国建筑展览会展出的河北蓟县独乐寺观音阁模型
原图说明：中国营造学社陈列之河北蓟县独乐寺观音阁模型，此模型曾费木工 1290 工，雕刻工 180 工。阁建于辽统和二年，即公元 984 年，距今 952 年。
（原图载：建筑月刊，1936，4（3）：5）
（右下）

罗汉院双塔”、“圆明园盛时鸟瞰图”、“河北赵县安济桥现状实测图”、“山西大同善化寺大雄宝殿复古图”、“善化寺普贤阁”等多幅精美建筑图样。文物材料方面，除陈列制釉原料、制琉璃坯子原料、白坯子、黑色琉璃六样合角兽、明代绿色琉璃鱼、琉璃瓦帽钉、铜门兽面外，还有周代蕨文瓦当、山文瓦当、秦代鸟文瓦当、汉代关字文瓦当等名贵文物。此外，中国营造学社还提供了“山西大同云冈石窟”、“河北赵县安济桥”、“山西汶水文庙大成殿”、“霍县北门外石桥栏杆”等数百幅照片。[①]这些展品在沪首次集中展示，对宣扬中国传统建筑文化，唤起国人对传统建筑文化的热情都起到很好的促进作用。

除传统建筑文化外，通过模型、照片、设计图样等方式宣传介绍当时中国建筑最新成就是展会的另一重点内容。其中有对上海市中心区建设成果的专题介绍，包括市政府及各部委新楼、市立医院、博物馆、图书馆、体育馆、运动场、游泳池、平民村、龙华塔等；有对中国建筑师学会会员设计作品的集中展示，内容涉及办公、工业、银行、学校、纪念性建筑等各种建筑类型，如陈列车站两路办公大厦、航空协会新厦、陈英士纪念塔、无名英雄墓等；还有上海市建筑协会会员单位建成作品介绍，包括公寓、银行、商店、纪念馆、戏院、学校、小住宅等各类项目（图 3-8）。展会还以模型和实物展出方式介绍了各种建筑工程机械，如挖泥机、打桩架、水泥搅拌机等（图 3-9）。此外，会场陈列了数百种中英文建筑书籍，宣传介绍建筑界学术研究的成果。其中包括上海市建筑协会出版的《建筑月刊》杂志各期，以及该会收藏的英文建筑百科全书，中国建筑师学会出版的《中国建筑》杂志各期，以及该会会员庄俊提供的《内部装饰》、《古典式样》、《中国建筑》等外文图书，还有中国营造学社出版的《营造汇刊》、《清式营造则例》、《钦定四库全书简明目录》，以及该社手抄本《抚郡文昌桥志》、《灞桥图说》、《石桥分法》、《大木小式做法》、《大式瓦作做法》等许多珍本图书。为宣传国内建筑教育成果，展览会专门设有建筑教育展室，陈列展出了中央大学建筑系和复旦大学土木工程系的学生作品。

图 3-8 中国建筑展览会展出的浦东同乡会钢笔画透视图，奚福泉建筑师陈列（原图载：建筑月刊.1936，4（3）：8）（下左）

图 3-9 中国建筑展览会展出的拌水泥机模型，馥记营造厂陈列（原图载：建筑月刊，1936，4（3）：8）（下右）

① 参见谈紫电．中国建筑展览会参观记 [J]. 建筑月刊，1936，4（3）：11.

展览会在主会场附近的中国航空协会新楼设有分会场，专门陈列各建筑材料厂商的产品。此举一方面可增进社会对国产建材行业的了解，起到提倡使用国货的效果，以促进国产建材行业的发展；另一方面，通过向材料厂商收取展位租金也可补贴展览会的经费。由于这次展览会规格较高、影响较大，参加展出可以对自身产品起到很好的广告宣传作用，因此报名者极为踊跃，共有包括砖瓦、钢铁、钢窗、油漆、五金、泥灰等在内的四五十家建材厂商参展，如瑞昌铜铁五金厂、泰山砖瓦公司、兴业铸铁厂、中央铁工厂、中国石公司、丰源行、元丰公司、振华油漆公司、开山砖瓦公司、中国水泥公司、启新洋灰公司、中国窑业公司、新和兴钢铁厂、永固造漆公司、新中工程公司、华新砖瓦公司、益中福记瓷电公司、大东钢窗公司、大中砖瓦公司、兴业瓷砖公司、长城砖瓦公司、合作五金公司、公勤铁厂、新成钢管厂、奚德记、全新陶瓷厂、利用五金厂等，其中许多企业为同类建材厂商中执牛耳者，其展品代表了当时民族建材工业发展的最新成就。

中国建筑展览会在八天会期中，除在上海市博物馆及中国航空协会新楼展会现场展出建筑模型、设计图样、建筑材料、建筑工具，以及建筑书报等五类共2000余件展品外，还聘请建筑名家在上海基督教青年会举行演讲，共吸引观众、听众达32000余人，引起社会的极大关注，对于扩大建筑界的社会影响，改善中国建筑事业发展的外部环境都起到积极的作用。在办展过程中，建筑界各团体分工合作，集合各行业的力量共同为这一盛会的顺利举办而努力。建筑界精英借此机会共济一堂，在各种演讲会、座谈会中就中国建筑事业的有关问题各抒己见，共商大计，有利于促进建筑界内部的团结协作，为建筑事业的发展创造良好的内部环境。中国建筑师学会、上海市建筑协会等建筑同业团体为本次活动的顺利举办作出了巨大贡献，无论是对外协调联络还是对内征集展品、组织分工，都离不开他们的共同努力。展会结束后，组委会还将建筑界不同行业的各种观点汇集成统一意见，以组委会的名义上书行政院长，从发展建筑教育以培育专门人才、规范及倡导国产建材以促进民族建材工业、保护传统建筑以弘扬中华文化，以及任用专才以扶持国内建筑从业群体等方面，就中国建筑事业的发展问题提出五点建议。[①]

3.4.2 建筑同业团体的对内职能

发轫之初，中国建筑师学会与上海市建筑协会都将研究建筑学术作为自身的重要职责。中国建筑师学会在其章程中明确提出："本会宗旨为联络感情，研究学术，互助营业，发展建筑职业，服务社会公益，补助市政改良。"[②]上海市建筑协会则在其成立大会宣言中提出："上海市建筑协会发起同人，鉴于凭藉吾国固有建筑技术之不足恃，与夫从实际经验所唤起之自觉，而有刱组本会之动机。"[③]因此，作为现代建筑同业团体，中国建筑师学会和上海市建筑协会除了担负前文所述对外职能外，还在行业内部致力于倡导建筑学术研究，推动国内外学术交流，完善行业运行机制。通过举办各类学术活动，建设学术交流平台，出版学术期刊、书籍等各种方式，为促进从业者业务水平提高和形成业内良好学术氛围作出了很大的贡献。

1）推动国际学术交流

中国建筑师学会与上海市建筑协会推动国际学术交流的举措主要表现在两个方面，一是

① 参见专载——中国建筑展览会呈行政院蒋院长文 [J]. 建筑月刊，1936，4（3）：9-10.

② 中国建筑师学会．中国建筑师学会章程．北京：全国图书馆文献缩微中心．馆藏号：00M029586，1926（1930修正）.

③ 附录上海市建筑协会成立大会宣言 [J]. 建筑月刊，1934，2（4）：27.

作为行业代表与国外建筑团体的正式交往，二是以中国建筑师学会与上海市建筑协会为中介的国内外建筑资讯的双向交流。根据对现有资料的分析，上海市建筑协会是近代中国最早与国际建筑团体开展学术交流的建筑同业团体，协会最迟于1933年已与美国建筑公会建立了交换学术刊物等信息交流渠道。1933年11月15日，美国建筑公会致函上海市建筑协会，邀请协会派代表出席1935年在奥地利萨尔茨堡召开的万国建筑联合会议。信中言：“接奉贵会出版之《建筑月刊》，披读之余，不胜欣感！吾人于美，殊未知贵国有此等伟大建筑与公寓房屋之构造也。展阅之余，顿扩眼界，敬将贵刊编入敝会图书馆。兹检奉敝会出版之《美国建筑公会会刊》一份，尚希詧收！如远东尚有类似贵会之其他团体，务请赐示名称地址，俾便通函。”协会在回函中除向对方询问参加该次会议的相关手续及注意事项外，还推荐介绍了当时国内的主要建筑团体：“并承询远东与敝会类似性质之团体一节，计在敝国上海者有中国工程师学会（大陆商场五楼）、中国建筑师学会（大陆商场四二七号）及北平之中国营造学社（中山公园内）。尚希台詧，请与各该会通信可也。”[1]从上述内容可以看出，上海市建筑协会在增进国内外建筑业的相互了解，扩大中国建筑在国际上的影响等方面起到了开拓性的作用。此外，中国建筑师学会主办的《中国建筑》杂志亦于1934年实现了与美国建筑专业杂志 Architecture 和 Architectural Forum 的刊物交换，并加强了对传统中国建筑的宣传力度，其征稿通知中称：“希望全国的建筑家，对于中国新旧式的各种设计，常常惠赐一二，藉以宣传东方建筑文化，是不仅个人之光，亦国家之荣也。”[2]

除与国外建筑团体的通信往来外，学会与协会成员在国外的实地考察也是了解国际建筑业动态的又一途径。如1934年秋，上海市建筑协会成员杜彦耿东渡日本考察建筑，足迹遍及神户、奈良、东京、大阪、长崎等地，参观了多处新旧建筑，参加了当地建筑团体的学术活动，并于归国后撰文介绍。杜彦耿感叹日本建筑界学术活动的兴盛，呼吁改变国内业界学术氛围不浓，业内人员各自为政，学术活动不能有效开展的状况。又如，中国建筑师学会会员范文照于1935年6月受国民政府委派，出席1935年7月16日在伦敦召开的“国际市区房屋设计第十四届联合会议”并作大会发言。其后，应欧洲中部国际建筑师公会及罗马国际建筑师会议邀请前往欧洲进行建筑考察，途经法国、比利时、荷兰、德国、丹麦、瑞典、匈牙利、奥地利等国，并参加了在罗马举行的第十三届国际建筑师大会（图3-10）。[3]这次游历不仅使范文照本人加强了对欧洲现代主义建筑的认识，促使其设计理念和设计手法向现代派转型，而且通过其在杂志上对考察成果的介绍，也使国内建筑界增进了对国外建筑发展状况的了解。

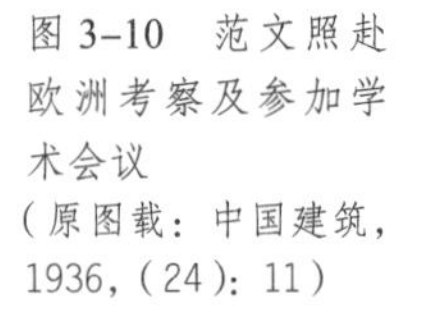

图3-10　范文照赴欧洲考察及参加学术会议
（原图载：中国建筑，1936，（24）：11）

中国建筑师学会和上海市建筑协会始终注重对国际建筑业动态的介绍，尤其是与国外建筑杂志实

① 会务[J].建筑月刊，1934，2（2）：63.

② 卷头弁语[J].中国建筑，1934，2（11-12）.

③ 此会共计各国到会代表500余人，讨论问题：①新发明建筑材料及其使用效果。②建筑师对于公共建筑物及城市计划近年所得经验与认识。③公共机关明了利用建筑师业务之利益。④公寓建筑标准计划。⑤地底层交通建筑及保护法。⑥建筑师的权利如何保护及信托监工之权。⑦对于公共建筑征求图案办法等.

施刊物交换后，更是翻译介绍了大量国外建筑业的相关资讯，其较强的专业性与时效性使其主办的学术刊物成为业界了解国际建筑业动态的重要渠道。《建筑月刊》曾介绍了多个国外最新落成的著名建筑，如美国西北电话公司26层大厦、英国惠勃尔登皇家影戏院、英国皇家建筑师学会总会新会所、英国班师雷市政厅新厦、日本东京英国使馆新屋、日本东京帝国大学图书馆、日本东京共同建物株式会社新屋、日本东京帝室博物馆等。该杂志还于1933年分两期连载介绍了1932年下半年建设的胡佛水闸隧道内部水泥工程（即钢筋混凝土工程）的有关情况，从浇捣水泥的前期准备、所用水泥品质及现场运输方式、水泥浇筑的具体工艺、隧道边墙的浇筑工艺等方面作了详细阐述。此外，《建筑月刊》还刊登许多介绍国外建筑业发展状况的译文供国内建筑界参考，如《美国建筑界服务人员及商店之统计》、《美国农村建筑之调查》、《英国皇家建筑学会之进展史》、《建筑师公费之规定》等。《中国建筑》杂志也曾于1934年刊出专辑介绍1933年芝加哥万国博览会，并由中国馆设计顾问过元熙撰文介绍此次博览会中国馆的有关设计情况。该杂志于1934年第2卷第2-4期还连载了勒·柯布西耶1930年在苏联真理学院的演讲稿《建筑的新曙光》（卢毓骏译），是较早将现代主义建筑理念引入中国的译文。

2）组织业界学术活动与交流

上海市建筑协会在1932年就发起组织了“建筑学术讨论会”，联合在沪的中国建筑师学会、中国工程师学会共同开展确定建筑名词的工作，并专门致函北京的中国营造学社，希望能给予通信讨论，中国营造学社亦回函表示赞同。后虽因成员个人业务繁忙未能继续，但已开启了业界学术交流，共谋进步的端倪。1934年初，上海市建筑协会有鉴于当时上海建筑事业颇有进展，为集思广益，推陈出新，又策划举办“建筑学术讨论班”，以利用业余时间研究建筑学术为宗旨，欢迎建筑界有志研究者（不论协会会员或非会员）加入。这一举措一方面可以在协会成员内部形成学术讨论的良好气氛，推动学术发展；另一方面，吸收非会员加入既可扩大协会在从业人员中的影响力，又可针对社会大众开展建筑学识普及教育和推广。1935年协会再次发起举办“上海市建筑协会建筑学术演讲会”，希望“集合同志专家，切磋琢磨，共启新献，庶几中国建筑得有复兴之象，为世所重”[①]。该演讲会以“讨论建筑学术，发表研究心得”为宗旨，会址定于南京路大陆商场七楼正谊社。为使这一活动能持续开展，协会专门订立了演讲会机构组织章程，在协会会员或其他建筑专家中推选15人为演讲会委员，于委员中设常委3人（1人任主席），其他办事人员则由协会办事人员兼任。同时，对讲期安排、讲题要求以及讲辞的公开发表等事项也作了详细计划。1935年11月3日晚7时，第一次建筑学术演讲会在南京路大陆商场四楼梵皇渡俱乐部举办，主讲人为上海市工务局长沈怡博士，演讲主题为“中国建筑界应有之责任”。[②]但其后直至1937年协会中止活动，未见该演讲会活动的报道。除举办学术活动外，上海市建筑协会还曾委派杜彦耿、刘家声等4人于1934年5月赴北平考察故宫建筑及北平市政建设及管理，回沪后杜彦耿以《北行报告》为题，分七期在《建筑月刊》连载介绍“北平市沟渠建设设计纲要”、“北平市建筑规则”等内容。另外，《建筑月刊》还于1935年起新辟“中国之建设”专栏，经常报道国内各种交通、市政建设情况，使读者能够及时掌握国内建筑事业的最新进展。

3）出版学术期刊和著作

出版学术期刊是中国建筑师学会和上海市建筑协会推动学术进步，扩大社会影响的重要

---

① 发起组织建筑学术演讲会简约[J]. 建筑月刊，1935，3（7）：3.

② 参见中国建筑界应有之责任[J]. 建筑月刊，1935，3（9）：3.

举措，《中国建筑》和《建筑月刊》是20世纪30年代中国建筑界代表性的主流学术期刊。关于这两种学术期刊，已在第2章详细论述，本节不再赘述。

除学术期刊外，上海市建筑协会还于1936年6月出版《英华华英合解建筑辞典》，该辞典按英文字母顺序逐条翻译编订统一的建筑专业语汇，内容涉及建筑历史、建筑构造、建筑设计等诸多专业领域，该辞典对建筑从业群体具有很强的实用价值，既有助于从业者对英文语义的理解，也有助于业内形成标准化的专业用语，是一项很有价值的基础建设工作。同年还出版了胡宏尧著，王季良（康奈尔大学土木工程硕士）校的《联梁算式》一书，内容包括：自序，标准符号释义，第一章算式原理及求法，第二章单梁算式及图表，第三章双动支联梁算式，第四章单定支联梁算式，第五章双定支联梁算式，第六章等硬度等匀布重联梁函数表，第七章题例，附录。该书系结构工程师胡宏尧采用当时新发明的克劳氏力率分配法，按可能范围内的荷载组合逐项列成简单公式并配以自创图表，可供从业者以简单方式处理复杂问题，所需推算时间尚不及克劳氏原法的1/10。此书出版后，协会寄赠各地专家评阅，以求书籍内容更为完善。中国建筑师学会也于1934年出版上海公共租界工部局制订，杨肇煇、王进合译的《上海公共租界房屋建筑章程》，并于同年在《中国建筑》刊登王进、石麟炳的文章《各大城市建筑规则之比较》，详细介绍了上海公共租界以及青岛、南京、杭州、天津、广州等各大城市的房屋建筑规定，供各地业界人士参考。此外，上海市建筑协会还尝试组织建筑图书馆，除协会自行购置图书外，还呼吁业内同仁踊跃捐赠，后惜因各种原因未能成就规模。

4）完善行业运行机制

改革陈弊，完善行业运行机制是中国建筑师学会与上海市建筑协会作为现代建筑同业团体的一项重要职能。对于新兴的中国建筑师群体而言，面临的首要问题是如何使公众了解“建筑”和“建筑师”，以及如何扩大本土建筑师群体的社会影响，以获得更好的从业环境和职业保障。实现这些目标的前提是从业群体职业素质和职业自我认同的提升，而行业内对个体执业行为的制度约束则是实现行业整体利益的基本条件。当时的建筑设计市场，外行冒充建筑师执业，从业者为业务竞争不惜互相倾轧，为取悦业主甘愿自降身价等种种怪象时有发生，为使新兴的建筑设计行业有序发展，中国建筑师学会在成立之初就着手制定行业规范和职业准则，先后拟定了《中国建筑师学会章程》、《中国建筑师学会公守诫约》、《建筑师业务规则》等规章制度，希望以学会在业内的影响力引导从业者实现职业自律，进而形成良性的从业环境。其后，根据国内建筑市场的发展需要，学会还制定了统一的建筑工程合同、保单及建筑章程、建筑说明书等格式文件，以完善建筑设计行业的运行机制。

与建筑师职业不同，影响营造业发展的因素更为复杂，其在资金、技术、设备、人员等方面存在的问题均较建筑设计行业为多，而营造业者的企业经营理念与运作模式的陋习积弊则是制约营造业发展的主要问题。对此，上海市建筑协会在其成立宣言中即已提出：“吾国建筑业之所以萎靡不振，工场制度之腐窳，与夫工场生活之不良，实为两大主因……凡此种种，驯至场主不能谋进工场制度，以保障工作人员之幸福，同时工作人员亦与场主貌合神离，不能收上下合作之效……同人等愿凭过去经验之教训，考究症结所在，作缜密之研究，以为改良工场制度，摒除浮夸习气之预备。”[①]可见，改革营造业积弊、完善行业的运行机制是协会一直以来的工作目标，并从理论探讨和实践推行两方面进行努力。

如《建筑月刊》曾刊载文章《为吾营造界进一言》，对当时国内营造业存在的问题作

① 附录上海市建筑协会成立大会宣言[J]. 建筑月刊，1934，2（4）：27.

了概括描述。其一是营造厂组织的墨守陈法：营造厂缺乏严格而合理的管理制度，导致人员流动频繁，职工责任心不强，进而产生工作效率低下、浪费材料、延误工期等不良现象。其二是营造业者错误的竞争观念：市场竞争本是优胜劣汰的正常途径，但国内营造厂不循正途，为谋求中标而恶性竞争，工程报价低于成本甚至倒贴的情况均有发生，中标后又想方设法偷工减料，甚至卷款潜逃者亦不在少数。造成这种状况的根本原因即在于错误的竞争观念。其三是建筑承揽契约的不公平：契约条件只从业主角度考虑，缺乏对营造商利益的合理保障。其四是建筑师与监工员不能合作，部分设计人员不顾实际情况，对营造商颇多刁难，有滥用职权之嫌。其五是营造商未能保持合理心态，部分营造商习惯于对业主及建筑师的意见委曲求全，不能维护自身的正当利益。其六是营造商群体存在不实事求是、铺张浪费、爱面子的恶习。文中还呼吁协会与各地营造业同业公会应共同面对这些问题，"指导同业之组织，维护同业之利益，不受外界之倾挤侮慢"[①]。又如协会组织者杜彦耿在《营造业改良刍议》一文中提出，改革营造业应从团结同业、抛弃私见、认清使命、研习学术等方面入手，形成在业内具有号召力的领导团体，摒弃各自为政的一己私念，以促进建筑事业发展的精神钻研建筑技术，只有这样才能真正有利于中国营造业的发展。

针对一般营造厂管理制度不清，处理新型业务能力不强的问题，上海市建筑协会通过下属服务部为营造厂提供编制业务文书和保管有关文件的服务。1936年，协会联合上海保裕保险公司意外保险部，共同为营造业者提供"建筑团体职工意外伤害保险"，既可为产业工人提供安全保障，又可减轻雇主在医药和抚恤费用方面的经济负担，是协会改进营造厂管理机制的一项重要举措。此外，协会还曾联系营造界及金融界人士共同发起筹办"上海建筑银行"，为解决建筑业发展的资金问题提供了新的思路。[②]

当时上海有煤业银行、盐业银行、绸业银行等多家专业银行，对同业调剂资金起到很重要的作用。协会会员田澍洲于1932年10月曾致函协会主席团，呼吁尽快成立上海建筑银行。1934年协会委员殷信之在《筹设建筑银行缘起》一文中也对成立建筑银行的重要性作了阐述。他认为国内各大城市建筑业虽表象繁荣蓬勃，实际上却是一种畸形发展，其原因是："盖我国现时建筑，纯处于模仿时期，对固有技术，既委之如敝屣，而举手投足之间，靡不奉欧化为圭臬，殊不能自行开发参融，以谋新颖之创造。"[③]此外，国内建筑业的资金流向也存在隐患："国人之投资经营斯业者，尤多短视之嫌。内地僻壤之农村建设固无论矣；即就特殊膨胀之都市言，凡稍稍有补于国计民生之工程，殆寥落若晨星，而一般消费场合如旅社饭店舞场剧院等之建造，则群趋若鹜，犹虞其未遑。此种现象，实属莫大之病态，流弊所及，惟驱使我整个之建筑业，深陷于动摇不定中耳。"[④]因此，他提出应积极联络业界同仁以谋建筑业系统的发展，同时可以参考欧美各国的经验："如营造企业之集体组织，贷款团体之普遍设立，材料商地产商之互惠组合，设计与估价机关之专门设施等等，均属实践之新献；其成效最著实力最充者，则莫如建筑银行之设立。"[⑤]

根据殷信之的介绍，建筑银行计划分为一般事业部、特种事业部及附带事业部等三个部

---

① 康建人.为吾营造界进一言[J].建筑月刊，1936，4（1）：67.

② 该行筹备处设在上海市建筑协会内，筹备主任为汤景贤，副主任李轶俦，总务组殷信之、唐静僧，财务组陈松龄、严子兴，文书组胡叔仁、王希古，交际组罗纪洪，并设服务组。该行股额定250万元.

③ 殷信之.筹设建筑银行缘起[J].建筑月刊，1934，2（1）：53.

④ 殷信之.筹设建筑银行缘起[J].建筑月刊，1934，2（1）：53.

⑤ 殷信之.筹设建筑银行缘起[J].建筑月刊，1934，2（1）：53-54.

门，其服务功能与传统银行有许多不同的构想。其中，一般事业部主要提供收受存款及放款、票据贴现、汇兑、押汇及信托事业等服务，其功能与普通银行类似；特种事业部则主要为建筑业者提供专项放款及贷款、工程进行中的押款、建筑材料的押款、房地产的抵押，以及有关建筑的一般工业投资或垫款，代表业主拨付造价款，代表厂主拨付工资及工料货款，营造业职工的储蓄，职工奖金及抚恤金存储与代拨等服务。这些功能是专门服务于建筑业的部分，其中前四项类似于当时美国建筑贷款团体的功能，后几项则是在普通银行业务的基础上针对建筑业开展的服务。这既有助于建筑银行揽储，又可以部分替代单个企业的财务功能，以资源的集约化利用来降低企业财务成本，实现双方的互惠互利。附带事业部主要提供买卖地产及房屋、经租事宜、押造事宜、对购房者的放款及贷款、代表设计、平准估价事宜、工料代办及运输、建筑保险（包括已完成及未完成的工程）、建筑材料保险等服务，主要是为房屋买卖、租赁市场提供金融服务。

上述建筑银行功能涵盖了房屋评估、房屋中介、购房贷款、建材采购及运输、保险等与建筑业密切相关的各个领域，通过建筑银行这个纽带将建筑、地产、金融三者联系到一起。从金融业入手，以建筑、地产、金融三者的结合来增强国内建筑业的整体实力，通过产业资本与金融资本结合形成实力雄厚的财团，并借此整合建筑业各方力量共同应对国外大资本的竞争。上海市建筑协会的这一构想在当时的中国已颇具超前意识，从其功能定位可以看出当时业界对建筑业与金融业的联动关系已有相当了解。

3.5 小　结

近代中国的主要建筑活动集中在1900~1937年的37年间，而在这37年中又以1927~1937年的10年最为集中。建筑设计、建筑施工、建筑材料、建筑监理等建筑业的子行业在这一时期都得到发展，新兴的建筑师职业群体与从传统营造工匠转化形成的营造业职业群体在这一时期也有很大发展，随之出现的建筑业同业团体则是近代中国建筑业从业群体现代化进程的重要环节，为推动行业自身发展，提高行业的社会地位与社会认同作出了重要贡献。

作为新兴建筑师从业群体的代表，中国建筑师学会具有较强的知识精英团体特征，其成员数量虽少，但学历高且多数成员具有西方现代建筑教育背景，在业内外影响较大。学会成员包括绝大部分近代中国著名建筑师和建筑事务所合伙人、建筑教育家，以及参与政府建筑制度制定的建筑家。作为一种新兴职业，建筑师职业的生存和发展面临着社会观念、市场竞争等多方面的困难，作为同业群体代表的中国建筑师学会担负着与外界沟通和协调的职能，以及促进从业者职业水平提高和形成良好的行业运行机制的职能，学会在提升从业人员专业素质，规范从业人员执业行为，推动业界学术交流等方面做了许多有益的工作，对提高新兴建筑师从业群体的社会地位及扩大其社会影响有十分重要的作用。

为规范从业群体的执业行为，学会在创会之初就制定了统一的行业标准，于1928年6月发布了《中国建筑师学会公守诫约》和《建筑师业务规则》等规章制度。《中国建筑师学会公守诫约》从执业行为的角度对会员提出13条诫约，对建筑师的职业道德和执业行为规范等提出了具体要求；《建筑师业务规则》则是学会通过制定统一的设计收费标准以保障建筑师权益，避免同业间无序竞争的重要举措。其后1944年内政部出台有关建筑师设计收费标准的规定，由于学会对其标准定额颇有异议，遂由会长陆谦受发起并经会员讨论，于1946年10月5日通过更具可操作性的新版《建筑师业务规则》。此外，学会还编制了《建筑章程》等设计合同标准文件，从建筑师的工作内容、设计深度及成果要求等方面提出了统一的行业技术标准。上述行业执业规范和标准的制定，有助于推动建筑师职业群体的规范化发展，是中国建筑现代化进程的重要组成部分。

中国建筑师学会还致力于推动业界学术交流，学会的"出版委员会"积极策划出版近代中国建筑界的主流学术刊物《中国建筑》，刊发国内建筑师的设计作品与研究成果，介绍国内著名建筑师及其事务所，普及建筑基础知识，促进从业群体社会地位与社会影响的提升。"建筑名词委员会"与上海市建筑协会协作，共同发起统一建筑学术名词的工作，并使之与英文建筑名词接轨，有利于扩大建筑界的国际化视野。此学会还致力于国际交流，向国外建筑界宣传中国传统建筑精华，并借此呼吁国内各界加强研究和保护传统建筑文化的意识。学会还在《中国建筑》杂志上连续多期刊登国内大学建筑系的教学成果，大力宣传本土建筑专业教育；同时与上海沪江大学商学院合办两年制夜大学建筑科，[①]以招收建筑事务所工作的在职人员为主，以培养具备独立工作能力的建筑师为目标，1934年开始招生，至1946年停办，先后共有十余届300余人毕业，其中包括林乐义、陈登鳌等新中国著名建筑师。

上海市建筑协会是营造业从业者发起组织，集建筑施工、建筑材料与建筑设计从业者于一体的民间建筑同业团体，主要代表营造业的主张和诉求。作为营造业群体的代表，协会就许多与营造业发展相关的问题与政府及其他行业组织沟通，努力维护本行业的利益；同时通过提供专业鉴定、业务咨询等方式服务于社会。在行业内部，协会积极推进建筑技术的革新与发展，宣传和推广新技术与新材料，宣传和推广使用国产建筑材料；努力推进营造业管理制度的改革，致力于改革行业运行机制；协会还开办职业学校实施从业群体的职业教育，以提高从业人员的职业素质。总之，协会从技术革新、产业培育、制度建设、人才培养等方面为中国建筑业的发展做了许多有益的工作。协会出版的《建筑月刊》宣传本土营造厂的成果，传递营造业者的呼声，推动营造业制度改革，介绍与营造业发展密切相关的新材料、新技术及新型生产工具，关注建筑经济与民族建材工业的发展，并介绍国外最新建筑实例、建筑制度与建筑技术、材料、设备，以及建筑历史相关知识，是代表营造业主张和诉求的主流学术期刊。协会与中国建筑师学会、中国营造学社等团体共同组织，于1936年4月举办"中国建筑展览会"，展示中国建筑业的发展成果，展示中国新兴建材工业的发展成果，得到社会的广泛关注与认同。

1930年秋，上海市建筑协会尚处于筹办阶段，即已着手开展建筑职业教育，组建"上海市建筑协会附设职业夜校"，后于1934年4月更名为"正基建筑工业补习学校"。其时学校已初具规模，拥有两个校区，教职员14人，学生共分6个年级，人数已由开办时的20余人

---

① 参见哈雄文．沪江大学商学院建筑科概况[J]．中国建筑，1937，(29)：41-42.

增至 110 余人，办学条件不断改善。学校坚持开展职业教育，坚持培养实践和理论并重的技术型人才的办学思路，管理严格，师资较强，学生所学内容贴合现实需求，毕业生迅速成长为当时建筑活动急需的一线操作人才，对提高建筑从业群体的职业技能和职业素质起到十分重要的作用。

总体而言，中国建筑师学会和上海市建筑协会虽然在具体操作层面存在许多不同的特征，但是在引进现代工业社会的科学精神、契约观念与制度理念，促进现代建筑同业团体运作机制的制度化和规范化等方面均取得许多成果，对推动近代中国建筑师职业群体和营造业职业群体的现代化进程起到重要的作用。

中国建筑的现代化进程

第4章

建筑从业群体的职业化

4.1 职业规范的建构

帕森斯（Talcott Parsons）这样描述 profession 与 occupation 的区别，profession 本意为职业，occupation 本意为行业，profession 是 occupation 的一部分，特指需要接受专业教育和特殊训练的专门职业，如律师、医生、会计师、建筑师等，只有接受过规范职业训练的人才有资格从事这些职业，也只有职业化的从业者才有资格对这一传统作出权威解释，并发展这一传统。[①]律师、医生、会计师、建筑师等近代中国称为“自由职业者”的从业者具有独特的社会地位，1929 年 5 月，国民政府中央法制委员会在一次会议上讨论是否应对自由职业团体专门立法，这有可能是“自由职业者”一词首次出现于官方语汇。1929 年 7 月，中央法制委员会决定，如果“自由职业团体”是指商业联合会或商会，则无需单独制定章程，如果是指律师、医生或其他类似职业的组织，则有必要制定相应的章程。[②]至 1930 年，政府文件中“自由职业团体”与“职业团体”已有明显区分，“自由职业团体”专指由律师、医生、会计师、工程师、记者等组成的团体，这些从业人员也相应地称为“自由职业者”。

《现代汉语词典》将“自由职业”解释为“在资本主义社会里，知识分子凭借个人的知识技能从事的职业。如医生、教师、律师、新闻记者、著作家、艺术家等”[③]。国内近代史研究者对近代中国自由职业者的诠释并不完全一致。如有人认为在近代中国被称为“自由职业者”的从业人员作为一个社会群体，在物质生活、社会地位、文化修养和政治态度等方面有许多共同之处，其最大特点是经济比较独立，工资收入远高于一般工薪阶层，因而能够集中精力从事某一专业的研究工作；有人强调自由职业者的特点在于其不被纳入国家权力体制，而是由从业者自己决定其职业去向；还有人提出自由职业者是以脑力劳动独立从事一定职业为生的不剥削他人的劳动者。[④]虽然这些阐述各有侧重，但是对自由职业群体的范围基本存在共识，即包括律师、会计师、医生、新闻记者、工程师、教师等，与 profession 的范围基本一致。从这些论述可以概括出自由职业群体的几个主要特点：其一，新型知识分子，并以此身份从事某一职业；其二，经过系统学习，具有某一专业的相当知识，并在这一行业内不论知识还是市场都具有垄断性；其三，职业生涯相对独立，可以自我聘雇（self-employed）；其四，经济地位和社会地位远高于一般劳动者。[⑤]

同业团体的出现是职业化发展过程中必然经历的阶段，是职业群体职业化发展的重要表征，对职业群体及其职业的发展有着积极而重要的影响，对职业群体本身则起着规范职业群体执业行为的作用。同业团体产生于职业群体的职业认同，职业认同是职业群体职业化的重

---

① 参见 Yash Ghai. The Political Economy of Law[M].Oxford University Press，1987：654-655，转引自张丽艳．通往职业化之路：民国时期上海律师研究（1912~1937）[D]. 上海：华东师范大学，2003：6.

② 参见立法院．立法院公报．立法院秘书处印行，1928-1929，（6）：26；（7）：24，转引自尹倩．中国近代自由职业群体研究述评 [J]. 近代史研究，2007（6）：111.

③ 中国社会科学院语言研究所词典编辑室编．现代汉语词典 [M]. 第 3 版．北京：商务印书馆，1996：1523.

④ 参见尹倩．中国近代自由职业群体研究述评 [J]. 近代史研究，2007（6）：111.

⑤ 参见路中康．民国时期建筑师群体研究 [D]. 武汉：华中师范大学，2009：17.

要表征，既包括从业者的自我认同，即群体自身对该职业的认同；也包括社会认同，即这一职业在民众观念中的认同。自我认同可以促进从业者遵守共同的行为准则以约束和规范其职业行为，共同维护职业群体的整体利益。此外，同业团体还肩负着作为职业群体的代表与外部社会沟通的重要功能，如协调本行业与其他行业的关系，为政府提供专业服务或咨询意见，对外宣传并展示职业群体的整体形象等。张丽艳在其研究上海律师职业化进程的博士论文中，将衡量律师职业化程度的标准总结为："首先，同质的律师职业群体。作为共同从事律师职业之人，应具有高度的同质性。这种同质性表现在很多方面，如具有相同的教育背景，经受过类似的职业训练，经济收入上的均衡性等。其次，职业活动专门化和专业化。专门化意味着律师职业的特殊性、独立性以及内部分工的高度精细化；专业化则指律师必须经过系统而专门的法律教育和职业培训，从而具有独特的知识与技能。再次，具有资格审核及会员惩戒功能的律师公会组织。这一尺度尤为重要，因为只有通过律师公会严格执行入行审核与执业规范，才能保持律师作为一种专门职业的合理性。"①上述衡量职业化程度的标准虽然是针对律师职业群体的，但其分析方法对研究建筑从业群体尤其是建筑师群体的职业化亦有相当的参考价值。

4.1.1 建筑师职业的功能定位

作为新型建筑同业团体，中国建筑师学会自创办之初就认识到建立规范有序的职业制度对行业发展的重要作用。建筑师职业是一种全新的职业，建筑师职业制度和行业标准的建立对规范建筑师群体的执业行为，保障建筑设计业务的质量，提升建筑师在社会公众中的专业形象都有着重要的现实意义，并有助于巩固和加强本行业的技术壁垒，保护其物质利益和社会地位。

当时建筑师职业的功能定位为向业主提供专业咨询以及代表业主监督、指导承造人的工作，"是包工的监督者，是业主的代表人，是业主的顾问，是业主权利之保障者"②。建筑师不仅要设计规划建筑图样，还要代表业主负责制定施工招标章程与工程承包合同，并在施工过程中承担监督指导营造商工作，以及核准工程费用的发放等职责。建筑师不但要对建筑造型、功能和选用技术的合理性负责，还要满足建筑经济性的要求，保障业主的经济利益，其服务内容涵盖了建设工程从前期策划、设计到施工的全部周期。正如《建筑月刊》所言："大建筑师必具有大雕刻家大美术家之技巧……若无此才能……仅一营造家耳。故建筑师须有营造、构架、设计、制图，规订合同，写承揽章程之种种才能。现在的建筑师，非仅绘制图样交与营造人可了事。建筑师必须能绘制图样，但仅能绘制图样尚不可称为建筑师。"③职业功能的复合性决定了建筑师职业技能的复合性，为具体规范建筑师从业群体的执业行为，中国建筑师学会主要从明确建筑师职业的功能定位，规范建筑设计文件的内容与格式，以及制定和推行建筑设计技术标准等方面推动建筑师职业制度的建设。

中国建筑师学会 1928 年制定的《中国建筑师学会公守诫约》将建筑师的功能定位于具备专业技能的"独立第三方"，公正地在业主和营造商之间执行咨询、监督指导以及协调的职能。《公守诫约》规定，建筑师对业主应负顾问和指导的职责，在业主与承造人双方履行合同期内，应持公正态度，不偏不倚，遇到问题时应当依合同判决，维护合同的法律精神。

---

① 张丽艳 . 通往职业化之路：民国时期上海律师研究（1912~1937）[D]. 上海：华东师范大学，2003：6.

② 梁思成 . 祝东北大学建筑系第一班毕业生 [J]. 中国建筑，1932（创刊号）：33.

③ 《建筑月刊》1933 年第 1 卷第 4 期第 18 页 .

除特别情形外，建筑师应保持其“独立第三方”的地位，不能担任业主的代表人，避免因地位变换影响其协调业主与承造人纠纷时的公正立场。建筑师虽然从业主处获取酬金，但不能由此而影响其价值判断，应保持秉公无私的立场，不能因贪图个人利益而使其他各方遭受损失。为保持其独立地位，建筑师除业主酬金外不应再接受其他任何方面的佣金，并不应直接受聘于任何与建筑工程有密切关系的公司或个人。《公守诚约》的这些规定说明，中国建筑师学会十分强调建筑师职业的独立地位，要求其成员除收取业主提供的服务酬劳外不能与任何相关企业或个人发生经济关系，通过这种阻断利益输送渠道的方式在制度层面降低了建筑师违规操作的几率，这对于形成建筑师职业“独立仲裁”的良好社会形象，推动建筑师行业的良性发展具有重要意义。

此外，学会还规定建筑师不能为估计造价或合同等事宜提供担保，这也是基于保持建筑师“独立第三方”地位的考虑，同时可避免建筑师因此卷入法律纠纷。如《中国建筑》曾报道1933年2月上海第一特区地方法院关于上海东西华德路普庆影戏院工程的诉讼案件，该工程业主奚籁钦起诉承造人鲁创营造厂杨文咏以及设计者鸿达建筑师，要求被告杨文咏赔偿工期延误费用，被告鸿达建筑师负连带赔偿之责。法院调查后判令杨文咏赔偿原告相应延期费用，但对建筑师的判决则是：“查鸿达建筑师既非合同之当事人，又非杨文咏之保证人，对于杨文咏之违约行为，自不负任何责任。原告主张杨文咏系由鸿达介绍，姑勿论原告并不能证明，纵令属实，亦不负连带责任……原告对于鸿达之诉应予驳回。”[①]可见，保持建筑师职业的“独立第三方”地位也是行业自我保护的需要，可以从源头上避免建筑师业务潜在的法律风险。

《公守诚约》指出，建筑师除服务业主的功能外还应担负起对于社会的责任，“建筑师对于地方之建筑物无论优美与恶劣均负相当之责任，应本其坚忍之意志，务使一地方建筑品有特殊之价值以奋发社会兴趣。再当本其平日之学识经验观察环境，无论新旧之大小建筑物如有妨碍地方上之美观或公众之安全者，务使迁善改良，完成建筑师应尽之责任”[②]。建筑师应当承担向政府机构提供专业咨询与建议的责任，凭借其专业技能帮助政府机构改善管理水平。如发现市政规条有不妥之处则应向有关机构提出意见，陈述理由并促其更正。同时，建筑师还应尊重法治精神并身体力行维护法律尊严，虽然发现法规存在应调整之处，但在其未正式更改以前仍须认真执行，即使业主有特殊意见也不能违背条例而损害法制的尊严。由此可见，中国建筑师学会试图在新兴的建筑师群体中倡导的职业理念还包括：建筑师应具有社会责任感，秉持严谨的法制精神，身体力行地维护法制的尊严。

如前文所述，留学归国的建筑师群体是近代中国建筑师职业群体的重要成员和骨干力量，也是中国建筑师学会这一行业代表组织的重要成员和骨干力量。因此学会对建筑师职业的功能定位、服务范围和要求等问题的理解，在很大程度上受到西方建筑师制度的影响。可以说，20世纪20~30年代中国建筑师学会制定和推行的行业制度是建立在移植西方建筑师制度并使之适应国情的基础上的。如学会非常强调建筑师的独立地位，要求从业人员避免商业利益的影响以保持自身纯粹的技术专家形象，这一要求可以在1834年7月英国皇家建筑师学会发起人会议的文件中找到其历史渊源，该会议提出建筑师“不独应具备丰富学识，并须品格纯良，纯属技术人而不染商业化者。因在早期技术人往往兼营商业，殊失社会信仰，故建筑师必洁身自好，使业主视为友好顾问”[③]。

---

① 营造与法院 [J]. 建筑月刊，1933，1（4）：48.

② 中国建筑师学会 . 中国建筑师学会公守诚约 . 北京：全国图书馆文献缩微中心 . 馆藏号：00M029586，1928.

③ 古健 . 英国皇家建筑学会之进展史 [J]. 建筑月刊，1935，3（6）：30.

4.1.2　建筑师执业行为的规范

中国建筑师学会于 1928 年 6 月分别制定《中国建筑师学会公守诫约》和《建筑师业务规则》等规章制度，参考国外建筑设计行业的有关规章，结合中国建筑师群体面临的实际情况，对从业人员的执业行为提出针对性的具体规定，包括建筑师的职业定位与工作内容、收费标准与收费方式、承揽业务的注意事项等，从规范从业人员个体执业行为开始，规范建筑设计行业的整体执业行为。

1）建筑师的工作内容及工作流程

根据学会对建筑师职业的功能定位，建筑师应作为具备专业技能的“独立第三方”，公正地在业主和营造商之间执行咨询、监督、指导以及协调的功能。建筑师对业主应尽到顾问和指导的职责，对承造人则应起到监督和指导的作用。除特殊情况外，建筑师一般受业主委托负责建筑工程的大部分相关事宜，其工作内容主要包括：拟定建筑设计前期方案，提供建筑设计方案草图，完成可供业主进行工程投标的设计图样，编订营造说明书及各种合同条例，供给各种建筑设计详图，签发承包人领款凭单，办理工程的一切相关手续，管理及督察工程进展等。学会拟定的建筑师工作内容参考国外建筑师行业的既有规定，引进了西方现代建筑师制度的许多内容。如英国皇家建筑师学会（R.I.B.A）于 1872 年出台相关的行业规章（后于 1808 年、1919 年、1933 年分别修改）将建筑师的工作内容表述为：“自得定作人通知，绘制草图，估算大约每立方英尺之造价，或行设计正式图样，规订说明书等，以便确定招标及投标办法，订立合同，选任顾问（若需要者），供给承包人图样及说明书二份，及此后对于工程必需之详图。对于工程之视察，已如上述，签发领款证书，核定造价加减账目及签发证书”[①]。

建筑师的工作流程如下，建筑师在接受业主委托后，首先根据业主要求进行方案设计并与之讨论，然后绘制草图及编制建筑说明书，并对工程造价作出估算。由于业主将根据该估算金额控制工程整体造价，因此这一阶段的草图设计深度应高于今日的方案设计，更接近于初步设计的深度。业主认可建筑师提交的设计草图及造价估算后，建筑师便正式开始施工图设计。施工图设计阶段建筑师应首先提交总体设计图样（总平面图及单体建筑的平、立、剖面图等），建筑说明书，以及各种合同条例供业主实施工程招标。由于参加投标的营造厂均根据建筑师提供的此类文件拟定投标金额、施工周期等具体指标，所以建筑师提交的设计图样（一般不包含设计详图或大样图）及建筑说明书应当清楚表达工程的设计要求，包括材料做法。设计内容和工程做法、材料要求等应尽量控制在草图阶段确认的总造价之内，但是估算造价不可避免会与实际造价有差异，因此，《中国建筑师学会公守诫约》特别强调，建筑师须对业主声明，在施工图正式图样和施工说明书确定之前，此估价仅为参考价格，并不能视作最终造价。同样，《建筑师业务规则》也有类似规定：“建筑师应在未投标以前，按建筑之性质与当地工料预先估计价值，务使造价不出定额之外。但此种估算仅一约数，不可认为真确。”[②]在确定工程承包人后，建筑师除继续提供设计详图和大样外，还应承担指导施工、监督工程进度及施工质量，以及检查承包人的工作成果，批准其领取工程款等职责。

学会对建筑师工作内容的界定，除技术性工作外，帮助业主拟定各种合同条例以及对承包人进行监督管理也是建筑师工作的重要内容，这对于明确各方责权、保障工程顺利实施有重要作用。建筑师作为具备专业知识的“独立第三方”加入建筑活动，并承担居中协调功能，既负责拟定具有法律约束力的专业建筑工程合同文本，又负责监督和保障当事双方依照合

---

① 参见朗琴译 . 建筑师公费之规定 [J]. 建筑月刊，1935，3（6）：32.

② 中国建筑师学会 . 建筑师业务规则 . 北京：全国图书馆文献缩微中心 . 馆藏号：00M029586，1928.

同约定履行各自的义务。与中国传统营建活动业主直接与工匠发生关系的工作方式不同，建筑师的加入使业主获得专业技术支撑，包括房屋质量及建筑造价的保障，也从法律角度明确和保障营造商的利益，从而在制度层面改变了中国传统建筑活动的运行模式，将规范化、制度化的当事人关系与法制精神引入传统营建体系，是中国建筑现代化进程的重要组成部分。

2）建筑师的收费标准与收费方式

作为新兴职业群体的代表，中国建筑师学会十分重视提高建筑师职业的社会地位，维护行业群体的经济利益，为此，对建筑师承揽业务的收费标准和收费方式做了详尽的规定。一方面，通过这些规定统一业内的执业行为，避免同行之间为争揽业务竞相压价以至出现行业恶性竞争；另一方面，由于学会作为同业团体的特殊地位，其制定的建筑师收费标准与收费方式具有行业内统一规章的属性，具备一定的公信力，因此在政府有关规定尚未出台，或业内对政府规定的标准存有疑义时，建筑师可将同业团体制定的业规作为与业主谈判的依据，有利于建筑师个体业务的开展。学会在《中国建筑师学会公守诫约》中强调，学会制定的收费标准是建筑师应得酬劳的最低限度，虽然经建筑师与业主双方同意可斟酌增减，但建筑师同业之间不得为争取项目而自减收费，“倘其所取之酬劳过于低廉，则不第使人轻视其职业，亦且堕落自身地位，进言之适足以启人之怀疑也”[①]。除1928年6月的《建筑师业务规则》外，1944年内政部出台有关建筑师设计收费标准的规定，学会认为这一规定过于笼统，不够明确，缺乏可操作性，因此由会长陆谦受发起，经学会会员讨论，在政府规定的基础上，将设计收费标准按建筑类型细分为五类并逐项明确，使之比旧版《建筑师业务规则》更详细、更具可操作性，即1946年10月通过的新版《建筑师业务规则》（表4–1）。

中国建筑师学会与内政部关于建筑师业务收费标准的规定（1928~1946年）　　表4–1

1928年中国建筑师学会《建筑师业务规则》的规定		1944年内政部《建筑师管理规则》的规定		1946年中国建筑师学会《建筑师业务规则》的规定	
建筑类型	收费标准	工作内容	收费标准	建筑类型	收费标准
一般建筑	6%	设计绘图及监理	4%~9%	工厂、仓房、营房、市场、里弄	5%~6%
纪念性建筑	10%	设计绘图	2%~7%	银行、戏院、公寓、学校、医院等其他公共建筑	6%~7%
住宅造价二万两以上	8%			住宅	7%~8%
拆改旧屋及装修门面	10%			纪念建筑及旧房改造	8%~10%
室内装修	15%			内部装修及木器设计	10%~12%
园艺建筑	10%				

注：收费标准以建筑总造价为基数，该总造价包括建筑材料费用、一切附属工程费用以及业主付给承包人的所有费用。

此外，《建筑师业务规则》还规定，上述收费标准仅针对全部工程由总包单位承办的情况，如果出现业主将工程分解为若干部分分别由不同承包人承办的情况，则建筑师可根据工作量的增加相应增加收费。此外，凡建筑师经手承办的相关事宜，即使并非出于建筑师策划，也应获得相应的酬劳。在设计图样和建筑说明书已经确定的情况下，若业主欲变更设计或业主与承包人之间发生纠纷，或由于其他不可抗力原因导致建筑师服务期限延长，业主亦应酌情补偿建筑师此部分费用。建筑师因工程原因支出的旅费以及聘请各种专门工程师、技师或顾

① 中国建筑师学会．中国建筑师学会公守诫约．北京：全国图书馆文献缩微中心．馆藏号：00M029586，1928.

问支出的酬劳费，均应由业主承担并及时返还建筑师。另据《建筑月刊》记载，英国皇家建筑师学会规定新建工程的设计收费应按造价总额的百分比征收，造价在 2000 英镑以上者按 6% 收费，造价不足 2000 英镑者按 10% 收费。改造旧屋类工程，其设计收费增加额度应以新建工程收费标准两倍为限，而对于装修装潢及园艺设计的收费标准则无具体规定。①相比之下，学会对设计费的规定既采用了国外建筑师收费的基本原则，又对不同类型的工程设定了具体的执行细则，在参照国外行业惯例的基础上操作层面的细节有所调整。

学会规章在收费方式方面也参照国外做法并有所调整。如英国皇家建筑师学会规定，建筑师可视其工作阶段的不同分别收取费用，其中提供方案设计及造价估算者，由建筑师自定费用；完成相当于扩初深度的设计绘图和造价概算者，其收费以工程设计总费用的 1/6 为限；而完成部分施工图设计并可供工程造价预算以及提供可资工程招标文件者，其收费可按工程设计总费用的 2/3 收取。②学会也规定业主应按建筑师工作进展的不同阶段分期支付酬劳，一般可分四期支付：第一期，建筑师完成设计草图及工程造价估算并获得业主认可后，业主应支付议定酬劳费（计费基数为工程总造价的估算金额）的 20%；第二期，建筑师提交供招标用设计图样（不含详图）及建筑说明书后，业主应支付议定酬劳费（计费基数为工程总造价的估算金额）的 40%；第三期，业主与承包人签订合同，工程开工两个月后，业主应支付议定酬劳费（计费基数为业主与承包人所签合同的承包金额）的 20%；第四期，剩余 20% 的酬劳费（按发给承包人领款数目为计费基数）可分期支付，待房屋竣工时应全数付清。从上述规定可以看出，学会将建筑师收费与不同阶段的工作成果联系，其计费基数亦根据实际情况由估算造价转为实际造价，既使业主与建筑师双方利益得到平等对待，又保障了建筑师各个阶段的劳动成果。

3）建筑师业务的职业规范

中国建筑师学会从提高建筑师个体职业素质，增强建筑师群体的社会影响，以及促进行业内部团结的角度，对建筑师开展业务的方式作了一系列规定，其目的亦在于促进这一新兴职业群体的良性发展，推进其职业化进程。在职业素质方面，学会要求建筑师应保持其具备专业技能的“独立第三方”地位，在遵守政府法规，按照技术原理进行设计的前提下，既充分维护业主的利益，也要公平对待承包人的权利。建筑师应帮助业主控制工程造价以避免浪费，仔细审查承包人的资格操守以利工程顺利进行。对于承包人而言，建筑师既要随时督察工程是否依照图样与说明书实施，又要仔细检查设计图样和建筑说明书是否完全正确，不能含糊其辞推卸责任。同时，为避免嫌疑，建筑师不应与材料提供商发生任何业务或经济上的关系，如出现事实上难以避免的情况，则应在选用某种材料之前首先征得业主同意。

为增强建筑师群体的社会影响，学会要求学会会员在参加方案设计投标时应持谨慎态度，如果出现发标方所定章程存在不当之处而未能得到学会认可的情况，则不应参加；参与投标者应按标书规定期限提交投标文件，一旦超出此期限，则虽结果尚未揭晓亦不应再补送设计图样，并不应通过其他手段谋取中标机会；如建筑师已担任方案评审委员会的顾问或委员，则不应再参加竞标。对于举办方案设计投标的项目而言，当参加投标者明确后，应在投标者中确定最终建筑师人选，其他同行不应再参与其中。建筑师为业主提供服务后，应根据工作内容按标准收取酬劳，除对私人或有特别交情者外，不应提供任何义务劳动以自降身价，招致社会轻视。为扩大建筑师职业的社会影响，表明其社会地位和责任，学会还要求建筑师应对所负责的建筑物登记其名称，建筑落成后亦应在显著位置记载其姓名、学位以及中国建筑师学会会员等，以资甄别和宣传。

---

① 参见朗琴译．建筑师公费之规定 [J]. 建筑月刊，1935，3（6）：33.

② 参见朗琴译．建筑师公费之规定 [J]. 建筑月刊，1935，3（6）：33.

中国建筑师学会还要求建筑师不宜随意评判同行，更不能有意诋毁以致对方遭受名誉或物质上的损失。学会甚至要求会员除自用名片外不应通过任何广告形式兜揽业务，以维护建筑师的品格形象。如业主对某建筑师不满而欲另觅他人接替时，若上任建筑师脱离手续尚未办妥，则其他建筑师也不应接受其工作。建筑师个体的职业自律是建筑师群体职业化发展的前提，而中国建筑师学会规范建筑师个体执业行为的努力对促进从业人员的职业自律起到了积极的作用。《中国建筑》1936 年第 27 期刊登了建筑师李英年的文章《给一位先生的公开信》，就当时建筑活动中某些业主要求建筑师违反政府规章进行设计，以及业主在委托建筑师设计后又另觅他人合作等现象表明建筑师的立场，其反映的情况颇具代表性。“第一点，你问关于地方政府的建筑规程的疑问，我可以作下列的解答：这一种的规程，都是单行条例，它的严肃性，当然不及立法院公布的刑法和民法那样严格。但是，站在业主的立场上说，那必须听从建筑师遵守条例设计，像尊重国家法律一样才对！因为我们知道那些条例都是为建筑安全，和建筑康健而设立的，对于业主方面是有百利而无一弊……倘使你要我依你的意思去设计制成图样，呈请营造，那是不可能的事。……所以有几条条例，即使有些不合事理，你也得交给你所信托的建筑师去办，你自己可不用参加！第二点你的疑问是：一件建筑，可否同时委托两个以上建筑师参与。并且要我解决你那正在建造的房子上许多琐屑的事件，和估计一个确实造价，同时还要帮助你监督工程等……严格地说你这种态度是绝对不应该存在的！第一，你不应该糊里糊涂随便托人；第二，你既然委托他，应该信任他，像明白的病人信托他的医师一样！所以这些事情，你应该交给他去办。假使有些地方你以为不合的，可以提出来让他自己去修正。”①

上述学会为规范建筑师执业行为制定的规章制度，其目的是对内形成建筑师执业标准，提升从业人员的职业素质，加强业内的团结互助；对外统一建筑师的执业行为准则，共同维护建筑师的职业地位，提高建筑师职业群体的社会地位和社会影响，扩大建筑师群体在建筑活动中的话语权。由于中国建筑师学会属民间学术团体，因此这些规章制度的贯彻执行更多地依赖从业人员的自觉遵守以及同行之间的相互督促，缺乏实际操作层面的保障措施，因此未能形成真正意义上的制度约束。但是通过引进国外建筑师职业制度的成熟经验，结合国情应用于规范国内新兴建筑师群体执业行为的努力，对近代中国建筑师群体整体素质及从业者社会地位的提升，都起到十分积极的作用，有力地推动了近代中国建筑师群体的职业化进程。

4.2 职业技术标准的建立

4.2.1 建筑师业务文件的规范化

1）建筑工程招标合同

建筑工程招标合同（当时亦称承揽章程）在建筑工程建设过程中具有十分重要的地位，

① 李英年. 给一位先生的公开信 [J]. 中国建筑，1936，(27)：55-56.

是业主和承包人双方权益的重要保障。中国传统建筑活动多由业主直接委托承造人估工建造，绘图、施工及材料确定等多由承造人自行处理，因而产生许多弊病："业主与承包人，由立场之不同，水火其利害，纠纷冲突，于焉而起。或以图样之更改，或由账目之增益，或起于承包者之偷工减料，或缘乎业主之延期不付，凡此诸端，皆为渊薮。"①主要原因是缺乏缜密公允的合同以明确业主与承包人双方的责任和权利。20 世纪 20~30 年代，从西方引进的工程招标制度逐渐在国内各主要城市普遍推行，建筑活动的业主和承包人双方越来越意识到规范公正的法律文件对于保障双方利益，保证工程建设顺利进行的重要作用。建筑师职业的出现填补了这一空白，建筑师"独立第三方"的功能定位使之具备从专业视角拟定招标合同条款的可能性，并逐渐成为建筑师业务的主要内容之一。

此外，现代建筑技术的发展使建筑施工工艺日趋复杂，建筑规模的扩大、建筑功能的增加、建筑材料的多样化，以及建筑设备的发展，使建筑工程说明书的重要性日益增强，施工工艺要求、材料及价格控制、建筑细部注意事项等均需使用专业说明书作为设计图样的补充，"苟无说明书以为之指示，承包者几无法进行，此说明书之所以不可无也"②。

当时各建筑师事务所出具的工程招标合同与建筑说明书并无统一格式，难免会出现条款不全、内容挂漏的情况；加以文本内容既有使用中文者，亦有使用英文者，语言表达的差异使对条款的解释和理解也可能存在差异，这导致工程招标合同与建筑说明书在遇到纠纷时难以成为规范的法律判断依据。有鉴于此，中国建筑师学会于 1932 年成立了由范文照、杨锡镠、朱彬组成的"编制章程表式委员会"，开展工程招标合同与建筑说明书的规范化、标准化工作。《中国建筑》1933 年第 1 卷第 1 期至第 4 期分 4 次连载杨锡镠的文章《建筑文件》，以其事务所的格式文件为例，就此类问题展开专题讨论。

以杨锡镠事务所于 1933 年拟定，由承裕地产公司（业主）与陆根记营造厂（承包人）所签订的工程招标合同为例，该合同内容包括：工程范围、图样章程、更改图样、造价期银、完工期限、工程延迟、灾害、保险、权力、工程玩忽、工程保证、保证人、解决争执、遵守合同等 14 项条款，对于业主和承包人双方的责任与权利都作了相应解释，基本涵盖了工程建筑中的主要问题。③虽然建筑师是作为"独立第三方"拟定这份文件，但从其具体内容还是可以看出建筑师强调自身在建筑活动中的话语权，强化其职业影响力的做法。如合同第一条规定，承包人的工作"至工程完竣，并得建筑师之完全满意为止"；第二条规定"一应本合同所载明之工程，均由建筑师监督指导，所有图样章程及说明书，均由建筑师备办"。可见，对于工程进行中及完工后效果的评价均取决于建筑师的判断，虽然业主是建筑师的雇主和项目的所有权人，但其对工程的意见也需要通过建筑师这一环节落到实处。又如，合同第四条规定承包人按约定分期领取工程款时，必须首先取得建筑师签发的领款证书，若业主希望延期付款也需提前通知建筑师。如果因业主原因造成停工，或遇到工作顺序有所改变，或其他事故情况，则整体工期调整及经济损失评估均由建筑师全权处理。合同第十二条还规定承包人应觅商家作保，如用现银或地产道契作保则应交由建筑师保存，再由建筑师书面通知业主以为凭证。上述条款的制定使建筑师对于建筑工期和承包人的经济利益有着举足轻重的影响，其工作量的计算和工程进度的调整都需要建筑师最终确认。虽然承包人的经济收入最终来源于业主，但由于涉及金额的调整和发放均须通过建筑师完成，因此使建筑师在建筑活动中的地位变得更加重要，不仅对专业技术问题全权负责，而且能够直接影响合同双方（特别是承

① 专载 [J]. 中国建筑，1933，1（3）：39.

② 杨锡镠 . 建筑文件 [J]. 中国建筑，1933，1（1）：34.

③ 参见杨锡镠 . 建筑文件 [J]. 中国建筑，1933，1（1）：34-36.

包人）的经济利益。

2）建筑说明书

当时的建筑说明书（Specification）大多包含两部分内容。第一部分为总纲（General Conditions），其中多为说明工程概况，设计图样的解读要求，以及建筑师、承包人和业主间的相互关系等内容，与招标合同内容有部分重叠。第二部分一般是关于单体项目施工的各种建筑构造方式、施工工艺、材料要求等具体问题的详细说明，对承包人施工提出具体要求和技术指导。以上两部分内容，总纲具有普适性特点，可应用于不同项目，一般是各建筑师事务所约定俗成的习惯做法；第二部分的详细说明则是针对性地对不同项目的设计要求提出具体解释，对于工程施工有具体的指导作用。因此，杨锡镠在文中将建筑说明书的两部分内容分别命名为建筑章程与施工细则。

《中国建筑》1933年第1卷第2期刊载了杨锡镠事务所制定的"江苏上海第一特区地方法院新法庭"项目的建筑章程，内容包括第1章"总纲"，第2章"图样与说明书章程"，第3章"工作范围"，第4章"工程师之职权"，第5章"承包人之责任"，第6章"承包人与工程师之关系"，第7章"承包人与业主之关系"等七类条款。章程第2章规定："一切图样说明书及章程，意在互相说明本建筑之一切构造法及材料，二者有同等之效力。凡有载明于此而未载明于彼者，亦应依遵建造。设遇二者有不符之处，则临时由工程师解释，得依任何项为标准，承包人不得借词推诿……如按例应有之物，而图样说明书均未载明者，亦应遵工程师之指示照做，不得推诿。"[①]这一条款明显具有行业保护性质，将建筑师设计成果中可能出现的疏漏或自相矛盾视为合理而可以临时解释，并要求承包人无条件服从。其中所谓"按例应有之物"的提法更是给建筑师留下了较大的回旋空间，因为"例"的内容并无明确规定，其解释权也掌握在业内人员手中，一旦因纠纷诉诸法律，则可能因为双方各执一词而难以界定责任归属。章程第4章则专门强化了建筑师的专业地位，除规定建筑师拥有督察工程进行，审查及核准工程使用材料，判断及处理工程纠纷等权力外，还规定业主若聘用驻场监工需取得建筑师同意，且该监工需接受建筑师的直接指示。在树立权威性的同时，出于保护自身利益的目的又明确提出："惟工程自身优劣之责仍由承包人直接负责，工程师不代负责任……该监工者如有疏忽错误等情，工程师不代负责。"[②]在第2章中还明确规定了保护建筑师知识产权的条款，规定一切图样及说明书均为建筑师所有，承包人须谨慎使用，不得任意污损，待房屋完工后应全数缴还工程师。此外，第5章规定承包人除对工程质量、日后维修等问题负责外，还应承担"一应建筑照会阴沟接头"等市政规费，以及因施工需要而临时搬迁阴沟水管、电灯电话线杆等所产生的费用。

总体上看，章程对建筑活动各方的职权范围、责任义务以及相互关系作了概要规定，有利于施工过程中的分工合作，以及发现问题后的责任追究。此类建筑章程的出现，对于规范建筑业参与各方的职业行为，促进建筑市场的良性发展有一定的积极作用。建筑师作为章程的拟订者，在制定章程时表现出对本行业的自我保护，一方面通过明确建筑师在建筑活动中的各项职权强调建筑师职业在建筑活动中的重要地位，维护并强化建筑师的职业权威和影响；另一方面则通过各类免责条款的设定来避免自身损失，维护行业的经济利益。虽然，建筑师作为"独立第三方"在业主与承包人之间负责协调，但章程中对于承包人的责任义务以及违规后的处罚措施规定较为详尽，对业主相关责任和义务的约束则较少。

---

① 杨锡镠.建筑文件[J].中国建筑，1933，1（2）：37.

② 杨锡镠.建筑文件[J].中国建筑，1933，1（2）：37.

建筑工程说明书是工程实施的指南，其功能是对设计图样无法说明的材料选择、构造做法、施工要求等具体问题作出解释，对施工的重要性不言而喻。正如杜彦耿所言："建筑说明书用以说明需用材料及施工情形，以辅建筑图样之不足，故其重要性初不减于建筑图样之本身也。"[①]《中国建筑》1933 年第 1 卷第 4 期刊载了杨锡镠事务所制定的"山西路南京饭店"项目的工程说明书，其内容共分九章，主要涉及基础与上部建筑构造、材料及装修、设备安装、施工工艺要求及室外工程做法等。如说明书第一章详细规定了建筑基础的做法，其垫层要求"桩头锯平后，地面有踏烂浮泥重行刮平，铺设碎砖一皮六寸厚，用木入桩打坚实，碎砖皆用清洁、新或旧砖敲碎或水泥凝土亦可，惟块子至大不可过二寸"。又如第二章规定"水泥用启新马牌或泰山牌或相等货色，由工程师认可者或桶或袋均须新鲜购进，贮藏在干燥高爽地方，一有潮湿即不可用"。再如第三章中关于屋面防水的规定："屋面楼板皆于钉时做出斜势向二旁落水每尺一分，于凝土楼板上铺 Celotex 三分厚一皮，用柏油胶牢，上面再做六层柏油油毛毡，屋面上再铺细绿豆砂石子，该项屋面应由恒大洋行或他家有经验可靠行家包做"等（表 4–2）。

杨锡镠事务所的工程说明书内容一览表　　　　**表 4–2**

章节名称		具体内容
第一章	底脚桩头	房屋界线、底脚沟、抽水机、平水、桩头、打桩、碎砖、钉壳子、底脚、三合土、搭脚手
第二章	钢骨凝土	水门汀、黄沙、石子、钢条、木壳子撑头、拆壳子、和凝土、拌和、浇捣、浇水、天寒、门窗过梁
第三章	墙垣木料	青砖、空心砖、浇水、水电管、窗磐石、法圈、油毛毡、满堂三合土、石踏步、镶火砖、屋顶、平屋面、明沟、水落管、屋面保证、地坑
第四章	木料装修	木料、板条墙、门樘、五层板、钢窗、窗头线、橱窗、门、楼梯、柜台、台度、分间、小吊车、地板、踢脚板、画镜线、扶手
第五章	粉刷装饰	外墙粉刷、面砖、人造石、石灰粉刷、磨石子、台度、水砂粉刷、糊花纸、钢丝网、人造石、云石、马赛克、砌砖台度、花平顶、样子
第六章	铜铁五金	橱窗、栏杆、天蓬、篱笆、花栏杆、铜条、扯门
第七章	门窗五金	排门、铰链、插销、弹簧铰链、门锁
第八章	油漆玻璃	金漆、泡立水、红丹、白漆、净片、厚白片
第九章	沟渠杂项及补遗	明沟、阴沟、阴井、排门
其 他	说明书修改条文	签订合同时，双方同意修改的条目

注：本表根据《中国建筑》1933 年第 1 卷第 4 期第 37~40 页，杨锡镠《建筑文件》一文编制。

完整规范的建筑说明书对营造商的业务实践有重要的作用，建筑说明书不但是营造商工程营建的技术指导，也是其参与工程投标时匡算造价的重要依据。由于当时在工程招标阶段招标人一般仅提供总体设计图样与建筑说明书，建筑详图和细部大样需施工开始后再由建筑师分阶段提供，因此建筑说明书载明的具体工程做法就成为营造商计算材料工价，拟定承包价格的重要依据。又因为当时的招标制度多要求承包人以投标价格签订包价合同，且规定由于承包人造价匡算问题而导致日后造价超出合同价格者无法得到补偿，所以建筑说明书传达信息的准确、完整程度直接关系承包人的最终经济利益。因此，作为以营造商为主体的综合性建筑同业团体的上海市建筑协会也很重视建筑说明书内容的规范化，并在规范文本的制定、

① 渐．建筑说明书之重要 [J]. 建筑月刊，1935，3（6）：3.

宣传以及推广等方面做了许多努力。如《建筑月刊》曾经多次刊登由上海市建筑协会服务部拟定的建筑说明书实例。正如编者所言:“承揽章程为承造工程的规章，有一定的格式与条件，本刊特制版刊载，可窥格式之一斑。”①以《建筑月刊》1933 年第 1 卷第 9-10 期刊载的“嘉善闻氏住宅彩绘图样及承揽章程”为例，其内容与前述杨锡镠事务所的工程说明书类似，涉及建筑、结构、室内外装修、室外工程、景观工程等各方面的内容，从建筑各部分的材料选择到施工工艺都有较明确的规定（表 4–3）。

上海市建筑协会服务部制定的“嘉善闻氏住宅承揽章程”内容一览表　　表 4–3

	名 称	具体内容
第 1 章	工作范围	本次设计的工程范围，需另行招标承包的内容，需业主自行购备的内容
第 2 章	底脚桩头	房屋界限、底脚墙沟、平水、桩头、灰浆三合土、灰浆三合土合法、石灰及碎砖、搭脚手、满堂、填泥，单面底脚
第 3 章	钢骨水泥	水泥、黄砂、石子、钢条、木壳子及撑头、钉壳子板嵌绕板、成分、拌和、浇捣及浇水、寒天、拆壳子、满堂水泥、门窗过梁
第 4 章	墙垣水料	清放、浇水、水电管、窗盘石、法圈、牛毛毡、镶火砖、西班牙红瓦、墙垣压顶、水落及管子、屋面保证、砖砌、大放脚
第 5 章	装修木料	洋松楼板、檀木美术地板、钢窗钢门、门头线、门樘、门、壁橱、踢脚线、木扶梯及栏杆等、夹砂楼板、火斗、屋面板、平顶搁栅、压砖栏、大料、涂柏油、木料
第 6 章	粉刷类	磨石子、毛水泥、水泥地、马赛克、瓷砖台度、柴泥水砂、内墙颜色、石灰粉刷、板墙
第 7 章	铜铁五金	栏杆、铁门、壁炉、出风洞
第 8 章	门窗五金	铰链及锁、暗锁、水落及管子、天沟泛水等，天棚
第 9 章	油漆玻璃	泡立水、油漆、红丹打底、净片、冰梅片
第 10 章	沟渠及杂项	明沟、阴沟、道路、粪池、阴井、花木

注：本表根据《建筑月刊》1933 年第 1 卷第 9-10 期第 81~96 页内容编制。

此外，《建筑月刊》1935 年第 3 卷第 8 期还刊登了杜彦耿的文章《建筑说明书》，文中从营造业的视角阐述编写建筑说明书的重要性，强调建筑师实践经验的积累对完成此项工作大有裨益。文中以建筑材料的复杂性说明:“不善拟撰说明书者，往往书写重复，以致投标者误会滋生，而投估高价；或太简单，而致讼争以起。是故凡作建筑说明书者，应具多年设计绘图之资格，在建筑场所有实地管理工程之经验，并佐以在学校中所攻得之专科学识，始克胜任愉快。”②如文中提及，木材作为当时的主要建材就分洋松、柳桉、硬木、柚木等不同种类，且同一种类又有许多等级。仅洋松一项就有“康门”、“茂庆”及“选货”（Common, Merchant & Select）等分别，同一等级内又分头号、二号、三号等不同等次，等次价值每千尺即有十数元至二三十元的巨大差别。因此，如果说明书中仅笼统称洋松而不标明具体等次的话，则容易导致营造商投标时错误估价而于日后产生纠纷。又如，文中还分类别系统介绍了关于各类建材知识的参考书籍，为从业人员专业知识的提升提供帮助。如关于水泥黄砂可参阅 Hool & Johnson 所编的《混凝土工程》（Concrete Engineer's Handbook）一书，关于建筑用石可参阅乔治·梅里尔（Geoge P.Merrill）的《建筑用石及装饰用石》（Stones for Building and Decoration）和《云石与云石工》两书（Marble and Marble Working）等。此外，朗琴在《建筑说明书补遗》一文中还翻译介绍了美国笔尖杂志刊登的文章，对石灰、水泥与

① 编余 [J]. 建筑月刊，1933，1（9-10）：117.

② 杜彦耿 . 建筑说明书 [J]. 建筑月刊，1935，3（8）：4.

灰粉等建材的性能特点、使用方式等问题作了专门介绍。[①]总体上看，建筑说明书作为建筑师控制建筑施工质量，实现设计要求，以及营造商确定工程造价、完成施工任务的主要依据，其重要性已为业界所共识，而规范化的建筑说明书文本则是近代中国建筑业从业群体活动制度化、规范化发展的必然要求。

3）工程更改证书（即工程联系单）

建筑工程施工过程中常会出现因业主要求而改变原定设计的情况，承包人出于自身利益的考虑，自然要求对合同以外的工作收取相应酬劳。由于以往对此类修改及其产生费用并无协议在前，自不免相峙于后，各类纷争由是而起，虽有建筑师居中调解也难免因证据缺乏而无法达成一致意见。因此，根据工程实际施工情况随时由业主与承包人双方签订工程更改证书，对避免此类纠纷有重要作用。《中国建筑》1933 年第 1 卷第 3 期专门介绍了杨锡镠建筑师事务所的工程更改证书文件，其内容分为工程更改通知单和工程更改证书两份，前者发往营造厂，通知需更改的内容；后者由建筑师、业主、承包人共同签署，将更改部分涉及的造价费用详细列明以备日后结算（图 4–1）。

4）学会统一规定的工程合同、保单及建筑章程

上述建筑文件对于保障工程顺利进行，厘清参与各方的责权范围，避免因程序不明导致法律纠纷有着十分重要的作用，但由于当时各建筑师事务所出具的此类文件并无统一格式，其内容条款亦各有不同，加以文本内容既有使用中文者，亦有使用英文者，语言的差异也可能导致对条款的不同解释，从而使其难以成为规范的法律文件和判断依据。为规范此类建筑文件的编制内容和格式，中国建筑师学会于 1932 年成立了由范文照、杨锡镠、朱彬组成的“编制章程表式委员会”，专门开展工程招标合同与建筑说明书的格式化、标准化工作。经过意见征集与多次讨论修改，1935 年 12 月 20 日，中国建筑师学会年会审议通过了行业内统一的《建筑章程》，并于 1936 年正式向业界发行《建筑章程、施工说明书、合同及保单之格式》的单行本，希望“建筑界有此一定之条例，自可免除劳资间无理之纠纷”[②]。规范化的建筑文件是随着近代中国建筑师群体的职业化，以及建筑活动由“业主—承包人”二元模式转化为“业主—建筑师—营造商”三元模式而逐步形成的，其作用不仅在于保证工程顺利进行和保障工程质量，而且将法制精神和制度化管理的理念引入建筑活动，对建筑业的良性发展具有重要意义。

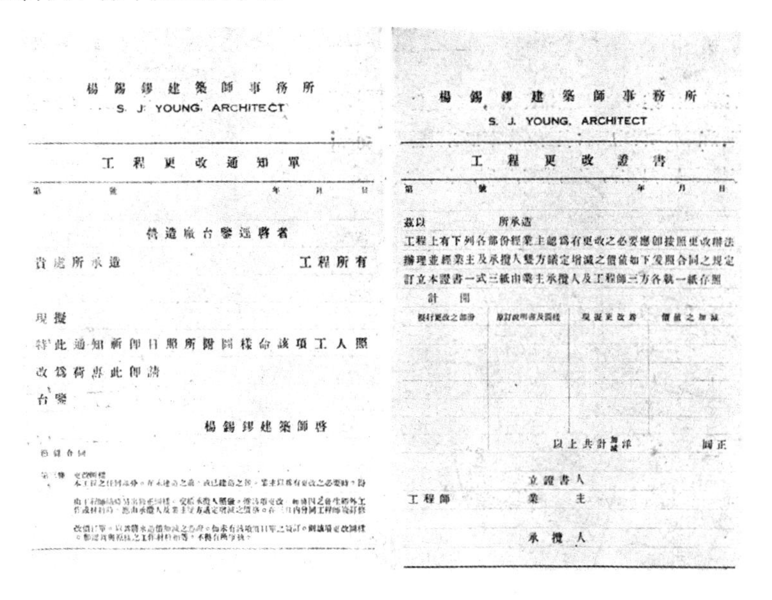

楊錫鏐建築師事務所
S. J. YOUNG, ARCHITECT

工程更改通知單

第　　號　　　　年　　月　　日

營造廠台鑒逕啓者

貴處所承造　　　　工程所有

現擬

特此通知祈即日照所附圖樣命該項工人照
改為荷耑此即請
台鑒

楊錫鏐建築師啓

楊錫鏐建築師事務所
S. J. YOUNG, ARCHITECT

工程更改證書

第　　號　　　　年　　月　　日

茲以　　　所承造
工程上有下列各部份經業主認為有更改之必要應即按照更改辦法
辦理並經業主及承攬人雙方議定增減之價值如下爰照合同之規定
訂立本證書一式三紙由業主承攬人及工程師三方各執一紙存照

計開

擬行更改之部份	原訂說明書及圖樣	擬定更改為	價值之加減

以上共計加減洋　　　圓正

立證書人
工程師　　　業主
承攬人

图 4–1　杨锡镠建筑师事务所的工程更改证书
（原图载：杨锡镠．建筑文件[J]．中国建筑，1933，1（3）：35）

经过整理后，学会将建筑合同的格式文件划分为工程合同、保单、建筑章程以及施工说

① 参见朗琴．建筑说明书补遗[J]．建筑月刊，1935，3（9-10）：33-36.

② 广告[J]．中国建筑，1936，（24）.

明书等几个部分。其中，工程合同、保单和建筑章程属于通用型建筑文件，对建筑工程当事各方的相互关系以及各自的责任和权益等共性问题加以约定，具有普适性特征；施工说明书则针对特定工程的具体要求作出说明，其内容因工程具体情况的不同以及业主、建筑师的要求各异而有所变化。

统一后的工程合同较前述杨锡镠事务所采用的版本有所简化，仅将工程范围、造价、付款方式、完工期限等主要条款列明，而将对各项条款的具体解释归入统一后的建筑章程之中。[①]统一后的保单（保证书）文件主要用于对业主利益的附加保障，即规定当承包人无法履行应尽义务时，由保证人负责对业主损失的合理赔偿[②]。

统一后的《建筑章程》作为建筑工程涉及问题的主要解释文件，分为 13 章共 71 项条款，包括界定建筑工程参与者，明确参与各方权益与责任，工程造价、付款及进度要求，灾害、保险以及纠纷解决方式等内容。该章程既是中国建筑师学会对建筑工程合同的进一步深化解释，也是对建筑工程中共性问题的统一说明，对于规范建筑工程运作机制，明确参与各方的责权，保障工程顺利进行起到促进作用，既有利于新兴建筑师群体职业行为的规范和职业制度的建构，也有助于建筑活动的制度化、规范化发展（表 4-4）。

《建筑章程》目录 **表 4-4**

章节	章节名称	条款内容
第一章	释义	一、契约；二、图样；三、工作；四、分包人；五、小包；六、函件通告
第二章	图样及说明书	七、图样与施工说明书；八、详图；九、厂样；十、图样著作权；十一、图样供给
第三章	业主之权益与责任	十二、付款之责任；十三、更改图样权；十四、代辨材料权；十五、监工员；十六、扣留款项权；十七、停止契约权
第四章	建筑师之职权	十八、建筑师之地位；十九、供给详图；二十、督察工程；二十一、指挥工匠；二十二、变更及代定材料；二十三、付款证明；二十四、解决争执
第五章	承包人之责任	二十五、承包人任完全责任；二十六、遵守法律及条例；二十七、各项执照费捐税杂费水电装费；二十八、详勘地形；二十九、工程障碍物；三十、保护工程预防危险；三十一、桥梁；三十二、模型及照相；三十三、负责代表；三十四、穿凿挖掘及包糊；三十五、保持清洁；三十六、承包人之担保；三十七、工程保证及竣工以后之修理；三十八、约束工人
第六章	人工及材料	三十九、人工材料；四十、劣工窳料；四十一、材料所有权；四十二、材料测验；四十三、查验工程；四十四、材料更改；四十五、专利品

① 该合同载：专载 [J]. 建筑月刊，1935，3（11-12）：35-36。内容如下：

本合同于民国 _ 年 _ 月 _ 日由 _（以下称业主）与 _（以下称承包人）协议订立。由双方同意订立各条件如下：（一）工程契约。本工程契约包括本合同及所附之建筑章程，施工说明书，全部图样及一应其他文件。（二）工程范围。本工程范围为遵守 （以下称建筑师）所计划之图样及施工说明书建造坐落。（三）工程造价。本工程之全部造价为国币 _ 元，以后工程上如有增减皆按本契约之规定核算增减之。（四）付款方法。业主应照下列分期付款办法于每期由建筑师签发领欵证书后 _ 日内付给承包人。（五）完工期限。本工程应于民国 _ 年 _ 月 _ 日以前全部完工，除照契约规定展期外（雨雪照扣不扣），倘过期一日则承包人愿赔偿业主因延期而所受之损失每天国币 _ 元，正如早完工一日则业主愿额外赏给承包人每天国币 _ 元正。（六）附则。本合同由双方将所附一应文件详细阅读后同意签订，并承认一经签字业主、承包人、保证人或上述各人之代表或其法律承继人皆应遵守。本合同一式三份，由业主承包人各执一份，余一份存建筑师处备查。

② 该保单载：专载 [J]. 建筑月刊，1935，3（11-12）：35。内容如下：

立保证书人___，今因承包人___与业主___订立契约建造___，立保证书人愿照下列各条保证一切：（一）保证承包人凡关于该契约内所订明一切应办一切工程及事项均能妥实履行，得业主及建筑师之满意。（二）保证承包人凡关于本契约内所订明一切应行修理及赔偿之处均能完全负责，万一承包人不克负责致业主受有损失时，立保证人愿代偿还惟以不逾合同内包价总数百分之十为限。（三）自立此保单以后立保证人或其法定代理人或承继人各应始终尽保证之责至全部契约履行完竣得业主及建筑师之满意为止。

续表

章节	章节名称	条款内容
第七章	造价及付款	四十六、付款之意义；四十七、包价之固定；四十八、付款手续；四十九、扣留付款
第八章	工程变更及造价增减	五十、变更工程及加账减账；五十一、拆改工程；五十二、不能修改工程之减价；五十三、付款
第九章	建筑期限及契约中止	五十四、完工日期，接收，验收；五十五、展期完工；五十六、业主之自己施工权；五十七、业主停止契约之权；五十八、承包人停止契约之权；五十九、契约权之让予
第十章	灾害及保险	六十、火险；六十一、天灾及兵灾；六十二、损害赔偿保险
第十一章	分包人及小包	六十三、承包人与分包人之共同责任；六十四、小包；六十五、承包人与小包之关系
第十二章	仲裁	六十六、仲裁请求；六十七、仲裁员；六十八、裁决；六十九、仲裁费
第十三章	附则	七十、本章程施行日期；七十一、附注

注：本表根据中国建筑师学会 1935 年出版（1940 年再版）的《建筑章程》编制。

与前述杨锡镠事务所采用的建筑章程相比，学会最终制定的版本更为严谨和周密，对工程施工可能出现的各类情况的处理方法均有所约定。同时该章程延续并加强了提高建筑师职业地位和扩大其职业影响的内容，通过界定建筑工程参与各方的相互关系，确立建筑师专业技能的权威性，以及设置建筑师控制工程质量和指导承包人工作的具体方式等条款，进一步强调建筑师对建筑工程的话语权与决策权，建筑师除对技术问题拥有绝对权威外，还负有评判承包人工作成果及决定其能否获取报酬，仲裁业主和承包人双方的纠纷等重要职权。

该章程涉及的建筑工程参与者包括业主、建筑师、承包人（一般指负责土建工程的营造商）、分包人（一般负责水、电及设备工程，或业主确定的承包人合同范围之外的土建工程）和小包等五类，其中建筑师、承包人及分包人均与业主有直接雇佣关系并订立契约，小包则是指与承包人订立契约负责承包人合同范围内的部分工作者，其与业主间并无直接关系。在当事人相互关系方面，章程规定建筑师对承包人、分包人与小包均拥有监督及指挥的权力，并且这一权力具有不容置疑的权威性。如章程第 20 条规定“建筑师有督察工程之进行，核准各项材料之是否合用，审查各项工作之是否合法之责任”；第 21 条则赋予建筑师“支配工匠，指挥小包及工头之权。对于工场内工人，无论其为承包人或其小包所雇用，均有直接指挥之权。如某工匠或工头经建筑师认为不能满意时得令承包人或小包撤换之”[①]；又如，章程第 64 条要求承包人在将工程部分内容转包给小包之前，需向建筑师作出详细说明并征得其同意，而建筑师则可“因充分理由对于该小包不满时得拒绝之”[②]。章程还规定，业主在获得建筑师同意的情况下可聘用常驻工地的监理人员，但该监工员需接受建筑师的直接指挥，其酬劳则由业主负责支付。由于承包人和分包人是建筑工程的具体实施者，而监工员是业主监督工程实施情况的代表，赋予建筑师对上述两方的直接指挥权则无异于确立了建筑师在建筑工程参与各方中的领导地位，使建筑师在有关工程的技术、经济以及人事等各方面都拥有极大的话语权。上述条款的订立从制度上确立了建筑师在建筑工程活动中的实际领导地位，一方面有利于保证工程质量与进度，另一方面也可看出学会为维护建筑师群体职业地位以及保护行业利益所作的努力。

学会将建筑师的功能定位于具备专业技能的“独立第三方”，建筑师的专业技能是实现其社会影响和获得社会认同的根本，也是建筑师群体形成其对市场的行业垄断地位，并借此保护和提高自身经济利益的重要手段。因此，学会章程条款的制定强化了建筑师在工程技术

① 中国建筑师学会 . 建筑章程 . 1935（1940 再版）：3.
② 中国建筑师学会 . 建筑章程 . 1935（1940 再版）：11.

方面的权威性，除作出“各项疑问争执，凡有关于设计或构造技术上之问题者，建筑师之处理为最后之裁决，无论何方不得再持异议”的基本设定外，章程还就工程中的诸多具体问题作了详细约定。如第34条规定“承包人负襄助其他分包人各种工作之义务。倘有必须穿凿挖掘以凑合其他分包人之各项工作或工程内各部之处，应得建筑师同意之后立即办理。事后并应依建筑师指示之方法修补之。……如有露出之管子等建筑师认为必须包糊者，皆由承包人照建筑师之指示办理之。”①又如，规定建筑师拥有对承包人购入建材的审验与否决权，“凡各材料皆应先将样品运呈建筑师核准。将来工场上所用材料皆应与此样品完全符合”。“一应材料如对于其力量、成分、性质等有疑问经建筑师认为有施行试验之必要时，承包人应立即遵嘱将该项材料送往指定或相当机关施行测验，所有费用归承包人负担。”同时，为维护建筑师设计内容的权威性，章程还规定无论哪一部分材料如与图样或说明书不相符合，则无论该部分工程是否完竣，均应拆卸重做，且费用由承包人负担。

为实现建筑师对承包人工作的有效控制，章程将建筑师设定为承包人从业主处获取酬劳的必经环节，规定承包人每次领款前须先向建筑师提交领款申请书，由建筑师核查无误后签发领款凭证，业主则依据此凭证发放款项，承包人在提交领款申请书时还须根据合同有关约定附上相应的工程进度报告、现场照片或材料购货凭证等说明文件以供建筑师核查。若出现建筑师已通知承包人更改工程不妥之处但尚未履行，或建筑师收到任何方面对承包人因本工程而提出的投诉，即使建筑师已签发领款凭证，业主或建筑师仍可扣留部分或全部款项，直至承包人将问题处理满意为止。除评判承包人工作情况并决定其是否可以按约领取酬劳外，章程还规定了施工过程中出现修改所涉及费用增减的计算方法，对于修改实施前业主与承包人双方未约定金额的，则由建筑师选择最适宜于当时情形者核算价格并发给领款凭证，而业主则应当即照付。承包人应业主要求所作的一应修改，均需在改动前通知建筑师并递交费用清单，在获得建筑师同意及签订工程更改证书后，方可更改。此外，该章程第52条还规定：“如有所做之工作发现与契约不符或不能使建筑师满意，而经建筑师认为难能修改或补救者，业主可照原订之价目内酌核扣减以偿业主之损失，由建筑师秉公核算，而于包价内扣除之”②。

从以上规定可以看出，在章程设定的运行方式中，建筑师在承包人获取酬劳方面拥有很大的影响力，承包人各阶段的工作成果需要得到建筑师确认方可获取工程款，建筑师还有权根据具体情况扣留部分或全部工程款，并要求承包人整改，而工程中某些未经合同约定的工程款也由建筑师负责计算或审核。近代中国社会发展使建筑功能与建筑类型产生许多新要求和新变化，大量先进的建筑设备、建筑材料及建筑技术的引进，使建筑工程的复杂性及其对施工工艺、构造技术等方面的要求大幅度提高。当时中国的营造业处于向现代施工企业转型的过程中，各营造厂水平良莠不齐，施工质量优劣不等，加强对施工企业的质量控制和进度控制是摆在业主与建筑师面前的实际问题。上述规章的制定使建筑师对承包人经济利益的获取具有很大权限，从而有利于建筑师履行其监督和指导承包人工作的职责，在很大程度上可以保证建筑师的意见得到贯彻和执行，进而在制度层面为有效控制工程质量奠定基础。

根据学会对建筑师职业“独立第三方”的功能定位，该章程还赋予建筑师“解决及处理一切关于工程上之疑问与争轨及关于承包人与分包人间，或业主与承包人间一切纠纷”③的职

① 中国建筑师学会.建筑章程.1935（1940再版）：4.
② 中国建筑师学会.建筑章程.1935（1940再版）：8.
③ 中国建筑师学会.建筑章程.1935（1940再版）：3.

权，除作为有关工程设计和技术问题的最终裁决人外，还负责其他方面纠纷的仲裁。如章程第 67 条规定："仲裁进行系由业主及承包人双方公请仲裁员一人或三人对于该争执事件施以裁决。如仲裁员为一人时，则此人由双方同意公请之。如为三人则先由双方各请一人，由此二人协定再公请一人。如此二人于十日内不能同意公请第三人时，则此第三人可函请当地主管机关或中国建筑师学会指派之。如请求仲裁方面于十日内不能请到仲裁员则失其请求仲裁之权利，如对方于十日内不能请到仲裁员，则由请求仲裁方面呈请当地主管机关或中国建筑师学会代派之。"①这一规定不但将学会自身设定为具有公信力的独立仲裁机构，而且将其对建筑工程有关问题的影响力等同于当地政府主管部门，由此可见，提升建筑师的社会地位，增加建筑师的话语权与影响力始终是学会努力的方向。

该章程还包含了保护建筑师群体自身利益的相关免责条款。如第 7 条规定："图样与施工说明书，意在互相说明工程上之一切构造法及材料等等。二者有同等之效力。凡有载明于此而未载明于彼者，均应遵照办理。设遇二者有不符之处，则由建筑师解释之，得依任何一项为标准。如有不甚明晰之处，应随时向建筑师询明。如遇图样及施工说明书均未载明，而为完成某部分工程所不可缺者，承包人亦应遵建筑师之通知办理，不得藉词推诿及增加价格。"②与前述杨锡镠事务所采用的建筑章程相比，学会制定的章程不仅保留了建筑师对图样与施工说明书的解释权，规定二者出现矛盾时由建筑师给予解释，而且规定承包人应按建筑师要求完成某些图样与施工说明书未载明的内容，并不得因此增加工程费用。由于当时营造厂参与工程投标时，需根据招标文件中的图样和说明书进行详细估价，并将总包价格写入投标文件，其标价高低对能否中标有着直接影响，加以章程第 47 条还规定合同一旦签订则总包费用不得更改，因此设计图样和施工说明书就成为营造厂估算工程费用的主要依据。而根据该章程第 2 条"图样包括本契约所附之施工总图，及一切随后陆续所发给之各项详细分图"，以及第 8 条"工程上应有详细分图之处，于工作进行时由建筑师陆续绘就发给承包人照做"的说法，营造厂在估算投标费用时尚无法得到完整的工程设计图样，某些具体做法涉及的造价不能准确估算。加上第 7 条的规定，导致营造厂必须单方面承担因建筑师工作疏漏产生的经济损失，建筑师则无需为此承担责任。《中国建筑》1933 年第 1 卷第 3 期曾刊载江苏高等法院邀请学会为某案件作专业咨询的报道，该案系业主起诉承包人未按图纸要求制作钢筋混凝土窗过梁，法院询问建筑窗户过梁为砖拱或钢筋混凝土材料时，其图面表达方式有何不同。学会调阅设计图样后认为，设计图纸窗过梁的表达方式的确为砖拱，与承包人做法相同。但学会同时强调，说明书与图样具有同等重要性，若说明书注明为钢筋混凝土过梁而图纸未表达，则承包人亦应按说明书要求施工。从这一回复可以看出，章程第 7 条的规定客观上避免了建筑师因设计疏漏可能产生的赔偿责任。此外，章程第 7 条的表述"如遇图样及施工说明书均未载明，而为完成某部分工程所不可缺者，承包人亦应遵建筑师之通知办理"，与杨锡镠事务所建筑章程"如按例应有之物，而图样说明书均未载明者，亦应遵工程师之指示照做"的说法有所不同。如果说杨锡镠事务所章程中的"按例"还可由包括营造厂在内的业界人士依常规判断是否需要补做的话，学会章程"为完成某部分工程所不可缺者"的提法则给予建筑师更大的解释空间，因为这可以理解为单个工程中某种特殊设计的需要，虽然未必出现于常规工程做法，但对某个特定工程而言是不可或缺的。这样，不论建筑师出具的图样和施工说明书自相矛盾或有所疏漏，由此可能产生的经济损失都将由承包人独自承担，建筑师则不

---

① 中国建筑师学会 . 建筑章程 . 1935（1940 再版）：12.

② 中国建筑师学会 . 建筑章程 . 1935（1940 再版）：1.

需要为此负责。①

此外，该章程第22条规定建筑师有审核工程所用一切材料以及临时变更说明书所指定材料的职权，当承包人未能采办或订购说明书指定的材料时，建筑师可经业主同意代为订购，而承包人仍应负一切责任，简言之，即建筑师可以代为购买材料且无需为材料的质量或价格等问题负责。此条款固然可以解决承包人购买材料的困难，保证建筑师设计意图的实现，但也可能导致建筑师与材料商发生利益关系而丧失“独立第三方”的公正立场，从而埋下产生纠纷的隐患。如《建筑月刊》1933年第1卷第4期刊登了关于上海东西华德路普庆影戏院的一桩讼事：设计人鸿达建筑师代替承包人采购的钢条总价为16000两，而合同核定的钢条总价仅为10670两，二者差额达5330两之多，故业主奚籁钦怀疑其“串通侵害”而告上法庭。后虽经江苏上海第一特区地方法院判决驳回此项诉讼要求，但从中还是可以看出，一旦建筑师与工程参与各方有经济利益关系，则很难维持其“独立第三方”的地位，将导致潜在纠纷出现。由此可见，学会制定的章程有明显的行业保护倾向，文件内容亦缺乏足够的严谨性。

总体而言，由于统一的建筑章程具有格式合同的属性，既有助于明确建筑活动参与各方的责权关系，规范其运作机制，也在制度层面强化建筑师职业的技术权威，保护建筑师群体的行业利益，巩固并提升其社会地位。作为近代中国建筑师群体的代表，中国建筑师学会的骨干成员囊括了当时业内大多数著名建筑师和建筑师事务所，他们对此章程的广泛应用在业界起到很好的示范效应，从而有利于这一职业规范在建筑师群体中的推广。虽然作为民间行业团体的中国建筑师学会制定的建筑章程并不像政府法规那样必须强制执行，但与以往各事务所自行拟定的建筑章程不同，该建筑章程因得到业内公认而成为建筑师与业主、承包人业务往来时依据的行业规范，对当时的建筑活动产生很大影响。

4.2.2 建筑设计流程及其内容的完善

1）建筑设计流程

随着近代中国建筑业的发展，建筑结构、建筑材料及建筑设备等技术因素在建筑设计中的重要性也不断增强，建筑设计过程逐步形成方案设计和施工图设计两个阶段，两个阶段包含不同的工作内容。当时国内的建筑专业教育体系，方案设计（当时称为“图案”设计）已经成为独立的专业课程，1903年清政府颁布的“奏定学堂章程”（癸卯学制）和1912~1913年国民政府颁布的新的大学规程（壬子癸丑学制）均将“建筑意匠学”设为建筑学专业课程，与建筑构造、建筑法规等技术课程分离。1923年开设的苏州工专建筑科更将“建筑意匠”和“建筑图案”课程明确归入设计科目，其后陆续开办的中央大学建筑系、东北大学建筑系、北平大学艺术学院建筑系，以及广东省立勷勤大学建筑系等也都设有“建筑图案”课程。②20世纪20年代开始，举办了多次重大建筑项目的建筑设计方案（“建筑图案”）征集活动，

① 根据《建筑月刊》1936年第4卷第1期刊登的杨锡镠建筑师给上海市建筑协会的信函记载，其对于章程第七条中“为完成某部分工程所不可缺者”的解释为：“章程七条之‘按例应有之物’一句，原意本为零星材料或预备材料等等，譬之阴沟说明书上鲜有注明‘上覆阴沟眼’者，然承包人当然不能使之露空。水落一项，如未注用钩钩牢，当然不能加账。诸如此类，凡为完成一项工程而万不能缺少者，始归入之。此外额外添出，缺之亦不为少者，当然不必列入此条内。”诚然，如果在实际工程中真的能够完全按照这一解释执行，则该条款亦无过于偏向建筑师之处。但由于章程中的提法过于概括，仅就字面含义即可产生不同的理解，而在新的建筑制度下该章程作为合同要件又需要得到完全履行。因此，当出现对合同条款的不同理解时，建筑师的具体解释就成为重要的判别标准，因而也在事实上为建筑师留有可操作的空间。这种情况的出现，即便不是章程制定者有意为之，至少也说明该文件内容还缺乏足够的严谨性。

② 参见钱锋、伍江．中国现代建筑教育史[M]．北京：中国建筑工业出版社，2008.

如 1925 年 5 月，由总理葬事筹备委员会通过并公布“孙中山先生陵墓建筑悬奖征求图案条例”，1926 年 4 月由建筑中山纪念堂委员会登报悬奖征求图案；1929 年 10 月，上海“市中心区域建设委员会”向社会征集上海市行政区及市政府新楼方案，报名应征的中外建筑师达 46 人。此类方案征选工作一般都由专门机构登报公开征集，或直接将设计文件寄送被邀请的建筑师，设计方案经投票评选后确定获奖名次及实施方案，然后开始正式的工程设计。显然，在当时的建筑设计流程中方案设计已经成为一个独立的设计阶段。

2）施工图设计内容的完善

与方案设计侧重于建筑创意和建筑构思不同，施工图设计侧重于落实方案设计，落实工程建造过程中的具体技术手段、施工工艺、设备配合以及造价控制等实际问题，是建筑设计阶段的最终成果。规范并完善施工图设计的范围、深度及技术要求，对保证建筑工程质量有十分重要的作用，同时也有利于提高从业群体的整体水平。

施工图设计包含的内容与建筑业发展水平有直接的关系，随着建筑功能要求的提高，以及西方先进建筑技术、建筑材料和建筑设备的引进，建筑工程的技术含量也有很大提高，建筑施工图设计已经包含建筑、结构、给水排水、电气、暖通、估价等多专业设计内容，凡涉及施工、估价的各种技术问题都有相应的图纸或说明书等。《中国建筑》1933 年第 1 卷第 2 期刊载杨肇煇的文章《说制施工图》，文中论述当时施工图设计的概况，按性质将施工图分为“建筑图”与“机械图”两类。其中“建筑图”包括“地盘图”、“正视图”、“侧视图”、“平面图”、“剖面图”、“基础图”、“屋架图”、“梁、柱、桁与其他关于结构各图”及“扶梯、门、窗图”等。“机械图”则包括“落水管图”、“电气机械图”、“冷热气工程图”、“卫生设备图”、“沟渠图”、“升降机图”及“空气流通图”等。“建筑图”实际上包括了建筑师绘制的建筑专业施工图和结构工程师绘制的结构专业施工图；“机械图”则包括给水排水、电气、暖通、室外管线、电梯等建筑设备专业施工图及其他施工图。随着钢筋混凝土结构、钢结构等新型建筑结构的引进、使用与推广，结构设计成为专业化程度很高的技术工作，建筑师与结构工程师的专业分工进一步明确。因此，建筑施工图一般包括地盘图（总平面图）、各层平面图、立面图、剖面图、节点详图等；钢筋混凝土结构的结构施工图（又称“钢骨水泥图”或“钢骨水泥结构图”）主要包括基础、柱、梁、板、雨棚、屋架等各种结构构件的尺寸、配筋与构造做法，而高层、大跨度钢结构建筑的结构施工图（又称“钢架图”）则主要表达各种钢结构构件的尺寸、构造连接方式与做法。当时亦有设计机构将设备施工图的部分内容与建筑施工图合并，如范文照事务所设计的上海贝当路集雅公寓，庄俊事务所设计的上海产妇医院，陆谦受、吴景奇设计的青岛中国银行行员宿舍俱乐部，苏家翰设计的浙江大学建筑农学院实验教室新屋工程，以及法籍赖安建筑师设计的上海道斐南公寓等工程，都在建筑施工图中标注了电气设备的内容，如电气位置、线路、开关位置等，并使用专门的设备符号和图例加以区分（图 4-2~ 图 4-6）。

由此可见，当时的施工图设计虽然已经形成不同工种的专业分工，但是部分专业的具体图纸内容及表达方式并无统一规定，行业内部尚未形成统一的规范化的施工图设计标准。关于这一点，杨肇煇有一段较贴近实际情况的描述：“施工图者，即实行工程时所需之一切必要图说；承造者依据之以为工作，遵照之以估价值者也。至施工图之制法，原无一定规程；制之者各因其自己之见解，而定其不同之方式，——此则由于习惯之向例者有之，但大都由于每日之进展及平时之经验也。”[①] 此外，根据《中国建筑》和《建筑月刊》的相关记载，当时还有许多专门从事给水排水、电气、暖通等设备工程的专业公司，其业务范围除设备销售及工程安装外，

① 杨肇煇 . 说制施工图 [J]. 中国建筑，1933，1（2）：30.

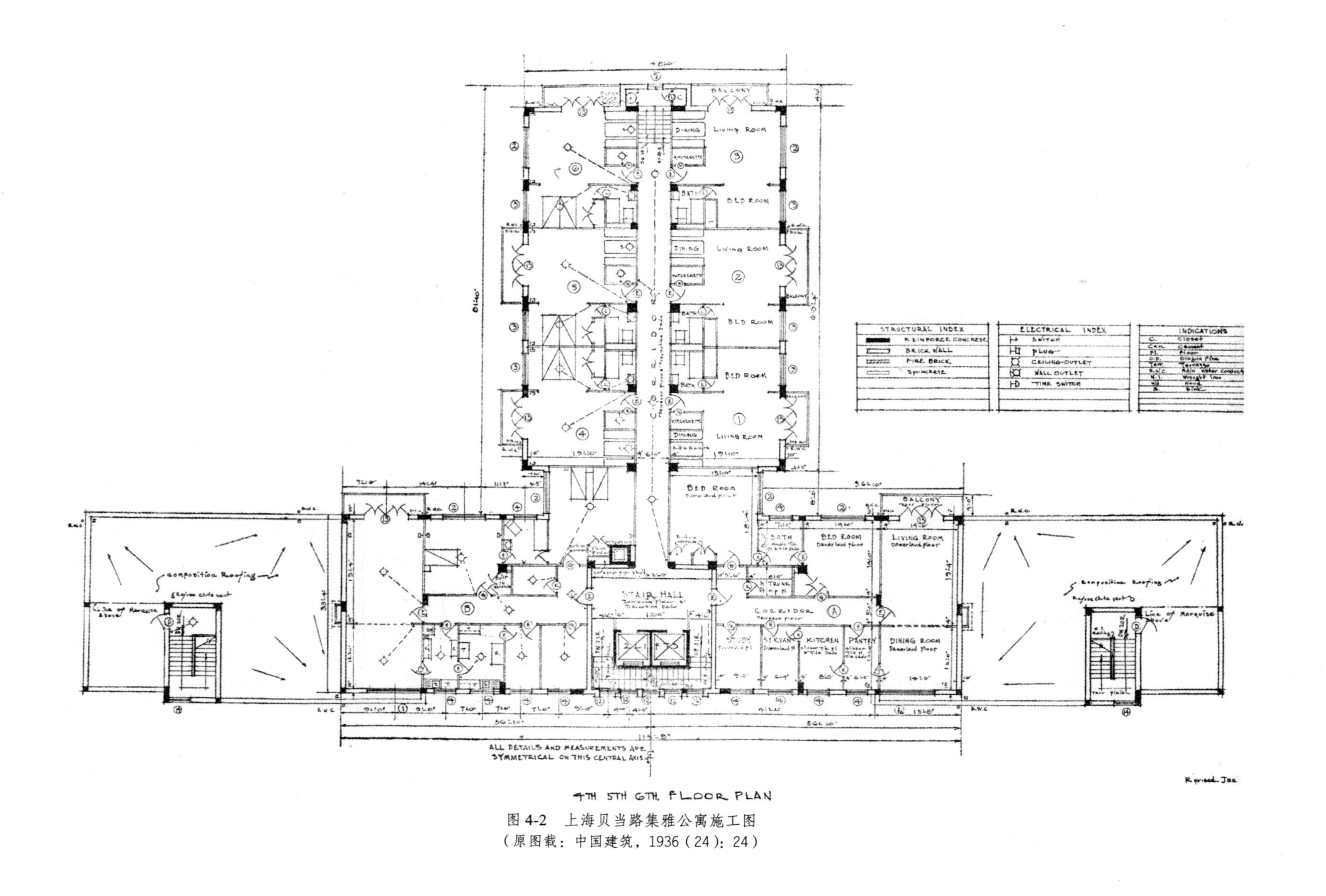

图 4-2 上海贝当路集雅公寓施工图
（原图载：中国建筑，1936（24）：24）

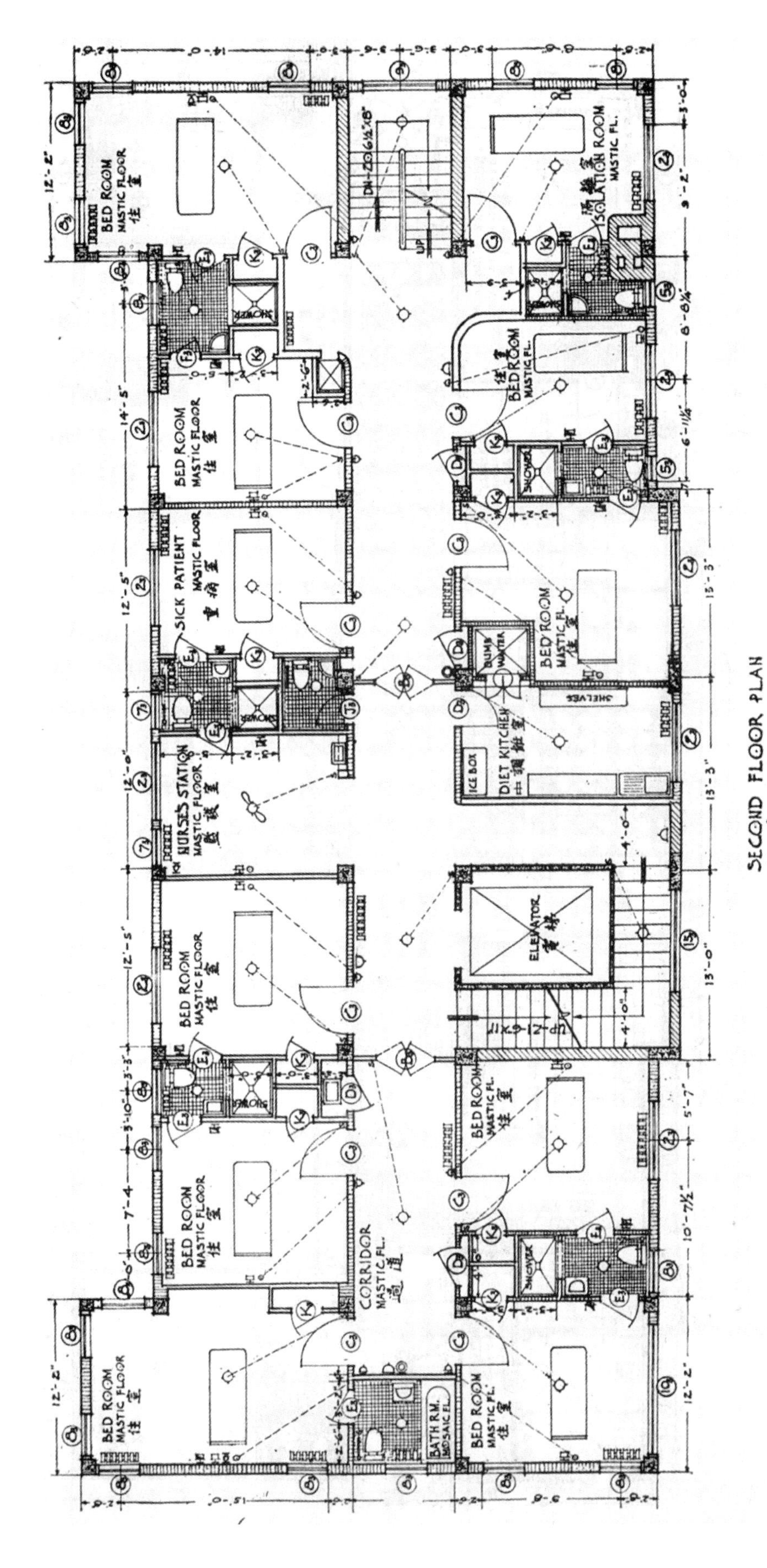

图4-3 上海产妇医院施工图
（原图载：中国建筑，1935，3（5）：42）

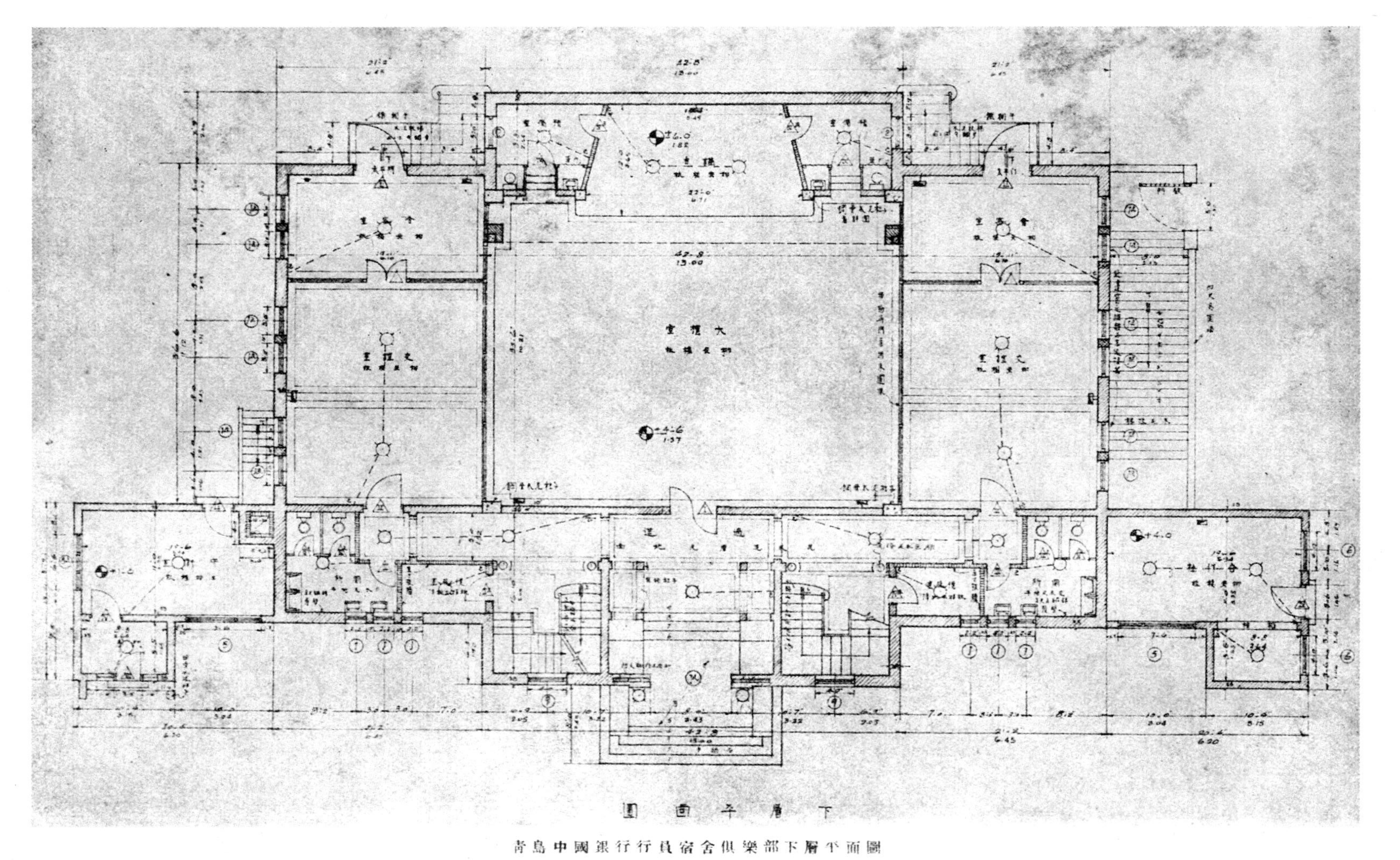

青島中國銀行行員宿舍俱樂部下層平面圖

图4-4：青岛中国银行行员宿舍俱乐部施工图
（原图载：中国建筑，1934，2（7）：15）

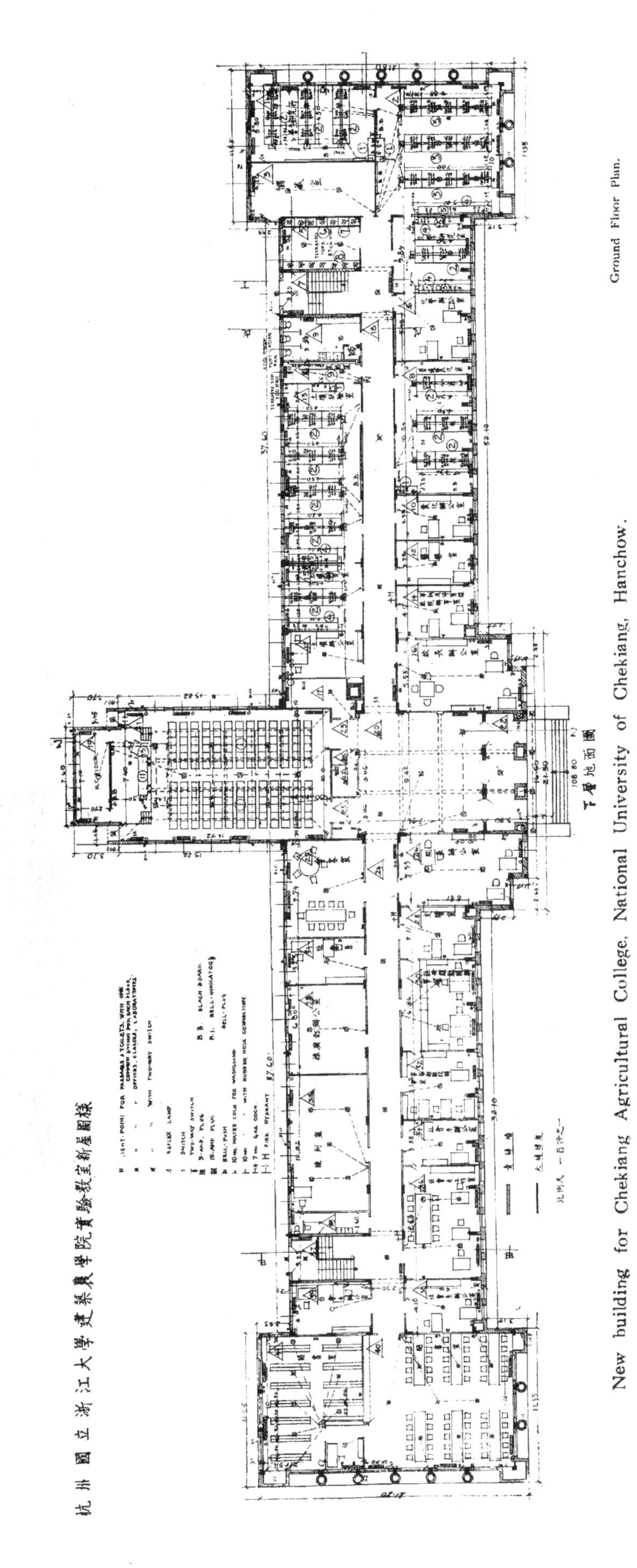

New building for Chekiang Agricultural College, National University of Chekiang, Hanchow.

图 4-5　浙江大学农学院实验教室新屋工程施工图

（原图载：建筑月刊，1935，3（1）：4）

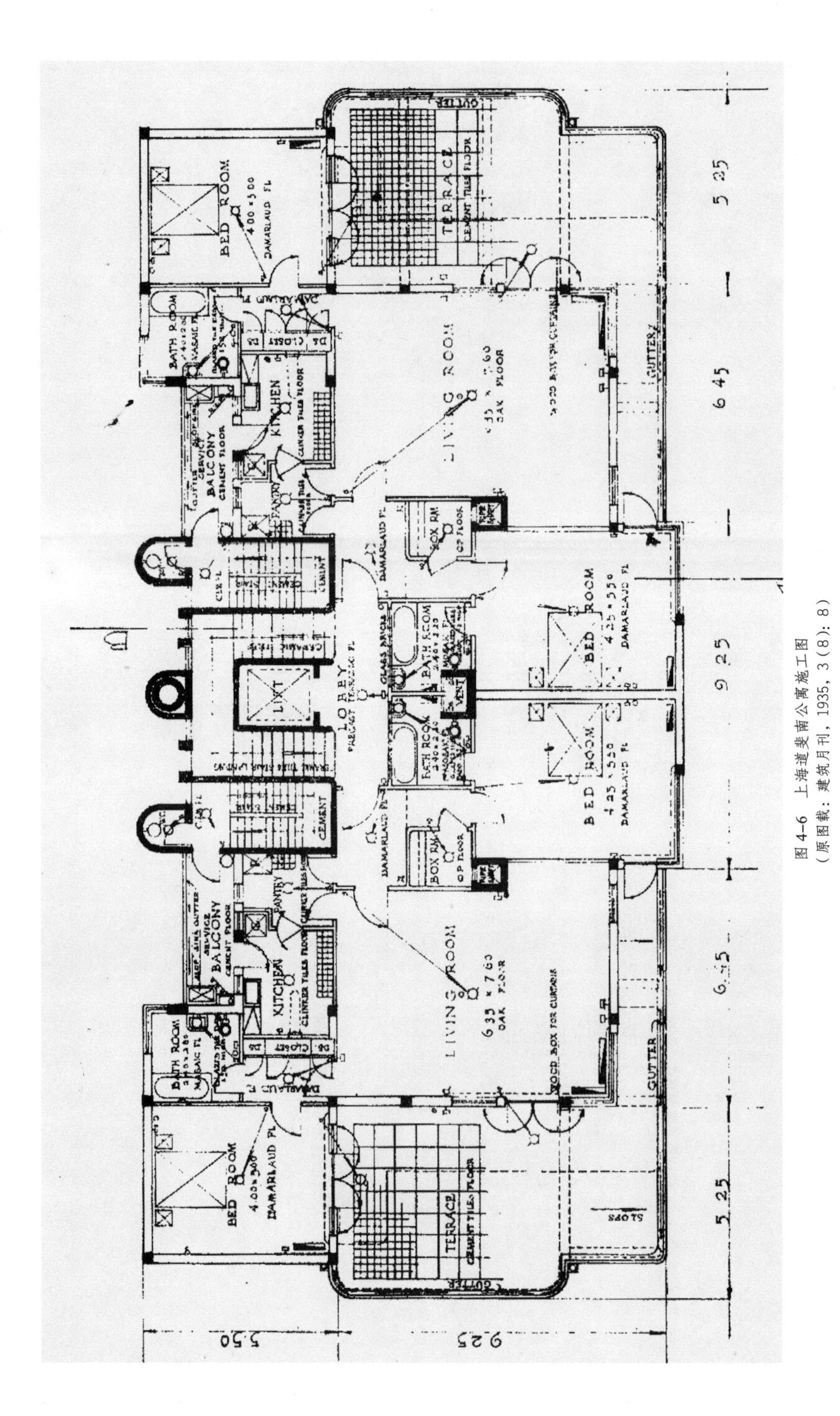

图 4-6　上海道斐南公寓施工图
（原图载：建筑月刊，1935，3(8)：8）

也包括设备系统设计。如上海琅记营业工程营业行即聘有实业部注册技师，专门从事自来水、卫生、热汽冷机、电灯及消防工程的设计与安装，承包的项目包括上海市体育场、上海市博物馆、中国航空协会新楼、国民政府审计部、交通大学，以及南京邮政储金汇业局等。①

当时施工图设计一般采用英制或公制两种标准标注尺寸，其中采用英制者较多。设计图纸的比例，平、立、剖面图多采用“八分之一英寸作一英尺”（即 1/8″ =1′ 0″，折合 1：96）或“四分之一英寸作一英尺”（即 1/4″ =1′ 0″，折合 1：48），接近于现在的 1：100 或 1：50。详图及节点大样图则采用更大的比例，如“二分之一英寸作一英尺”、“三英寸作一英尺”（即 1/2″ =1′ 0″ ，折合 1：24；3″ =1′ 0″ ，折合 1：4），有时甚至采用“一英尺作一英尺”，即 1：1 详图。通过对《中国建筑》和《建筑月刊》相关资料的整理分析，可知当时施工图设计的图纸比例尚未形成业界统一并强制执行的技术标准，主要根据惯例并结合工程的实际需要确定，各设计机构采用的图纸比例也有差异。

由于当时建筑设计行业内部在施工图设计的内容表达、设计深度及设计质量等方面缺乏统一的行业标准，政府管理机构也没有制定相应的参考图纸或相关制图规范，因此建筑施工图的质量保障更多地依赖各设计机构的技术水平及建筑师的职业自律。中国建筑师学会作为新兴建筑师群体的代表，其骨干成员通过其设计实践为业界作出了较好的榜样，对行业施工图设计水平的提高起到一定的示范作用。如 1933 年 10 月落成的常州武进医院，由学会会员李锦沛设计，施工图内容完整、设计精确，建筑细部构造做法交代清楚，图中材料标注、图例标注等也较为规范，施工图表达方式与现今图纸已十分接近（图 4–7）。又如学会会员杨锡

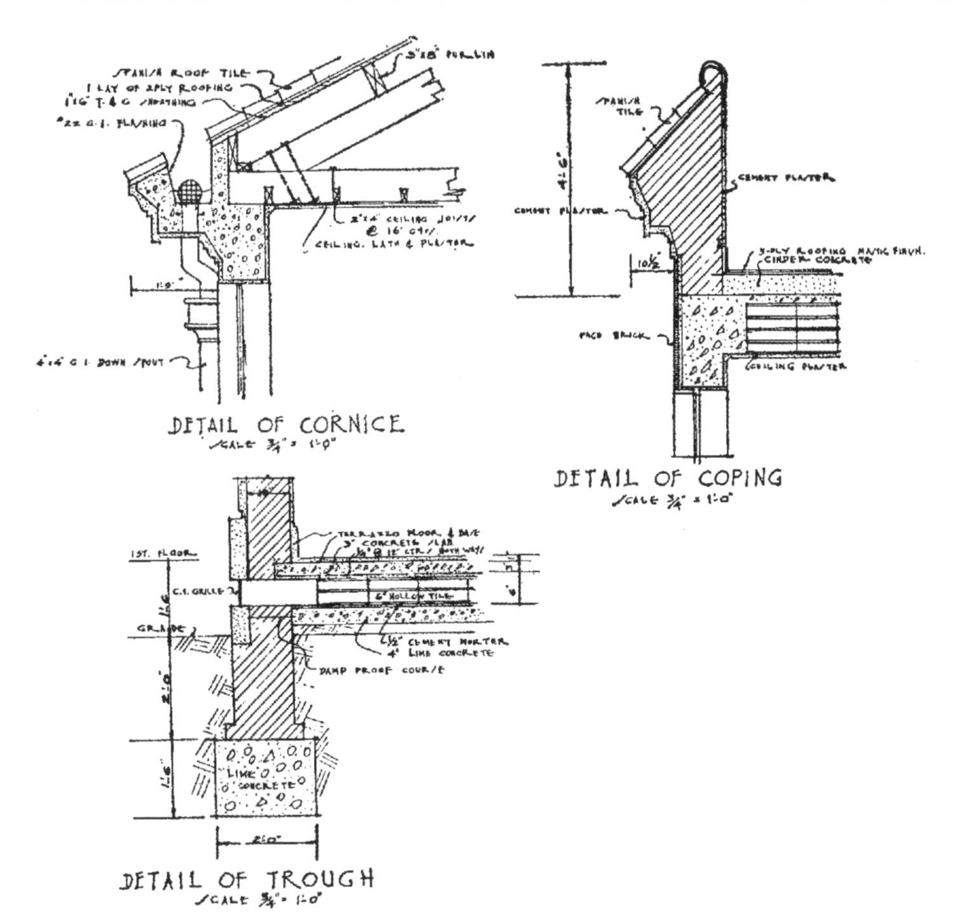

图 4–7　李锦沛设计的常州武进医院施工图，图中左上为檐口大样，右上为女儿墙大样，左下为墙身大样（局部）（原图载：中国建筑，1933，1（5）：29）

① 中国建筑，1937（29）：广告 .

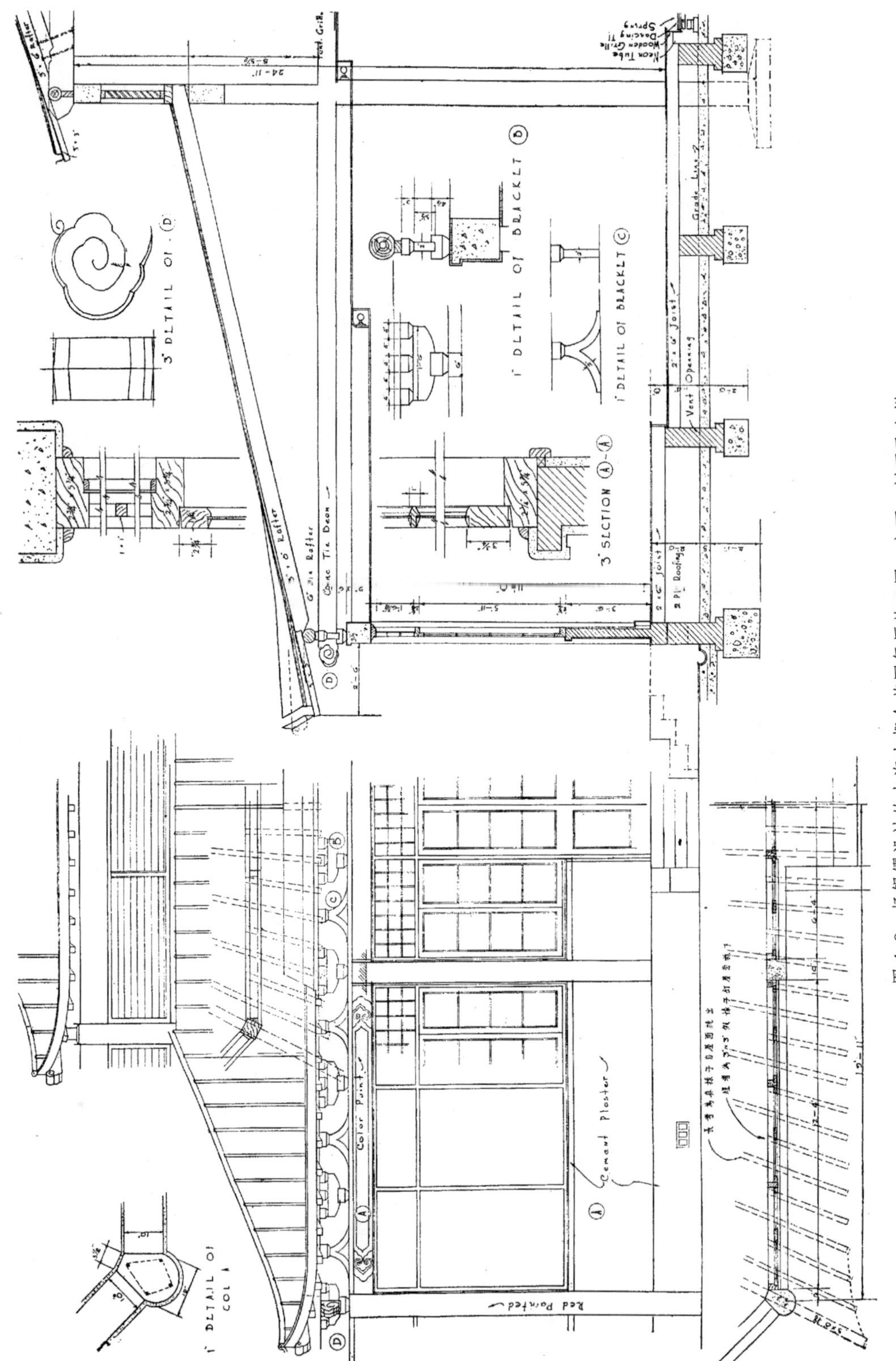

图 4-8　杨锡镠设计的上海大都会花园舞厅施工图，立面、剖面及大样
（原图载：中国建筑，1935，3（4）：30）

镠设计的上海大都会花园舞厅，该建筑不是永久性建筑，业主对造价十分敏感，加以设计施工周期很短，从开始设计到建筑竣工仅用了不到三个月的时间，其中施工时间仅 44 天，这就要求建筑师除快速完成建筑方案设计外，还要保证施工图图纸表达尽可能清晰准确，使承造人能顺利按图施工。大都会花园舞厅建筑外观及内部装饰均采用中国传统建筑风格，灯光、暖气、卫生器具等设备俱全，总造价仅 30000 余元，开业后广受好评（图 4–8）。此外，由杨锡镠设计的上海百乐门大饭店舞厅，施工图不仅包括土建部分的构造做法，还包括内部装修的详细设计，标明了各色彩灯的具体安装位置及要求，还根据当时钢质弹簧地板价格高且无合适规格的实际情况，专门为舞池设计了特殊的地板构造，创造性地使用了悬挑式木质弹簧地板（图 4–9、图 4–10）。

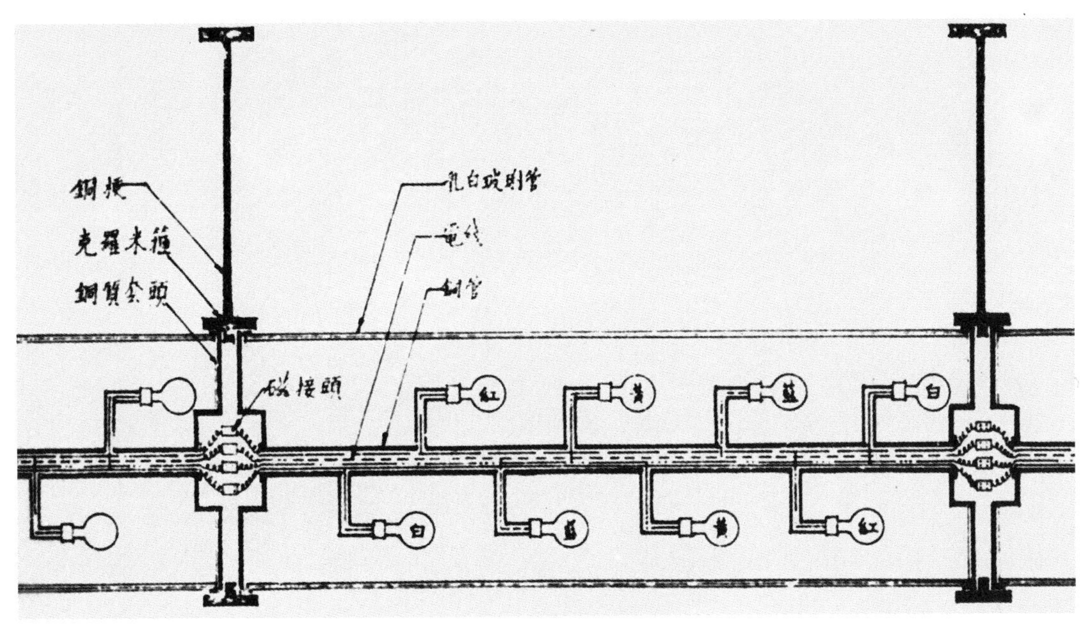

图 4–9　杨锡镠设计的上海百乐门大饭店施工图（一）（原图载：中国建筑，1934，2（1）：23）

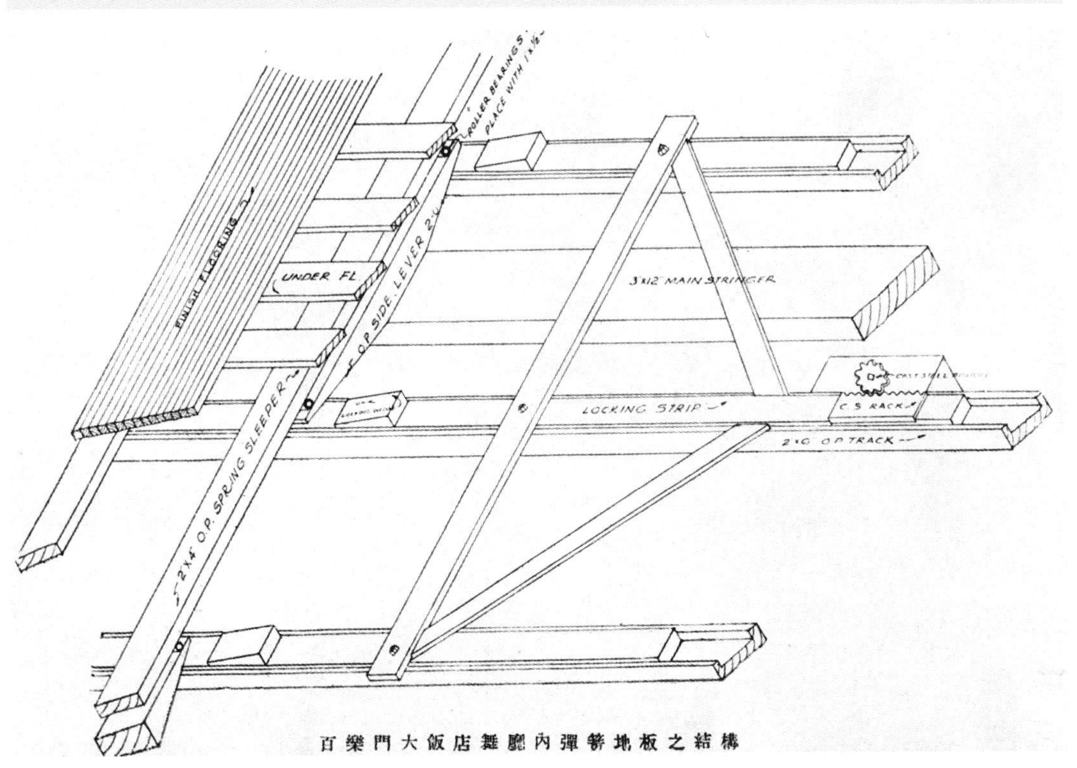

图 4-10　杨锡镠设计的上海百乐门大饭店施工图（二）（原图载：中国建筑，1934，2（1）：32）

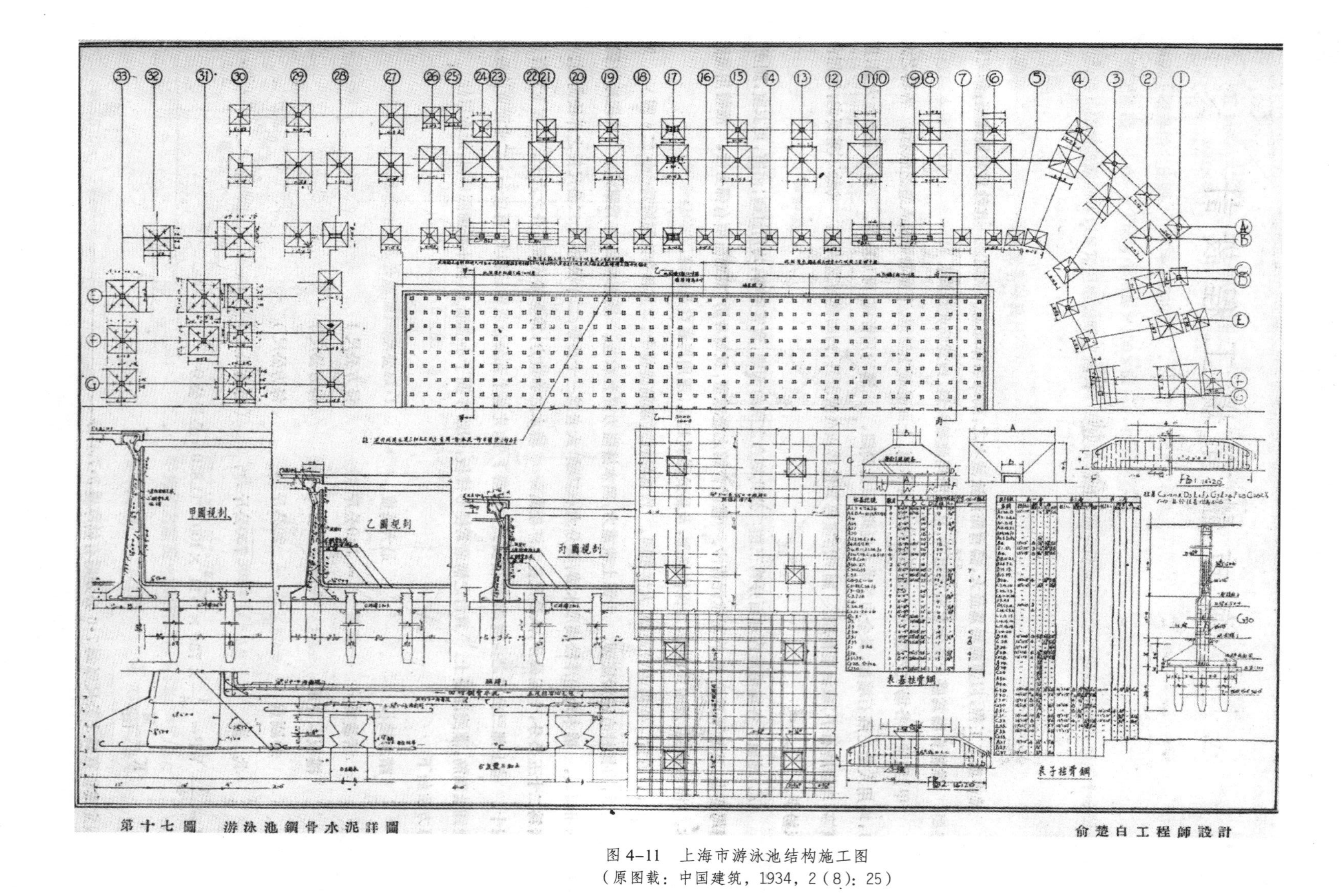

图 4-11　上海市游泳池结构施工图
（原图载：中国建筑，1934，2（8）：25）

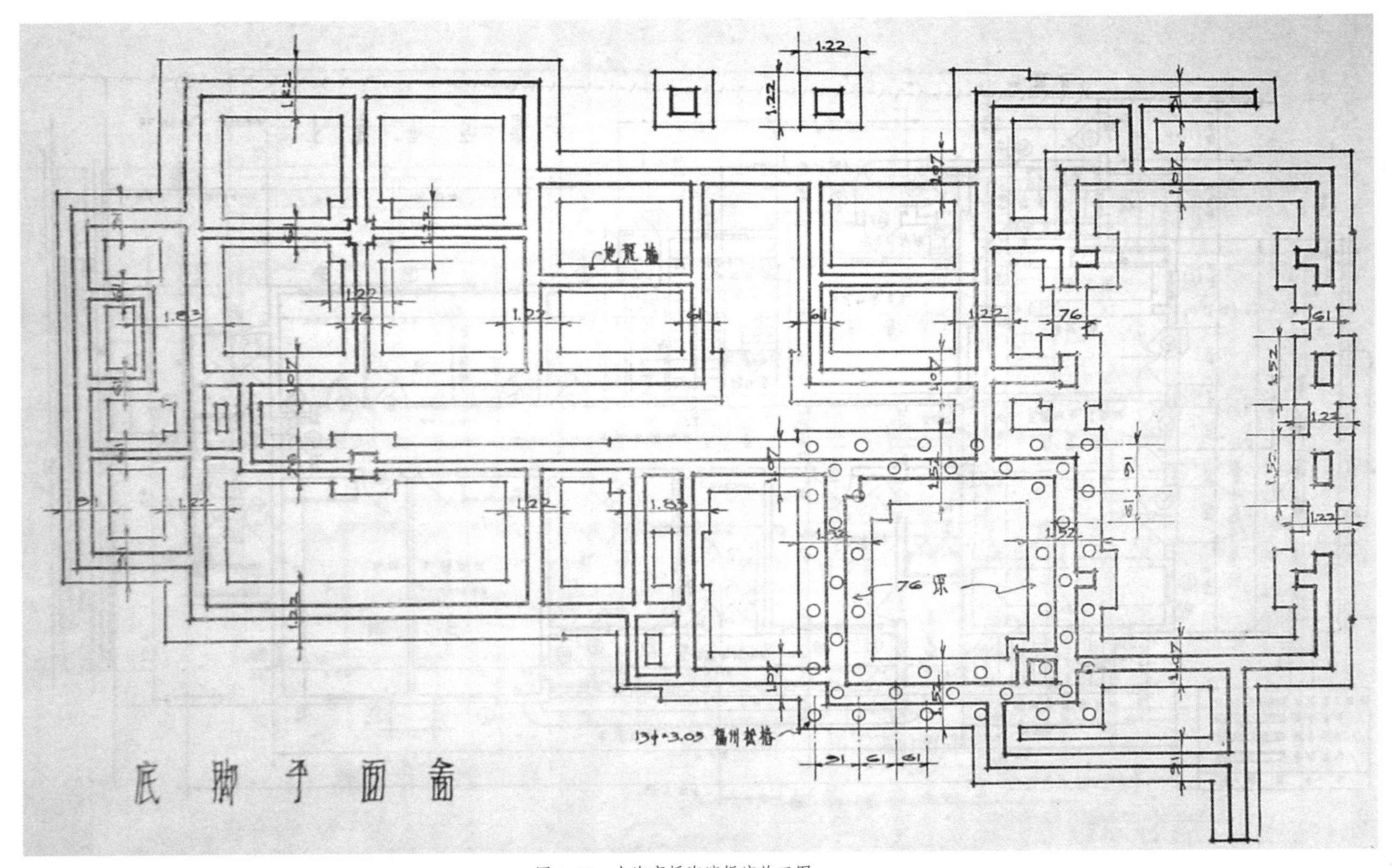

图4-12　上海高桥海滨饭店施工图
（原图载：建筑月刊，1933，1（7）：19）

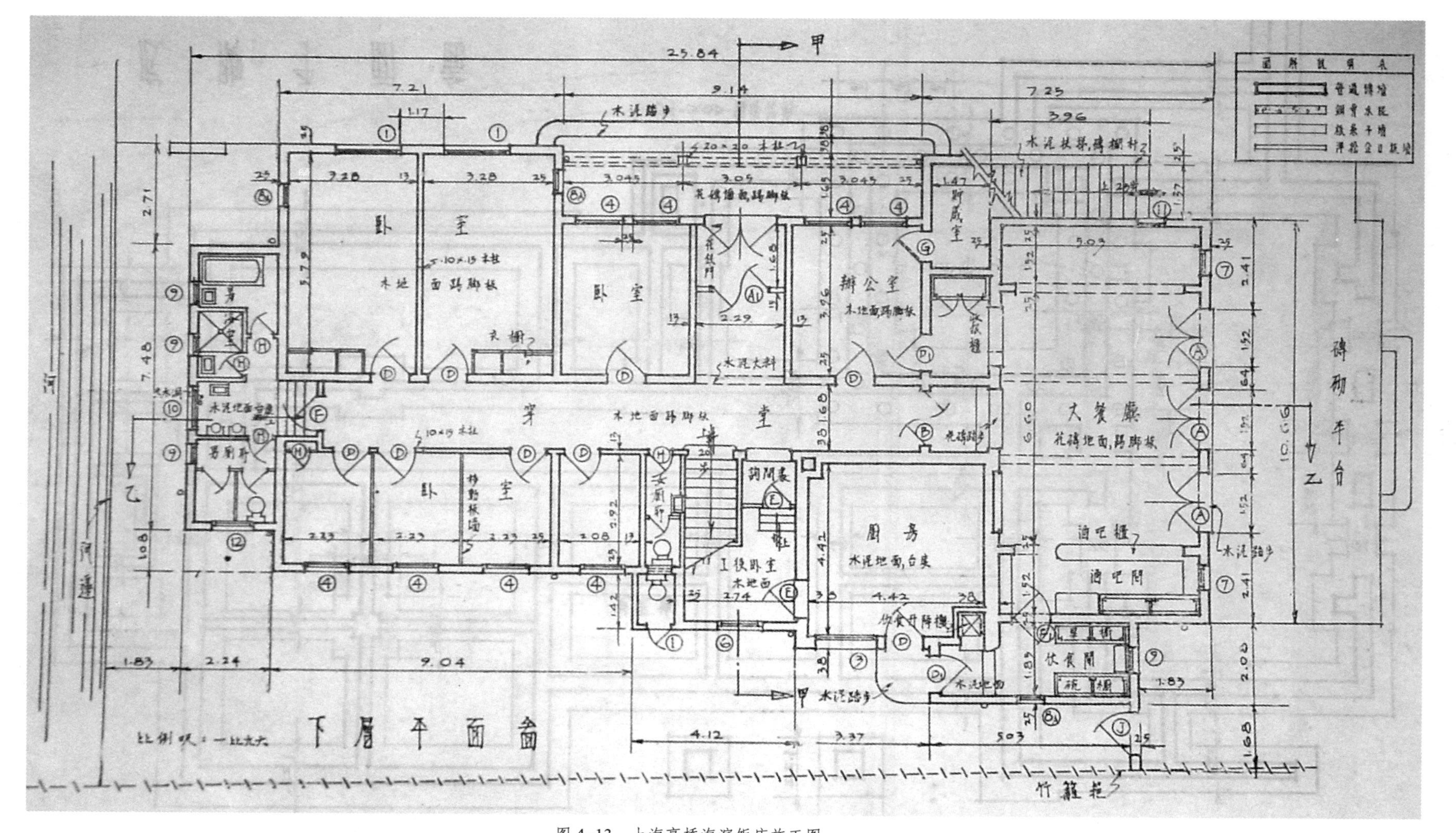

图 4-13　上海高桥海滨饭店施工图
（原图载：建筑月刊，1933，1（7）：20）

结构专业设计的关键环节结构计算是绘制结构设计施工图的依据，结构专业编制的结构计算书，必须作为设计文件之一供有关部门审查和核算。结构专业的施工图图纸比例与建筑施工图相同，以清晰表达结构设计要求及做法为主，作为设计图样的补充，当时的结构施工图已经采用各种图表，表达按轴线编号的柱、梁、基础等结构构件的编号、类型、尺寸以及配筋设计等，以提高工作效率（图 4–11）。此外，结构复杂性较低的普通民用建筑，也有在建筑施工图中附带基础设计图样，再辅以施工说明书加以说明者，如华信建筑事务所设计的上海高桥海滨饭店（图 4–12、图 4–13）。

4.2.3　营造厂业务文书的规范与建筑名词的统一

由于建筑师职业的出现，“业主—建筑师—承包人”的三元模式取代了原有“业主—承包人”的二元模式，建筑师成为拟定招标合同，控制工程建设质量与进度，评估承包人工作成果等环节的实际经办人，也是营造商在建筑活动中的主要业务往来对象。建筑师除了在技术上监督和指导营造商工作外，还负有监督和保障业主与承包人双方履行合同的职责。随着近代中国建筑活动法制观念的增强，工程合同以及建造过程中的其他相关业务文书已成为评判建筑活动当事人行为的重要依据，其重要性随着国家法律制度的确立而日益凸显，因此充分了解合同及其他业务文书，对保障营造商自身利益有着十分重要的作用。从总体上看，当时国内营造业的组织管理和运行模式还在相当程度上受到传统体制的影响，相对受过西方高等教育的主流建筑师群体而言，其从业人员无论在知识结构还是思想意识上都还存在一定差距。不少营造商虽然致力于业务竞争，但因忽视合同等业务文书的全面理解而遭受损失的情况也时有发生。正如上海市建筑协会所言：“我国营造厂之内部组织，多因陋就简，仅致力于工程之竞争，而忽略于工程有关系之他种手续。即以文字方面言，厂方与建筑师业主间来往之信札合同等，均未能深切注意，如订立承包合同时，营造厂虽予签字，所知者则造价数目领款期限及完工日期而已，合同上载明之其他条款，初未了解，故于工程之进行，常引起种种纠纷，历年经营造厂同业公会调解及法院受理之案件，年必数十起，由私人调解者尚不在内，精神财力之耗损，不可胜计。”①

营造厂对合同等业务文书认知的局限性既有法律意识匮乏的因素，也有缺少相关专门人才的原因。当时营造厂与业主、建筑师的往来业务文件有中文或英文两种，营造厂对外的中文函件多由账房先生执笔，由于此类人员缺乏对工程技术和法律知识的了解，往往难以准确表达所需阐述的问题。专门人才的缺乏使营造厂在与业主订立合同时，未能充分了解合同条款的内容细节，以至出现纠纷时无法保障自身的合法权益。至于英文文件，由于缺乏通晓中英文且兼具商业和法律知识的专门人才，上述问题则更为突出。此外，许多营造厂缺乏健全的文件管理体系，导致业务文书缺失而影响经营的情况也时有发生。有鉴于此，上海市建筑协会专门在其下属服务部设立中文文件和英文文件两股，聘请专业人才为营造厂代办中英文函件以及合同章程等各种业务往来文书，并可代为保存文件底稿以备查询。

作为以营造业为主体的建筑同业团体，上海市建筑协会通过提供上述服务，一方面可以集中专门人才为营造厂解决现实操作面临的业务文书问题，弥补人才短缺和管理疏漏造成的缺陷，减少因为合同管理不当导致的损失；另一方面，由协会这一具有一定公信力的同业团

① 建筑月刊，1933，1（9-10）：73.

体出面代理业务文书，既可获得当事人的充分信任，又可降低营造厂聘用专门人才的成本支出。更重要的是，通过这一模式的运行，在保障营造厂获得经济利益的同时，也使之认识到拟定规范化的业务文书，实施有效的文件管理体系的重要性，从而有助于营造厂引进新型专业人才，建立和完善企业的管理体制和运行机制。

除此之外，当时建筑专业语汇中新旧参半、中英文混杂的情况也十分普遍，建筑界面临建筑语汇的转译，外来建筑名词的翻译理解，以及外来建筑名词与传统建筑语汇的对接等问题，亟需编制适应中国建筑发展的新的建筑名词。为此，上海市建筑协会 1932 年发起组织“建筑学术讨论会”，并邀请沈怡、庄俊、汤景贤、杨锡镠等政府和业界同仁共同讨论统一建筑名词的工作，希望在业内形成统一意见后呈报政府，在全国建筑界通行采用。为取得业内的广泛认可，协会还联合在沪的中国建筑师学会、中国工程师学会共同开展确定建筑名词的工作，并专门致函北京的中国营造学社，希望能给予通信讨论，中国营造学社亦回函表示赞同。“建筑学术讨论会”于 1932 年 12 月 25 日举行筹备会议，就统一建筑名词工作开展讨论。会议决定成立建筑名词起草委员会，每两周举行一次联合工作会议，由其拟定各类建筑名词后交委员会议修正确定。会议任命庄俊、董大酉、杨锡镠、杜彦耿等 4 人担任起草委员会委员，并决定由庄俊起草建筑材料名词，董大酉起草装饰名词，杨锡镠起草地位名词，杜彦耿起草依英文字母排列的名词。[①]与之对应的是，中国建筑师学会也专门成立了由庄俊、杨锡镠、董大酉组成的建筑名词委员会以配合此项工作。

其后，由于“各人业务繁剧，会议不克如期举行”[②]，最初商定的工作无法按计划进行，遂由上海市建筑协会会员杜彦耿独立承担该项工作。杜彦耿按英文字母顺序翻译编订建筑名词，并辟“建筑辞典”专栏逐期刊登于《建筑月刊》，自 1933 年第 1 卷第 3 期至 1934 年第 2 卷第 9 期共连载 17 期，后又经过不断修订，于 1936 年 6 月出版《英华华英合解建筑辞典》。由于该书编者杜彦耿具有营造厂工作的实践经验，深知统一而切合实用的建筑专业语汇对建筑师、营造业者等建筑从业人员相互沟通的重要作用，因此在编订过程中十分注重英文词汇与国内建筑工程习惯用语的对应关系，力求使统一后的建筑语汇既可与国际接轨，又在工地实践中具有可操作性，实现与国内习惯用语的对接。正如杜彦耿所言：“建筑辞典之编也，重在实用，故名词之雅训，初非顾及。如英文之 Bond，系砖石作组砌砖石之镶接式，而在辞典中译为‘率头’者，实因工场中统呼此名，设将字面加以训诂，实属不知何义。况作场中所称‘率头’，是否即此两字，亦不可知，均待以后之考证。其他尚有不少术语，未经加入辞典中者，如木匠以钉钉木，斜钉曰‘揪’，钉一枚钉曰‘收一只钉’或‘吃只钉’。踢脚板与地板接着处，因地板不平，故踢脚板下口应用铅笔或墨衬，依着不平的地板划出屈曲的线，随后依线用斧斩去线外的木料，方使踢脚板与地板密合，此种手续称之曰‘衬平’，等等许多术语，现在尚无适当之字，故未加入。但此种术语甚为重要，在作场中只一开口，即知此人是否内行也。”[③]总的来说，该辞典内容丰富，涉及建筑历史、建筑构造、建筑设计等诸多专业领域，其出版发行具有很强的现实意义，既有助于从业者对英文语义的理解，也有助于业内形成标准化的专业用语，是一项有价值的基础建设工作。

---

① 通信栏 [J]. 建筑月刊 . 1933，1（3）：69-70.

② 渐 . 编者琐话 [J]. 建筑月刊，1936，4（8）：3.

③ 渐 . 编者琐话 [J]. 建筑月刊，1936，4（8）：3.

4.3 建筑专业知识的宣传和普及

作为新型建筑同业团体，中国建筑师学会和上海市建筑协会还在研究建筑学术、宣传和推广先进技术及材料等方面有突出贡献。《中国建筑》和《建筑月刊》作为中国建筑师学会和上海市建筑协会的宣传媒体，在宣传普及建筑专业知识方面起到主要作用，刊发了大量介绍建筑专业知识和国内外最新建筑成果的文章，既为从业人员拓展了专业视角，也向社会大众宣传和普及了建筑知识。由于中国建筑师学会和上海市建筑协会各自的行业特点不同，其宣传和普及建筑专业知识的角度各有侧重，相关内容也有差异。《中国建筑》较注重建筑理论及建筑设计原理的介绍，多从设计手法的角度结合具体案例进行阐述；《建筑月刊》则更重视建造过程中的具体问题，更关注建筑构造做法，建筑材料的性能及其应用，以及建筑经济等方面的问题。此外，《中国建筑》关于中国建筑史以及城市规划史的介绍，《建筑月刊》关于西方建筑史的介绍都颇具特色。

4.3.1 《中国建筑》的相关内容

为扩大国内建筑师群体的社会影响，中国建筑师学会充分利用《中国建筑》这一媒介大量宣传国内建筑师的设计作品，并曾以专刊形式对学会会员的作品进行重点报道。除此之外，学会还组织刊发了大量学术研究稿件。

1）建筑设计原理与建筑理论

作为学术研究与交流的平台，《中国建筑》刊登了一系列从不同角度阐述建筑设计原理的文章。如 1934 年第 2 卷第 4 期刊登了唐璞的《普通医院设计》，从医院规模的确定，院址选择及总平面设计要求，各功能部分的设计要求（包括内部办公、公共空间以及各类病区的平面尺度和布置特点等），以及后勤辅助用房设计等方面综合论述综合医院的设计要点。1935 年第 3 卷第 5 期刊登了孙克基的《产妇医院之建筑》，作者孙克基博士作为职业医师，有感于“在各处医院服务之时，常憾每个医院之建筑，殊不利于医生与监护行使医务时之举止。其初常怪建筑之人，何不与医务之人商量定计而后行也。厥后游历英美法德奥荷比诸国，观其各处医院之建筑：旧者固无医务上之便利，新者仍多缺少行使医务之观念。乃喟然曰，今世之医生，为何不与建筑家先事谈论，而告以医务上之必要也”[①]，遂在先期沟通的基础上与建筑师庄俊、黄耀伟共同完成了上海产妇医院的设计。文中从使用者的角度论述专科医院的功能特点及使用要求，其内容除涉及医院各功能空间组成及面积要求，各功能区块的相互关系，各种功能流线的组织，不同材料的使用及安全性要求外，还对门诊、病房、医技等各类功能空间的平面尺度、设备组成、设施配置，以及各类空间在采光、隔声降噪、卫生防疫、防火防灾等方面的技术要求作了详细说明，内容具体而翔实，对从业人员从事此类项目设计

① 孙克基 . 产妇医院之建筑 [J]. 中国建筑，1935，3（5）：20.

图 4-14 上海产妇医院照片
（原图载：中国建筑，1935，3（5）：29）

有重要的参考价值（图 4-14）。

又如，《中国建筑》1933 年第 1 卷第 2 期刊载了《什么是内部建筑》和《中国内部建筑几个特征》两文，专题讨论建筑内部空间设计的相关因素以及室内装修设计。前者强调建筑设计中应注重内外协调，指明内部建筑（内部空间设计）与内部装饰（文中指在已有的内部建筑中的家具配置）不同，其意义在于“使房屋内部的结构有一种特性和趣味”，其设计手法应与外部设计一样“从（一）平面（二）立面（三）结构，或材料和结构的选择三者发展出来”，“在这些步骤之中，所加入的元素应当彼此融合，使完成后的设计有一种美的性质，同时使房屋能够切合它特殊的用途”①。文中十分强调内部空间设计（包括平面布置、形状、空间界面的尺度与材料等）与空间使用功能的关系，表现出“形式追随功能”的现代主义设计思想。《中国内部建筑几个特征》一文将中国传统建筑室内设计的特征概括为以下五点：①举架。“中国建筑其全部举架之构造，可以一目了然。举架之骨干，完全有相当联络，其最要之点，即在几根垂直之立柱，与使这些立柱互相发生联络关系之梁与枋，而横梁以上之梁架，桁及椽，檩等则用以支承屋顶部分，此为中国建筑独具之特征。”②天花。“在中国建筑中，天花多饰以彩画，以收美观之效。彩绘之设施，在中国建筑中非常慎重，可使其浓淡轻重得当，并不滥用色彩，而失其庄严和谐，此为中国人有特殊之美术观念也。”③梁。“中国的匠师，因为未能计算到横梁载重的力量，只与梁高成正比例，而与梁宽的关系较小，所以梁的体积，常是过于粗大，这虽是匠师们不了然力量支持之弱点，但饰以色素，绘以文彩，非有如斯之伟大，却难以表现其庄严，而造成中国独有之画栋雕梁。”④色彩。“中国建筑，无论新建或修葺时，常加以油漆，故具一种特殊色彩。按此种色彩，可以保存木质抵制风雨之侵蚀，并可牢结各处接合关节，且能藉以表现建筑物之构造精神。每一时代，各有其不同之构造法，故其色彩之粉饰制度，亦各有不同。欲考证其建设之年代，多以此为根据。”⑤斗栱与天花接头。②除了对传统建筑室内设计的归纳总结外，文中还述及这一时期的室内设计手法，虽然建筑结构随着技术的发展产生变化，但基于传统建筑审美的需要，依然对室内天花、梁柱等构件施以彩绘粉刷，“近来中国内部建筑，天花多施以灰幕，然后再置花梁，视之则又觉庄严调谐矣，此又建筑师之别具匠心也。”③（图 4-15、图 4-16）

再如，《中国建筑》1933 年第 1 卷第 4 期刊登杨肇煇的《银行建筑之内外观》，作者除综合论述银行建筑设计要点外，其表达的设计指导思想还明确指向了“形式追随功能”的现代建筑理念。文中强调：①建筑风格的确立不要受固有传统观念的束缚。“关于银行建筑之普

① 什么是内部建筑 [J]. 中国建筑，1933，1（2）：16.
② 中国内部建筑几个特征 [J]. 中国建筑，1933，1（2）：10.
③ 中国内部建筑几个特征 [J]. 中国建筑，1933，1（2）：13.

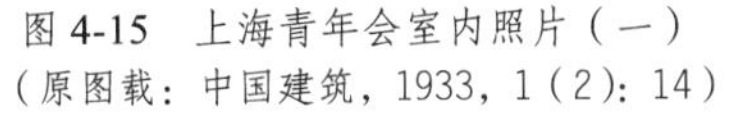
图 4-15　上海青年会室内照片（一）
（原图载：中国建筑，1933，1（2）：14）

图 4-16　上海青年会室内照片（二）
（原图载：中国建筑，1933，1（2）：15）

通见地，有使人难于了解者：即无论建筑师或外行，均存一坚决之意见；谓须照古典上之作风计划之。罗马与希腊建筑之格调，诚能无疑的将银行之特质，如坚固诚实等，明显表出；但就另一方面观看，因有异国之联想，遂觉此类建筑绝对不能表出二十世纪之新精神。故在今日我国，若仍沿用此一种类，殊属不宜也。最困难者，有一不幸而盛行之趋势：系将某种作风与时间，附会于某类建筑（如学校银行等）；而不系属于建筑历史中之某一时代。所以作风备受拘束；而建筑上之创造能力，因亦缺少发展之机会矣。”[①] ②在平面设计中强调功能要求决定设计内容。“当计划银行房屋之时，建筑师必须明了此类特别建筑，系为何用？其所特别需要者，系在何处？故银行中之一切布置，应与其所特别需要者，互相吻合也。犹有进者，银行各有其单独做法；此做法又各有一范围。故房屋设计更应依其单独做法之范围；而使其施行职务时，既可以发生效率，又可以适合经济也。”[②] ③以材料选择为例，强调设计要符合个体的独特性要求，不要盲目套用标准化的手法。“此诸种材料所取之形态，不应因其为供作银行设计之元素而决；然须以某一特种银行所须具之单独特质为准。此说也，可使顾客深信计划之作风，应取决于与当地有关之历史习惯。独立特出之性，实较重于普遍性……要之，标准化之建筑计划，犹之人生其他途径，徒然掩蔽个性之发展而已。必也将此种固陋观念推翻，然后建筑可期进步。”[③] ④建筑风格的选择应是多样的，只要适应功能的特殊要求和气质即可。“现代银行房屋建筑师之大问题为何？即向顾客开陈，使之了然，无一种建筑作风，定能较他一种更为合宜于银行房屋之设计，是也。外部之计划，亦若内部计划，必须显示房屋之用途；并须表明其所容纳之特殊机关之性质。所以任何房屋设计，无论系包含古旧之美国式，或英国式，或意国式，甚或完全为现代之思想，倘能适合实用，未有不臻于发展之途者。”[④]上述设计理念的表述，明显表达了作者的功能主义、实用主义设计思想。

除了关于设计原理的文章之外，《中国建筑》还刊发了许多建筑理论研究文章，从中可以看出西方建筑思潮影响下的中国建筑师对于建筑的理论思考。在缺乏职业建筑师传统的近代中国社会，作为新兴职业群体的建筑师亟需面对的是帮助大众了解“建筑的意义”、“建筑

① 杨肇煇．银行建筑之内外观 [J]. 中国建筑，1933，1（4）：1-2.
② 杨肇煇．银行建筑之内外观 [J]. 中国建筑，1933，1（4）：2.
③ 杨肇煇．银行建筑之内外观 [J]. 中国建筑，1933，1（4）：3.
④ 杨肇煇．银行建筑之内外观 [J]. 中国建筑，1933，1（4）：3.

师的价值”，以及“怎样评价一个建筑”等基本问题。关于此类问题的论述有梁思成的《祝东北大学建筑系第一班毕业生》，张志刚的《吾人对于建筑事业应有之认识》等。张文认为建筑的意义重大，“尝考各国建筑之作风，恒受气候地理历史政治宗教之影响，故由建筑作风之趋向，每每可知其国势之兴替，文化之昌落，他如民气风俗物产等，亦可随之查得无遗。是以建筑事业，极为重要，不特直接关系个人幸福；亦且间接关系民族盛衰”。[①]文中针对社会上将建筑混淆于结构工程或美术图案的错误认识，详尽而清晰地论述了建筑师的重要价值，“是故结构形态，及配合色彩，非仅能使身体感觉舒畅，更能使心理上享受无穷之安慰焉。此实非只习构造工程一门者所能尽为之也。顾建筑究由物质所构造，材料所集成，一须有精密之计划，及复杂之结构；二须随处适合地理地质之情形，乃可保障生命之安全；增进物质之经济，此又非只习美术一门者所能完全胜任也。犹有进者，各国有文化之起落，政治之变迁，宗教历史之不同，地理地质之互异，一一皆有关于建筑之作风，一一皆应由建筑之作风表示之，是又不能不注意于建筑物须有之个别之需要（Requirement）及特有之设备（Equipment）矣。且也每一建筑物应表示其特质（Character），否则纵坚固矣，美观矣，倘若东西掺杂，形色失调，即将乖其性质，失其效用，实非建筑之其义也。他若建筑房屋之布置（Arrangement）、组合（Composition）、地位（Location）、方向（Exposure），更须有高深之研究，作精密之进行。至于卫生工程之设施，都市计划之设计，亦在在有关于建筑，此又非只习构造工程或美术图案者所能一一胜任也；能胜任者，惟有今之所谓建筑师，亦惟有建筑师能发挥建筑之真义。”[②]对建筑基本准则的认识，作者明显受西方经典建筑理论的影响，认为建筑的真谛在于效用、坚固与美观三要素。文中十分强调效用的重要性，“所谓效用者，能适合生活之需要，完成房屋之功用，及便利民生之改善是也。各种房屋之特性不同，需要不同，地位变更，计划即异……建筑师均应查其需用，考其环境，而后完成之，以使其发生效用始可。所谓效用者，必须注意需要、便利、节省、舒适四点。需要（Requirement）者何？即规定各种建筑物所需要之房间，及其应有之设备（Equipment），与定其大小高低方向环境等，然后方能计其便利。便利及直接（Convenience & Direct）者何？即房屋之布置，使之有主有宾，以示轻重；有干有枝，以相连络，无穿越跋涉之劳，有往来直接之利，然后方可谈时间经济。节省者何？即设计时，注意于地位之节省（Economy），毋过大而浪费；毋过小而不适，务使一隅一尺之地，尽为有益之用，舒适（Comfort）者何？即一切之设计，须使身体享受适意，心灵感受愉快，光线应充足，空气应流通。以上四者，苟缺其一，效用即失，非特经济受损失，人类幸福亦将减少矣，故欲建筑合理，首当使之发生效用也。”[③]

20 世纪 20~30 年代，现代建筑运动的影响也逐渐波及中国建筑界。何立蒸在 1934 年发表了《现代建筑概述》，文中认为现代建筑的产生是源于产业革命以后社会需求的巨大变化，以及科学技术发展带来的结构技术和建筑材料的巨大变革，是新需求、新技术、新材料共同作用的结果。正如作者所言：“产业革命以后，社会组织根本变迁，新需要至为迫切；同时工业上之锐进，新式建筑材料，如钢铁，水泥等相继发明，在此种种具备之条件下，新建筑乃正式诞生。”[④]在概述了新艺术运动、维也纳学派以及芝加哥学派等国外建筑思潮的发展状况及主要特点之后，文中重点介绍了以包豪斯为代表的当时所谓急进派运动（Ultra Modern）的现代主义思潮。作者认为现代主义思潮的核心观念是：“彼等之中心主义即为实用，故又有所谓功能

---

① 张志刚 . 吾人对于建筑事业应有之认识 [J]. 中国建筑，1933，1（4）：35.

② 张志刚 . 吾人对于建筑事业应有之认识 [J]. 中国建筑，1933，1（4）：35.

③ 张志刚 . 吾人对于建筑事业应有之认识 [J]. 中国建筑，1933，1（4）：36.

④ 何立蒸 . 现代建筑概述 [J]. 中国建筑，1934，2（8）：45-46.

主义者（functionalism），彼等承认实用者无不美，未有实于用而不美于形者……彼等摒除国家观念而探求统一之形式，至有称为国际式（Internationalism）者。”[①]针对当时业界对此急进派运动（尤其是对摒除国家观念而提倡国际式）的置疑，作者认为：“现今世界交通发达，文化之传播至为迅速，各民族间之接触较昔日之机会为多，故国际间同一式样建筑之产生，实有其必然性在焉。且建筑式样之决定乃以其结构方法为主要。今日之钢骨与混凝土结构，已普遍采用，则其结果更多相同一之处矣。但地理环境对于建筑之影响亦不能蔑视，各地气候地质之不同，将使建筑物成一特殊形式，亦殊可能也。”[②]从这一观点可以看出，作者对建筑的发展趋势有着较为清醒而全面的认知，不但已超越单纯的形式层面而指向更本质的技术层面，而且还兼顾到地理环境等外界基础要素对建筑设计的影响。此外，石麟炳在《建筑循环论》[③]中对于各种建筑形制演进更替的理论探讨，庄俊在《建筑之式样》[④]中对于当时上海流行摩登式建筑的内在原因的深入剖析，以及陆谦受、吴景奇在《我们的主张》[⑤]一文中对中国建筑未来走向所提出的四点主张等建筑理论研究，也使业界和社会受众在及时了解国际建筑界动态的同时，能够从更全面的视角理解和看待各种建筑思潮的发展变化，有助于引导社会大众对建筑和建筑师职业的认识。

2）中国建筑史与城市规划

记录和宣传中国传统建筑文化的精髓是中国建筑师学会举办《中国建筑》的宗旨之一，在与美国的 Architecture 和 Architectural Forum 杂志实行刊物交流后，更加强了从不同角度对中国传统建筑文化的研究和介绍。如 1934 年第 2 卷第 2 期至 1934 年第 2 卷第 6 期连载了孙宗文的《中国历代宗教建筑艺术的鸟瞰》，内容包括绪论；宗教未传入以前的中国建筑，混交时代中国宗教建筑艺术之奇迹，佛教建筑的黄金时代，石窟建筑艺术的奇迹，道教建筑之勃兴，佛教建筑的衰落，宗教建筑艺术作风的转变以及结论等诸多章节，对于中国古代宗教建筑的缘起、类别、发展变化、重要实例，以及产生这些变化的文化政治背景等作了详尽的分析和阐述。又如戴志昂的《洛阳白马寺记略》，除记述该建筑造型特点及内部造像的艺术价值外，还提出保护修葺古代建筑应该秉持“不在墙破补墙，梁断换梁；而在注意于复古而不失其真，采新而不碍于全体之调合”[⑥]的设计理念。再如朱枕木的《中国古代建筑装饰之雕与画》[⑦]和杨哲明的《明堂建筑略考》[⑧]，前者详细介绍了传统建筑中雕梁画栋的各种工艺，包括雕饰的不同等级与相应图案内容、画饰的图案内容、材料、色彩及搭配方式等；后者通过对《礼记》、《考工记》、《三礼图》、《说文》等历史文献的分析对比，对传统建筑中“明堂”建筑方式和历代名称的演变作了详细考据，此类研究皆从细微处入手，对传统建筑文化的传承有重要的史料价值。

---

① 何立蒸 . 现代建筑概述 [J]. 中国建筑，1934，2（8）：47.

② 何立蒸 . 现代建筑概述 [J]. 中国建筑，1934，2（8）：48.

③ 麟炳 . 建筑循环论 [J]. 中国建筑，1934，2（3）：1-2.

④ 庄俊 . 建筑之式样 [J]. 中国建筑，1935，3（5）：1-3.

⑤ 陆谦受，吴景奇 . 我们的主张 [J]. 中国建筑，1936，（26）：55-56。作者对其四点主张的具体阐述为：①不能离开实用的需要，就是说：建筑要能满足我们特别的需要。譬如一间戏院，就要能够使我们舒舒服服地看到演员的动作，听到歌唱的声音。②不能离开时代的背景，就是说：建筑要能充分地显出我们这一个时代进化的特点，不要开倒车，使人家怀疑着现在是唐还是宋。③不能离开美术的原理，就是说：建筑的结构，颜色，形势，都要合乎美术的原理。不要因为标新立异，就不顾一切的将奇形怪状的东西都弄出来。④不能离开文化的精神，就是说：建筑要能代表我们自己文化的精神。不要把中国的城市，都变成了欧美的城市 .

⑥ 戴志昂 . 洛阳白马寺记略 [J]. 中国建筑，1933，1（5）：37.

⑦ 朱枕木 . 中国古代建筑装饰之雕与画 [J]. 中国建筑，1934，2（1）：55-56.

⑧ 杨哲明 . 明堂建筑略考 [J]. 中国建筑，1935，3（2）：57-60.

除中国建筑史研究外，有关城市规划的理论研究也有所介绍。如1934年第2卷第9-10期至1935年第3卷第3期分4期连载了卢毓骏的《实用简要城市计划学》，除介绍城市规划的前期调研、测绘方法和手段、城市发展的要素、规律及可能的发展趋势等内容外，还介绍了勒柯布西耶"光辉城市"的设计理念。值得注意的是，作者在当时即已有人口集聚势必导致城市向空中发展的结论："迄今之大都市建筑已久阅世纪，不能适应现代生活与现代交通，即就道路状况而言，更难容纳此自城市向来之人潮。执政者恐因徇时代之要求，以应付困难问题，势必趋于建筑竖向之城市。向空发展之城市，所有不卫生之区将代以冲霄厦。此新市中心将较现市中心可容四倍五倍乃至十倍住民之多，吾觉大都市向心之现象将来临不远。现代之城市计划家不可不审。"① 又如刘大本的《都市计划之概念》较为详细地介绍了城市规划的概念、分类、基本要素及其相互关系等问题，并就如何进行城市规划提出了具体的设计步骤和注意事项。②

3）中国现代高等建筑教育

宣传国内大学建筑专业的教学成果，推动国内建筑教育发展是中国建筑师学会举办刊物的宗旨之一，这既有利于推动国内建筑教育的发展，也有利于本国建筑师群体社会影响的提升。《中国建筑》主要关注当时中央大学建筑系和东北大学建筑系的教学成果，自1932年创刊号至1935年第3卷第4期连续用大量篇幅刊登两校建筑系的学生设计作业，其中不乏张镈、张开济、唐璞、徐中、孙增蕃等知名建筑师求学期间的设计作业（图4-17、图4-18）。由于近代中国高等建筑教育起步较晚，其社会影响力的提升既有赖于学校师生的不懈努力，也离不开业界同仁的鼎力支持。中国建筑师学会作为建筑师群体的代表，其成员中既有活跃于生产一线的建筑师，也包括近代中国的建筑教育家。因此，关注并推动中国高等建筑教育的发展是学会培养专业人才，扩大新兴建筑师群体社会影响的必然选择。

图4-17　中央大学建筑系张镈设计作业天文台立面图（四年级）（原图载：中国建筑，1934，2（8）：36）

图4-18　东北大学建筑系马峻德设计作业名人纪念堂立面图（四年级）（原图载：中国建筑，1933，1（1）：32）

4.3.2　《建筑月刊》的相关内容

作为上海市建筑协会的传播媒介，《建筑月刊》十分关注建筑建造过程中的具体问题，尤其关注建筑施工的常见问题，刊载了许多建筑构造、建筑施工技术、建筑材料，以及建筑

① 卢毓骏．实用简要城市计划学（续）[J]. 中国建筑，1935，3（1）：34-35.

② 参见刘大本．都市计划之概念 [J]. 中国建筑，1935，3（1）：45-51.

经济等方面的知识。这不仅有助于业内人士的经验交流和知识补缺，也为社会公众（特别是业主）提供了了解建筑业的信息渠道。此外，《建筑月刊》刊登的关于西方建筑史的长篇连载和西方古典柱式的详细图解，也为从业人员和社会公众了解西方建筑提供了宝贵的资料。值得一提的是，作为杂志主编的杜彦耿在刊物普及建筑专业知识方面做了很多工作。

1）建筑构造与建筑经济

关于建筑构造知识的介绍主要体现于杜彦耿编写的长篇连载《营造学》，该文自 1935 年第 3 卷第 2 期开始连载，至 1937 年第 5 卷第 1 期杂志停刊止，连续刊登两年 22 期从未间断，“营造学”内容丰富，包括实际工程中常见的砖作、石作、混凝土、木作等工程做法，具有很高的参考价值（表 4–5）。

《营造学》各章节内容一览表　　表 4–5

章	节	内容概要	年月、期数、起止页
第 1 章	第 1 节 建筑工业	建筑工业的基本概念及其与社会其他方面的关系概述	1935,3(2):37–39
	第 2 节 建筑分类	各种建筑类别概述	1935,3(3):21–28
	第 3 节 建筑制图	对于规范建筑制图标准、制图器具、图案图例、比例尺等一系列基本问题做出说明	1935,3(3):21–28
第 2 章	第 1 节 瓦砖	传统制砖方法、手工制砖流程、机器制砖工艺	1935,3(4):23–27
	第 2 节 砖作工程	各种砌砖的工艺和辅料介绍	1935,3(5):17–25
		砖的各种砌法及辅助用器具	1935,3(6):19–25
		砖基础及防水、防潮构造做法	1935,3(7):13–18
		防潮做法、砖拱做法	1935,3(8):30–32
		各种砖拱：尖券与圆拱的砌筑方法	1935,3(9-10):44–46
		各种砖拱：尖券与圆拱的砌筑方法以及其他材料过梁的做法	1935,3(11-12):22–25
		灰缝、铺地、应用工具介绍	1936,4(1):42–50
第 2 章	第 3 节 空心砖	空心砖综述	1936,4(1):42–50
第 3 章	第 1 节 石作工程	石作工程综述	1936,4(2):31–37
		各种石材之立面装饰做法	1936,4(3):37–40
		各种石墙砌筑方法	1936,4(4):19–24
		石材连接方式及构造做法	1936,4(5):32–38
		石材构造做法及制石机械的介绍	1936,4(6):25–31
第 4 章	第 1 节 墩子及大料	各种材料之梁、柱做法	1936,4(7):35–40
		各种材料之梁、柱做法	1936,4(8):36–40
第 5 章 木工之镶接		木材的力学性能和连接方式	1936,4(9):31–37
		介绍各种钉子	1936,4(10):41–46
第 6 章 楼板		楼板定义、分类及英美、南京、上海有关楼板荷载的规定	1936.4(11):31–35
		各种楼板构造措施	1936.4(12):29–34
		各种楼板构造措施	1937.5(1):71–76
第 7 章 分间墙		介绍各种材料分间墙的特点和构造要求	1937.5(1):71–76

注：本表根据《建筑月刊》各期连载的《营造学》编制。

当时国内建筑方面的参考书籍十分缺乏，且多为西文译稿，教学领域也是如此，“一般高级专门学校，咸用西文课本，尤以土木与建筑两课为最”。由于西文书籍所载内容在建筑工程机械、建筑材料等方面与中国工程实践的具体情况有许多差异，实际运用时遇到不少问题。杜彦耿从事营造业的经历使之在20世纪10年代就萌发编著“营造学”的念头，由于自觉能力和经验不足未能付诸行动。“迨建筑协会设立，继以建筑月刊问世，余乃先将初步工作——建筑辞典，逐期发表于月刊。盖‘营造学’书内，建筑名词繁多，我国建筑名词之不一致，为统一名词计，为编著本书计，此余不得不先从事于建筑辞典之编著也。现在辞典行将出版，名词既经统一，‘营造学’亦得从事编著矣。”①杜彦耿认为科技书刊的内容必须切合现实需求，注重内容的实用性和有效性，凭借其营造业的知识背景和上海市建筑协会委员的信息网络，归纳总结了大量实际操作方面的知识，使该书内容尽可能与现实需求接轨。

为满足营造业者和社会公众了解建筑材料性能、价格以及具体工料计算方法、单价等建筑经济问题的需要，《建筑月刊》还刊登了《工程估价》、“建筑材料价目表”以及“建筑工价表”等长篇连载专栏。《工程估价》由杜彦耿编写，按期连载于《建筑月刊》，自1932年创刊号开始至1935年第3卷第4期止共刊载24期。与《营造学》类似，作者将此书视为建筑商、营造商、建筑材料商及其他职业学校的参考用书，因此十分重视内容的实用性和时效性。《工程估价》详细介绍了当时建筑施工各类人员的工价标准及其计算方式，分类总结不同材料和不同工种的施工技术要点，介绍各种建筑材料的分类及性能。作者在序言中指出，由于建筑材料及人员工价存在着市场波动，故书中所述价格仅作参考之用（表4-6）。“建筑工价表”专栏自《建筑月刊》1933年第1卷第4期至1933年第1卷第12期共连载8期，论述当时上海建筑施工各类人工费的计价标准，包括各类砖墙砌筑、土方挖掘、饰面工程、屋面铺设、钢筋绑扎、水泥浇捣等方面的内容，为营造业估算人工费用提供了参考资料。

《工程估价》各节内容一览表 **表4-6**

节	内容概要	年月、期数、起止页
绪言	作者自述	1932,1(1):21-24
第一节 开掘土方	各种土方工程的人员工价及计算方式	1932,1(1):21-24
第二节 水泥三合土工程	水泥三合土工程的技术标准、技术措施、人员工价计算，以及材料性能和要求	1932,1(1):21-24
	水泥三合土工程有关材料性能及用量计算等内容。	1932,1(1):21-24
第三节 砖墙工程	砖的种类、规格等技术参数	1932,1(2):13-18
	各类砖的技术参数及人员工价	1933,1(3):37-40
	空心砖的技术参数、技术措施及人员工价	1933,1(4):11-15
	面砖的技术参数、技术措施及人员工价	1933,1(5):29-32
第四节 石作工程	介绍建筑用石的种类，焦山苏石和香港石的特性、价格、运输情况	1933,1(6):35-37
	简介各种花岗石、大理石等石材的产地及应用特性、价格、运输情况	1933,1(7):43-46
	介绍两种石作工艺，斩假石和卢石（美国发明的Rostone）	1933,1(8):22-24

① 杜彦耿．营造学[J].建筑月刊，1935，3（2）：37.

续表

节	内容概要	年月、期数、起止页
第五节 木作工程	介绍木匠种类、基本概念及基本材料特性，详细介绍木料的种类、特性、价格及用途，附材料力学性能表	1933,1(9-10):3-4, 104-109
	普通洋松的应用范围及工料计算	1933,1(11):57-58
	屋顶做法及工料计算	1933,1(12):3-4,27-31
	楼板、装修工程、门窗	1934,2(1):78-81
	手工制作之洋门，材料表及价格	1934,2(2):47-54
	详解各类木门，材料表及价格	1934,2(3):40-45
	介绍钢窗做法、价格	1934,2(5):50-54
第六节 五金工程	将金属分为实金属与片金属两类，分别介绍技术参数	1934,2(7):46-49
	铁门、铁栏杆的估价	1934,2(8):32-35
	混凝土所用钢筋的重量数据	1934,2(9):48-51
	工字钢计算数据	1934,2(10):27-29
	白铁皮的介绍	1934,2(11-12):58-63
第七节 屋面工程	屋面工程综述	1934,2(11-12):58-63
第八节 粉刷工程	粉刷工程综述、分类及价格	1934,2(11-12):58-63
第九节 油漆工程	油漆工程综述、分类及价格	1935,3(1):55-60
第十节 管子工程	水、气等管道工程综述、分类及价格	1935,3(1):55-60
第十一节 杂项	钉子、玻璃等的型号、价格	1935,3(2):21-25
整体造价估算	以一幢建筑的完整估算为例，附全部建筑估价表	1935,3(3):44-49
	工程估价总额单	1935,3(4):36-37

注：本表根据《建筑月刊》各期连载的《工程估价》编制。

2）西方建筑史与西方建筑形制

长篇连载专栏《建筑史》和《各种建筑形式》是《建筑月刊》介绍西方建筑的重要举措。由杜彦耿翻译的《建筑史》一文，自《建筑月刊》1935 年第 3 卷第 7 期至 1937 年第 5 卷第 1 期杂志停刊止共连载 17 期，内容包括：总纲、埃及建筑、西亚建筑、波斯建筑、希腊建筑、罗马建筑、早期基督教建筑、卑祥丁建筑、中古时代建筑、回教建筑、罗马师刻式建筑、德意志罗马斯克建筑，以及建筑则例、建筑详解等。

《各种建筑形式》专栏自《建筑月刊》1935 年第 3 卷第 8 期至 1936 年第 4 卷第 11 期止共连载 13 期，对各种西方古典柱式和经典建筑形制作了详细图解，可帮助设计人员应用于实际工程。正如编者所言：“设计建筑图样，全部小样尚觉不甚费事，而于建筑物每一部分之详图（或称大样），实不易措手。盖因一线之差，即失协调，遂使一部分建筑物陷于未臻美善之境，可不慎欤！本刊有鉴及此，故有详图之辑，以供读者参考”①。

---

① 各种建筑形式 [J]. 建筑月刊，1935，3（9-10）：14.

4.4 建筑职业教育的推行

近代中国传统营建体系逐渐转化为现代建筑营建体系，现代建筑专门人才的培养是这一转化过程的关键性环节。新兴的建筑师职业群体和转型中的营造业群体都需要大量补充受过专门培训的各类新型人才。20 世纪 30 年代，中国的高等建筑教育仍属稀缺资源，培养人才的数量很少，1932 年国内建筑院系毕业生 16 人（其中中央大学 2 人，北平艺术学院 5 人，东北大学 9 人），1933 年毕业生 11 人（其中中央大学 3 人，东北大学 8 人）[①]。除高等建筑教育外，亟需发展建筑职业教育，培养建筑业大量需求的中低端职业技术人才，这已经成为业内有识之士的共识。除上海市建筑协会创办的“正基建筑工业补习学校”，中国建筑师学会与沪江大学商学院合办的“沪江大学商学院建筑科”外，部分企业家或建筑事务所也有所贡献。如上海华盖建筑事务所即附设夜校，专门培养建筑设计人员；[②] 馥记营造厂陶桂林于 1929 年创办南通吕四私立初级工科职业学校，学制 4 年，1933 年第一届毕业生到上海实习，得到上海市建筑协会的大力支持。该校办学方针为工读并重，培养学生理论与实践的综合能力，颇得南通教育界的重视[③]。

4.4.1 正基建筑工业补习学校

针对当时“建筑工场中，从事于中下层工作者，其日常应付本能，泰半得诸实地工作中所换得之经验，知其然而不知其所以然，未能以学理辅助经验之不足”[④] 的现状，上海市建筑协会自成立之初就将“提倡职工教育，革进匠工心灵”作为协会工作的重点，希望通过职业教育培养适应实践需要的新型建筑人才。协会对职业教育的定位是“其科目不期高深，但务实践，俾此辈工作人员所受得之学理不悖于经验，经验有恃乎学理，两相为用，以增高工作上之效率”[⑤]。基于这一目标，协会在尚处于筹办时期的 1930 年秋就创设了“上海市建筑协会附设职业补习夜校”，是当时上海唯一的建筑工业夜校，1932 年 10 月在上海市民训会、教育局正式申请登记注册，其后于 1933 年 4 月根据政府要求更名为“正基建筑工业补习学校”（以下简称“正基学校”）。

成立之初，“正基学校”的校址位于上海市九江路十九号会所内，该校址由“泰康行”免费赞助，该行经理即为时任上海市建筑协会执行委员兼该校校长的汤景贤。该校办学初期条件较为简陋，教具设备仅桌椅若干，学生只 20 余人，教职员则多由协会职员兼任。1932 年底，学校迁入牯岭路长沙路口 18 号新校舍后，积极扩充设备、发展校务，全校四个年级共 75 名学生，教职工 12 人（其中教员 9 人，职员 3 人）。学校将办学宗旨定为“利用业余时间，以启示

① 麟炳 . 中国建筑 [J]. 中国建筑，1933，1（1）：31.
② 中国建筑，1934，2（2）：38.
③ 建筑界消息 [J]. 建筑月刊，1933，1（8）：42.
④ 附录上海市建筑协会成立大会宣言 [J]. 建筑月刊，1934，2（4）：27.
⑤ 附录上海市建筑协会成立大会宣言 [J]. 建筑月刊，1934，2（4）：27.

实践之教授方法灌输入学者以切于解决生活之建筑学识”，[①]以“学理与实验并重”为课程设置原则，通过严格招生要求和延聘专家讲学的方式提升办学水平，如聘请江绍英（唐山交大毕业，时任工部局工程师）担任材料力学教师，聘请上海市建筑协会常委陶桂林（馥记营造厂厂主）及会员贺敬第（昌升营造厂经理）等业内专家每周到校演讲，使学生了解建筑施工的实际经验。1934 年，“正基学校”已发展为拥有两个校区（一个位于牯岭路长沙路口 18 号原址，另一个位于牯岭路南阳里 12 号），在校六个年级学生达百余名，教职员 14 人。各年级开设课程共 20 余种，理化仪器、测量器械、制图桌板、建筑图书等教学设备亦基本具备。

“正基学校”作为上海市建筑协会附设的补习学校，组织管理较为正规，协会专门设有“夜校校务委员会”以加强对学校事务的领导，协会常委贺敬第、应兴华，执委姚长安等都曾担任校务委员。学校共设教务、注册、训育、总务等 4 个职能机构，另设秘书 1 人，协助校长筹划校务改进事宜。学校教学教务的组织管理已趋成熟，各部门分工较为明确：教务处负责审定开设课程、查核学生成绩及其他教务事宜；注册处负责编排课表，保管学生成绩，主持招生等事宜；训育处负责主持学生惩奖事项，特别注重学生缺课情况调查；凡不属上述三处的职务（如会计、杂务等）则由总务处负责管理。上述四处职员除总务一人外均由教员兼任，以节约办学经费，提高办事效率。

学校十分重视师资力量建设。校长汤景贤毕业于南洋路矿学校土木科，曾任开浚黄浦江工程总局工程师、美商茂生洋行建筑材料部经理，参加过该洋行在全国各地及新加坡的一批房屋、铁路、桥梁、公路工程建设，积累了丰富的经验。由其创立的“泰康行”不但提供工程结构设计服务，而且在中国最早生产钢窗。汤景贤还是 20 世纪 30 年代营造家中为数不多的实业部注册土木科工业技师之一。学校教师阵容亦强，据记载，1933 年度在该校担任教学教务工作的有：协会执委、著名营造家、江裕记营造厂厂主江长庚任营造学教授；陈昌贤（曾任东南大学土木工程系教授）讲授工程地质学和工程制图；协会执委、著名营造家贺敬第讲授工程估价；唐山交通大学毕业，时任工部局工程师的江绍英讲授材料力学；协会常委、《建筑月刊》主编杜彦耿讲授营造学和英文。除专业课外，其他课程也由资深教师负责，如叶敬梁讲授数学，谈紫电讲授国文，朱友仁担任理科教授，胡允昌担任英文教授等。[②]由于教员文化素质高，又多出身业内，使“正基学校”师资队伍呈现正规化、专业化特征，从而使学校的教学质量得到保障（图 4–19）。

谈紫电（国文教授） 陈昌贤（工程地质学）（工程画教授） 贺敬第（本会执委兼）（工程估价教授） 叶敬梁（数学教授） 江长庚（本会执委兼）（营造学教授） 杜彦耿（本会常委）
胡允昌（英文教授） 朱友仁（理科教授） 汤景贤（本会执委）（兼 校 长） 袁宗耀（教 务 长） 江绍英（材料力学教授）

图 4–19 1933 年“正基学校”教职员照片，前排左起为胡允昌、朱友仁、汤景贤、袁耀宗、江绍英，后排左起为谈紫电、陈昌贤、贺敬第、叶敬梁、江长庚、杜彦耿（原图载：建筑月刊，1933，1（3）：67）

1934 年，“正基学校”的学制有所调整，设初级、高级二部，每部各修业 3 年，修业年限共计 6 年。初级部教授中文、英文、数学以及理化等基础课程，为升入高级部深造作准备。由于当时人们普遍认为数学是工科教育的

① 建筑月刊，1933，1（8）：广告．
② 建筑界消息 [J]. 建筑月刊，1933，1（3）：67.

基础，所以学校对数理课程教学尤其重视。初级部三年学制中数学类课程（包括算术、代数、几何、三角、解析几何）占总课时数的50%。此外，由于当时国内建筑业英文的应用十分普遍，所以英文课程也达到总课时数的26%左右。学校高级部所授课程则以切合实际应用为目标，其程度与大学工科接近，因此对入学资格要求较为严格（表4-7、表4-8）。

1934年“正基建筑工业补习学校”各年级入学资格要求　　表4-7

年级	入学资格要求
初级一年级	须在高级小学毕业，或具同等学力者
初级二年级	须在初级中学肄业，或具同等学力者
初级三年级	须在初级中学毕业，或具同等学力者
高级一年级	须在高级中学工科肄业，或具同等学力者
高级二年级	须在高级中学工科毕业，或具同等学力者
高级三年级	照章概不招考新生或插班生

注：本表根据建筑月刊1934年第2卷第10期第43页汤景贤《正基建筑工业补习学校概况》编制。

1934年“正基建筑工业补习学校”各年级课程设置一览表　　表4-8

初级一年级		初级二年级		初级三年级		高级一年级		高级二年级		高级三年级	
第一学期每周课程及课时数	第二学期每周课程及课时数	第一学期每周课程及课时数	第二学期每周课程及课时数	第一学期每周课程及课时数	第二学期每周课程及课时数	第一学期每周课程及课时数	第二学期每周课程及课时数	第一学期每周课程及课时数	第二学期每周课程及课时数	第一学期每周课程及课时数	第二学期每周课程及课时数
国文3	国文3	国文2	国文1	英文3	英文2	物理4	物理4	应用力学6	材料力学8	结构力学6	结构计划4
英文4	英文4	英文3	英文3	化学4	化学4	微积分4	微积分4	机械画4	测量学4	钢筋混凝土6	钢筋混凝土计划4
算术5	算术5	代数7	几何8	三角5	解析几何6	商业英文4	商业英文4	房屋建筑2			建筑规程4

注：本表根据《建筑月刊》1934年第2卷第10期第44页相关内容整理。

根据以上要求可以看出，“正基学校”初级二、三年级教学程度实际上相当于高中水准，而高级部则类似于大专学校的招生要求，所以该校实际上属高中—大专一贯制学校。由于高级部程度较高，投考困难，所以经常出现初级部学生人数过剩，高级部学生人数缺乏的情况，如1934年第二学期高级部二、三年级学生人数仅11人，但仍照常开课。

该校创立之初各年级课程设置名目繁多，鉴于这种课程设置更适用于全日制学校，并不符合业余补习夜校的实际情况，遂根据历年办学经验和学生日后工作的实际需要调整课程设置，将各年级课程按照学制要求分段归类设置，如高级部一年级学习微积分与物理课程，是二、三年级学习三大力学的基础课程。学校虽以培养施工技术人员为主，课程设置中亦涉及建筑学领域的课程，如房屋建筑、建筑规程等。由于当时国内中文建筑教材缺乏，所以不得不采用英文原版书籍，而英文原版工程书籍缺乏中等程度者，故该校高级部教材书籍几乎与国内各大学的工科教材相同。

学校办学经费主要源于学费收入，不足部分由协会、学校校长以及热心人士筹措补充。该校初级部学生每学期学费20元，高级部学生26元，初、高级部学生如系上海市建筑协会会员子弟或学徒，经会员书面证明后可减免学费 4 元，收费标准与当时其他夜校相当。由于学校教学设备和要求与一般夜校不同，专科教员每小时工资待遇与大学教授相差无几，因此经费支出很大。以 1932 年秋至 1934 年春的经费收支为例，学费收入为 7400 元，仅相当于教员薪金及学校房租两项支出，其他支出经费均需另外筹措。在缺乏政府经费支持的情况下，协会及业内有识之士经济上的扶持是学校办学的经济基础。

学校自创设之初即秉持重质轻量，宁缺毋滥的办学宗旨，对于学生日常教学管理有严格规定，学生因成绩不良而遭降级或退学者并不鲜见。如 1934 年春学期，该校各年级学生因数学成绩不良，或因缺乏兴趣等原因而降级或退学者不下 30 余人，而缺课时数超过上课时间的 1/4，按规定不准参加期末考试者亦不在少数。学生入学资格秉持宁缺毋滥的原则，无论有无毕业证书及介绍函件，均须经过严格考核，入学考试科目包括: 国文、英文、算术（初一）、代数（初二）、几何（初三）、三角（高一、高二）、自然科学（初二、初三），投考高级一、二年级者还须加试建筑专业课程（表 4–9）。

1930~1934 年“正基建筑工业补习学校”招生情况一览表　　　　表 4–9

年份 / 年级人数	1930	1931		1932		1933		1934	
	秋季	春季	秋季	春季	秋季	春季	秋季	春季	秋季
初级一年级	5	23	14	因战乱停办半载	24	42	28	44	31
初级二年级	8	19	19		26	30	31	26	26
初级三年级	9	7	8		4	5	26	20	18
高级一年级			12		16	12	10	10	15
高级二年级							16	11	4
高级三年级									7
总计	22	49	53		70	89	111	111	101

注：本表根据《建筑月刊》1934 年第 2 卷第 10 期第 45 页资料编制。

该校学生中年龄最小者 15 岁，最大者二十七八岁不等，其中就职于营造厂、建筑公司、打样间等建筑企业者约占学生总数的 80%，其余为从商或供职于其他行业而准备进入建筑界者。约 50% 的学生由所属营造厂厂主或公司经理提供学习费用，其余多为自费。学生大多利用夜间业余时间学习，哪怕远在浦东、江湾、高昌庙、虹桥飞机场等处，亦于每日下午 6 时工作完毕后即赶到学校上课。由于学校办学正规，师资力量较强，招生及日常教学管理严格，学生积极进取，故育才成果较佳。该校办学历时 7 年，共有 3 届 50 多位学员毕业，在营造界发挥了重要作用。学员中有工作经历者理论知识有进一步提高，初学者也打下了坚实的文化与专业基础。抗战时期，该校首届毕业生刘家声设计了由南华营造厂在昆明兴建的兴文银行项目，“馥记”练习生潘志浩毕业后曾负责指挥南昌中正桥、上海公和祥码头、潼关风陵渡黄河大桥等重大工程施工，新亨营造厂专职估价员洪元凯、六合营造厂技师胡仲贤、陈安等人皆为该校毕业生。1934 年夏，该校应南京参谋本部城塞组要塞筑城技术训练班邀请，曾保送朱光明、杜骏熊、沈耀祖等学生前往学习，该批学生训练成绩良好，并于半年后被派至全国各处要塞参加工作。

由于“正基学校”的六年学制与上海市教育局颁布的“补习学校修业年限至多四年”的规定不符， 1936 年经校务委员会（当时委员为陈松龄、应兴华、姚长安、贺敬第、汤景贤）议决并呈准上海市教育局备案，自当年秋季起，初级部各年级以兼顾目前教学内容为原则，按政府规定改为四年学制，称为“专修科”。同时另设一年的“普通科”，收纳入学时程度较低者，修习及格后升入“专修科”一年级。原有高级部各年级除高级三年级应届毕业生外，其余高级一、二年级仍照常开班，逐年结束以保证入学学生正常毕业。调整之后，该校学制为普通科一年，专修科四年，其中普通科一年级及专修科一、二年级每周授课 12 小时，专修科三、四年级每周授课 10 小时（表 4-10）。

1936 年“正基学校”各年级课程设置情况一览表　　表 4-10

普通科一年级				专修科一年级				专修科二年级				专修科三年级				专修科四年级			
第一学期		第二学期		第一学期		第二学期		第一学期		第二学期		第一学期		第二学期		第一学期		第二学期	
课程	周时数	课程	周时数	课程	周时数	课程	周时数	课程	周时数	课程	周时数	课程	周时数	课程	周时数	课程	周时数	课程	周时数
国文	3	国文	3	英文	3	英文	3	商业英文	2	商业英文	2	工程画	4	建筑材料	4	房屋建筑	4	结构原理	5
英文	4	英文	4	自然科学	3	自然科学	3	几何画	4	图形几何	4	微积分	6	应用力学	6	材料力学	6	钢筋混凝土学	5
算术	5	算术	5	代数	6	几何	6	三角	6	解析几何	6								

注：本表根据《建筑月刊》1936 年第 4 卷第 4 期第 46 页资料编制。

4.4.2　沪江大学商学院建筑科

1933 年中国建筑师学会庄俊等人应上海沪江大学商学院之邀，筹划合作兴办沪江大学商学院建筑科（以下简称“沪江建筑科”）。“沪江建筑科”为两年制专科夜校，以招收在建筑事务所工作的在职人员为主，以培养能独立工作的建筑师为办学目的。1934 年 3 月 23 日学会第三次常会通过组织筹建委员会的议案，并于当年秋季正式招生，具有中等学校毕业或相当程度资历者经审查合格后方可入学，最初报名学生达四五十人。学校授课时间为每周一至周五的 17：30~21：05，按学分收取学费，每学期每学分为 4 元，此外每学期收取学生杂费 3 元。学生修业满两年后考试合格者准予毕业，由中国建筑师学会和沪江大学商学院联合出具毕业证书①。举办以培养建筑师为目的的专科教育，是学会为填补当时国内中等层次建筑设计教育的空白所作的努力，其用意在于培养多层次的建筑设计人才。

“沪江建筑科”始终得到中国建筑师学会的大力支持，许多学会会员主持或参与教学工作，办学之初，由学会会员黄家骅（毕业于美国麻省理工学院）担任第一任系主任，并组织学会会员陈植（毕业于美国宾夕法尼亚大学）、哈雄文（毕业于美国宾夕法尼亚大学）、王华彬（毕业于美国宾夕法尼亚大学）等制定了具体的教学计划与课程安排，其余所有报名、招考、注册等事务皆由商学院负责办理。1935 年秋，黄家骅离沪辞职后由哈雄文继任系主任，又增聘萨本远（毕业于清华大学并在美国获得博士学位）、萧世则讲授钢骨水泥学，王雋斐、陆南熙（毕业于美国纽约大学机械工程学院空调系，美国采暖制冷空调工程师学会正式会员）讲授卫生暖气学。1939 年起系主任由伍子昂（毕业于美国哥伦比亚大学建筑系）担任，直至 1946 年建筑系停办。此外，庄俊、李锦沛、杨锡鏐、洪青、张杏春、吴一清等曾担任建筑设计教学或开设建筑专题

① 参见中国建筑师学会．沪江大学商学院合办建筑学科简章 [J]. 中国建筑，1934，2（7）：75-76.

讲座，曹敬康、罗邦杰、陈业勋、钟耀华、郑大同等曾担任结构、设备等课程的教学工作。

与"正基建筑工业补习学校"培养营造业中级人才不同，"沪江建筑科"以培养职业建筑师为办学目的，其课程设置亦突出这一特点。在两年学制中，建筑设计课程贯穿始终，其课时数占总课时数的 55%，同时还设置了建筑历史、建筑理论、建筑制图、美术等专业课程，其中美术类课程占课时总量的 20%，建筑历史与建筑理论课程占课时总量的 14%。为适应实际工作需要，最后半年还安排了建筑结构、建筑设备等课程，使学生在掌握建筑设计技能的同时兼顾相关工程技术知识学习（表 4–11）。该系办学目标明确，师资力量较强，课程设置重点突出，为中国建筑界培养了一批中等建筑设计人才。1936 年夏，该系首届毕业学生有杨荫庭等 7 人，同时招入第二届新生约 20 人。在十余年办学过程中先后毕业学生 300 余人，其中林乐义、陈登鳌、张志模等后来成为颇有成就的著名建筑师。

"沪江大学商学院建筑科"各学年课程设置情况一览表　　表 4–11

第一年第一学期

日期＼时间	5:30-6:20	6:25-7:15	7:20-8:10	8:15-9:05
周一	建筑历史	建筑理论	建筑设计	
周二				
周三	形状和阴影	建筑设计		
周四				
周五	徒手画		建筑设计	

第一年第二学期

日期＼时间	5:30-6:20	6:25-7:15	7:20-8:10	8:15-9:05
周一	建筑历史	建筑理论	建筑设计	
周二				
周三	透视	建筑设计		
周四				
周五	徒手画		建筑设计	

第二年第一学期

日期＼时间	5:30-6:20	6:25-7:15	7:20-8:10	8:15-9:05
周一	建筑历史	房屋建造	建筑设计	
周二				
周三	色彩	建筑设计		
周四				
周五	徒手画		建筑设计	

第二年第二学期

日期＼时间	5:30-6:20	6:25-7:15	7:20-8:10	8:15-9:05
周一	钢筋混凝土	建筑历史	建筑设计	
周二				
周三	供热和供水	建筑设计		
周四				
周五	徒手画		建筑设计	

注：本表根据《中国建筑》1937 年第 29 期第 41~42 页哈雄文《沪江大学商学院建筑科概况》编制。

4.5 小结

职业化是一个动态的发展过程，是某个职业群体逐渐区别于一般社会行业的过程。同业团体作为从业群体职业化发展的阶段性成果，既是从业群体提升自我认同，维护并强化行业壁垒以保护其物质利益和制度权益的产物，也是推动从业群体职业化发展的重要因素。同业团体通过行使资格审核、职业规范制定，以及对从业者的监督和惩戒功能，使从业群体的职业活动得以保持其专门化和专业性特征，进而使该群体的执业行为有别于其他职业群体。20世纪20~30年代，中国建筑业从业群体的行业构成、人员素质、职业化发展等方面均呈现崭新面貌，作为这一时期出现的新型建筑同业团体，中国建筑师学会和上海市建筑协会对推动建筑师和营造商群体的职业化进程起到了重要的作用。

作为一个新兴的职业门类，建筑师职业的出现改变了中国传统的建筑营造业当事人关系"业主一承包人"的二元模式，引入作为"独立第三方"的专业设计人，专业设计人承担向业主提供专业咨询以及代表业主监督和指导承包人的责任，这种源于西方的"业主一建筑师一承包人"的三元模式在强化专业分工的同时，也将契约化的建筑制度带入近代中国的建筑活动，对中国建筑的现代化进程有十分重要的意义。中国建筑师学会作为中国建筑师群体的行业组织，在完善建筑师的职业规范和技术标准，提高设计人员的专业素质等方面做了许多工作。中国建筑师学会制定的《中国建筑师学会公守诫约》和《建筑师业务规则》等规章制度，从建筑师的功能定位、职业操守、收费标准和收费方式，以及业务开展方式等方面，约束从业群体的职业规范和执业行为，既有利于提升本土建筑师群体的服务质量；也有利于统一建筑师的执业行为准则，维护建筑师的职业地位和社会影响，实现职业群体经济利益和社会地位的提升，有利于新兴建筑师群体形成良好的整体职业形象。

中国建筑师学会还从技术层面为改进建筑师的执业活动做了许多工作，如界定建筑师的工作内容、明确建筑师的工作流程，统一和规范建筑师业务文件的内容与格式等，其中建筑师业务文件的规范化不仅有助于提升建筑师自身的服务质量，也有利于保障建筑活动参与各方契约关系的履行。随着近代中国社会法制观念的逐渐形成，建筑活动参与各方的责权利均需要以法律认可的形式给予确认，因此作为"独立第三方"的建筑师出具的各种工程文件成为法律层面的重要凭据，必须保持文本内容和格式的规范与严谨。1935年12月20日中国建筑师学会年会审议通过《建筑章程》，1936年出版《建筑章程、施工说明书、合同及保单之格式》的单行本，希望"建筑界有此一定之条例，自可免除劳资间无理之纠纷"。[①]其中，工程合同、保单和建筑章程属通用型建筑文件，约定建筑工程当事各方的相互关系以及各自的责任和权益等共性问题，具有普适性特征；施工说明书则是针对特定工程的具体要求，其内容因工程具体情况的不同以及业主、建筑师的要求各异而有所变化。统一建筑章程的制定从技术层面明确建筑师业务活动的内容、流程、责权等，一方面使建筑师的执业行

① 中国建筑，1936（24）：广告．

为有据可依；另一方面，建筑文件的法律效应也以制度化的方式确立建筑活动中各方的关系，加强了建筑师的职业地位。

同样，主要代表营造商群体的上海市建筑协会也十分重视建筑文件的作用，并针对营造厂缺乏外语、法律等相关专业人才的情况，由协会出面帮助营造厂解读与管理有关建筑活动的往来文件，以此减少营造厂不必要的损失。此外，随着建筑技术的进步，施工图设计已形成建筑、结构、设备等不同工种的专业划分，但具体图纸内容及表达方式并无统一规章可循，行业内部尚未形成统一的规范化的施工图设计标准。因此，建筑施工图的质量保障更多地依赖设计机构的技术水平以及设计人的职业自律。中国建筑师学会作为近代中国新兴建筑师群体的代表，其骨干成员通过各自的具体设计实践为业界树立了较好的榜样，对行业施工图设计水平的提高起到一定的示范作用。

为提升建筑从业者的职业素质，中国建筑师学会和上海市建筑协会在宣传普及建筑专业知识、推行建筑职业教育等方面也做了许多工作。中国建筑师学会和上海市建筑协会不仅在其主办的刊物上刊登大量文章介绍建筑知识，也直接参与举办建筑职业学校，培养了一批应用型建筑专业人才，是对高等建筑教育的补充，也有助于缓解实际工作的人才供需矛盾，提高从业者的专业技术水平。

总体而言，中国建筑师学会和上海市建筑协会对所属从业群体的职业化发展都起了积极的作用，由于所属从业群体面临的问题和发展的状况不同，中国建筑师学会和上海市建筑协会在工作内容上又呈现不同的特点。20 世纪 20 年代，本土建筑师作为一个全新的职业门类出现于中国建筑舞台，在职业规范、行业标准、组织管理等方面均面临着从无到有的过程，中国建筑师学会肩负着制定各种规则，厘清各种关系，平衡与团结各方力量，保护和促进新兴建筑师群体发展的重要使命。虽然大多数成员的海外建筑教育背景使学会在成立之初就能够对建筑师职业发展有较为全面的认识，但如何吸收与消化前人（西方建筑师）的经验，使之适应于中国社会的具体情况，则是学会在工作中必须面对的问题。作为中国最早的建筑师同业团体，中国建筑师学会在行业内部具有一定的公信力和影响力，因而也就承担起团结、领导从业群体发展的主要责任。学会自成立伊始就为本土建筑师群体的长远发展进行规划，其所制定的《中国建筑师学会章程》、《中国建筑师学会公守诫约》以及《建筑师业务规则》等一系列规章，其出发点也都立足于从业群体的长远利益。学会一方面从思想意识上推广建筑师的职业理念，试图以共同的职业价值观和职业操守来影响新兴的本土建筑师群体；另一方面则通过在操作层面制定统一的执业标准，将建筑师的工作内容、流程等加以规范化、标准化，从而实现对从业者个体执业行为的约束。因此，中国建筑师学会在近代中国建筑师的职业化进程中，既是对内的规则制定者、管理和监督者，也是对外的交流沟通者、宣传者，从思想理念和实践操作以及制度建设等几方面为建筑师群体的职业化发展作出了重要的贡献。相比建筑师群体而言，营造商群体是从传统建筑工匠群体中逐步发展转型而来，其行业组织也经历了“鲁班殿”、“沪绍水木工业公所”、“上海市营造业同业公会”等不同的发展阶段，无论行业内部还是政府部门对其的管理也都已有一定之规。故而上海市建筑协会在成立之初就将“研究建筑学理，谋进建筑技术”作为协会发展中国建筑事业的主要努力方向，并以此与上海市营造业同业公会的职能相区别。因此，研究介绍建筑技术发展的新趋势、新内容，宣传普及建筑专业知识，提升从业群体的职业素质就成为协会的重要职能。当然，作为营造业中具有新思维群体的集合，改革传统积弊也是上海市建筑协会努力的方向，但由于其在业内的地位与中国建筑师学会有所不同，故其种种改革思路在操作层面还存在一定的局限性。

第5章

建筑技术与建材工业的现代化进程

5.1 现代建筑结构技术的引进与应用

20 世纪 20~30 年代，现代建筑结构技术，包括钢筋混凝土结构与钢结构已经引进中国并得到广泛应用，除应用于常规建筑外，还应用于技术含量较高的高层建筑与大跨度建筑，反映了建筑结构技术的长足进步。为适应建筑工程实践的需要，及时介绍现代建筑结构技术，《中国建筑》与《建筑月刊》陆续刊登了一批现代建筑结构技术方面的文章，多数论述钢筋混凝土结构受力分析与计算方法，也包括钢结构及桥梁结构方面的文章（表 5-1）。

《中国建筑》与《建筑月刊》关于现代建筑结构技术的文章统计表　　表 5-1

期刊名称	刊号、页码	文章名称	文章作者	发表时间
中国建筑	2(1):60-62	《楼板搁栅之设计》	王进	1934.1
	2(1) ~ 2(7)	《钢骨水泥房屋设计》	王进	1934.1~1934.7 连载六期
	2(7):65-74	《房屋底脚》	王进	1934.7
	2(8):53-56	《垛墙受各种推力之简明计算》	魏秉俊	1934.8
	2(9-10):34-44	《接连梁弯幂系数》	王进	1934.10
	2(11-12):46-47	《最大正负弯矩之决定》	王进	1934.11
	2(11-12):48-53	《弯矩与挠角之关系》	王进	1934.11
	3(1):38-44	《英国伦敦市钢骨混凝土新章述评》	陈宏铎	1935.1
	3(2):64-69	《钢筋混凝土梁设计表之用法说明》	邹汀若	1935.2
	(27) ~ (28)	《非对称性框架应力之实用解法》	赵国华译	1936.10~1937.1 连载两期
建筑月刊	1(8):25-29	《麻太公式》	盛群鹤	1933.6
	2(1):57-64	《克劳氏连架计算法》	林同炎	1934.1
	2(2):29-30	《混凝土护土墙》	玲 译	1934.2
	2(2):31-33	《轻量钢桥面之控制》	渐 译	1934.2
	2(2):35-43	《杆件各性质 C.K.F 之计算法》	林同炎	1934.2
	2(3):29-39	《克劳氏法间接应用》	林同炎	1934.3
	2(5):28-36	《硬架式混凝土桥梁》	林同炎	1934.5
	2(6):7-14	《用克劳氏法计算次应力》	林同炎	1934.6
	2(7):22-32	《用克劳氏法计算楼架》	林同炎	1934.7
	2(9):32-42	《直接动率分配法》	林同炎	1934.9
	2(11-12):51-57	《高等构造学定理数则》	林同炎	1934.12
	3(1):43-52	《连拱计算法》	林同炎	1935.1
	3(1):74-76	《钢骨水泥梁求 K 及 P 之简捷法》	成熹	1935.1
	3(2):26-32	《拱架系数计算法》	林同炎	1935.2

续表

期刊名称	刊号、页码	文章名称	文章作者	发表时间
建筑月刊	3(3):31-43	《框架用挠角分配法之解法》	赵国华	1935.3
	3(7)~3(9-10)	《计算钢骨水泥改用度量衡新制法》	王成熹	1935.7~1935.9 连载两期
	3(9-10):19-29	《计算特种连架》	林同炎	1935.9
	4(1):35-41	《近代桥梁工程之演进》	林同炎	1936.1
	4(10)~ 4(12)	《七联梁算式》	胡宏尧	1936.10~1936.12 连载三期

注：本表根据《中国建筑》与《建筑月刊》各期刊载的论文统计整理。

1933 年 6 月《建筑月刊》发表盛群鹤的“麻太公式”，介绍一种快速计算砌墙的麻太(Mortar 灰泥）用量的计算方法；1934 年 1 月《中国建筑》发表王进的《楼板搁栅之设计》，介绍砖木混合结构楼板木搁栅设计的设计参考资料；此外，还有《钢骨水泥房屋设计》、《房屋底脚》、《钢筋混凝土梁设计表之用法说明》等阐述钢筋混凝土结构具体设计方法的文章，以及介绍现代桥梁工程发展状况的文章。《中国建筑》1935 年第 3 卷第 1 期刊登陈宏铎的《英国伦敦市钢骨混凝土新章述评》，介绍和评述英国伦敦市政府为适应钢筋混凝土结构在建筑工程中广泛应用的状况，于 1934 年新制定的钢筋混凝土结构设计规范，包括荷载标准的拟定、混凝土等级及应力、钢筋应力、梁板柱的设计等设计规范的主要内容，对国内钢筋混凝土结构设计有重要的参考价值。

除刊载有关结构设计原理的文章外，《中国建筑》与《建筑月刊》还刊登了一批应用现代建筑结构的工程实例，反映了当时引进与应用现代建筑结构的状况。

5.1.1　现代建筑结构技术的引进与应用概述

20 世纪 20~30 年代，钢筋混凝土结构与钢结构已经广泛应用，其中钢筋混凝土结构具有较好的结构安全性，可应用于大跨度建筑，应用较为广泛。根据《中国建筑》与《建筑月刊》记载，当时上海许多公寓、商场、学校建筑采用了钢筋混凝土框架结构（表 5-2）。

《中国建筑》与《建筑月刊》刊载的部分采用钢筋混凝土框架结构的建筑实例　　表 5-2

建筑名称	建成时间（年）	建筑层数（地上）	最大跨度（m）	设计单位	施工单位
雷米小学	1933	4	8.25	赉安公司	安记营造厂
峻岭寄庐公寓	1935	18	5.8	公和洋行	新荪记营造厂
Picardie 公寓	1935	15	6.5	法商营造公司	利源建筑公司
大新公司	1936	9	6.7	基泰工程司	馥记营造厂

注：本表根据《中国建筑》与《建筑月刊》各期刊载的资料统计整理。

20 世纪 20~30 年代，高层建筑迅速发展，据不完全统计，1929~1938 年间上海建成 10 层以上的高层建筑达 31 幢。如由安利洋行设计，于 1929 年建成的 14 层华懋公寓（今锦江饭店北楼），高度 57m；由公和洋行设计，于 1929 年建成的沙逊大厦（今和平饭店），主体部分 13 层，高度 77m；1934 年建成，由四行储蓄会投资建造，匈牙利籍建筑师邬达克设计的 24 层（含 2 层地下室）四行储蓄会大厦（今国际饭店），高度达 83.8m，是当时远东第一高楼。同年建成的还有业广地产公司设计部弗雷泽设计的 21 层百老汇大厦（今上海大厦），高度达76.7m；由陆谦受与公和洋行合作设计，于1937年建成的17层中国银行大厦，高度达76m。这一时期，现代高层建筑钢框架结构技术的引进与应用逐渐成熟，高层建筑的高度也不断提升，虽然钢结构高层建筑的设计市场基本被在华外国建筑师事务所垄断，但本土施工企业已经能够胜任钢结构高层建筑的施工，并逐渐占领这一市场（表5-3）。

《中国建筑》与《建筑月刊》刊载的部分采用钢结构的高层建筑实例　　表5-3

建筑名称	建成时间（年）	建筑高度（m）	建筑层数（地上）	设计单位	施工单位
华懋公寓	1929	57	14	安利洋行	
沙逊大厦	1929	77	13	公和洋行	新仁记营造厂
四行储蓄会大厦	1934	83.8	22	邬达克	馥记营造厂
百老汇大厦	1934	76.7	21	业广地产公司建筑部	新仁记营造厂
中国银行	1937	76	17	陆谦受、公和洋行	陶桂记营造厂

注：本表根据《中国建筑》与《建筑月刊》各期刊载的资料统计整理。

大跨度建筑结构技术在中国的发展经历了由工业建筑向民用建筑推广的过程，20世纪30年代，随着结构技术的发展，建筑跨度不断增大。由李锦沛设计，1933年建成的上海清心女中礼堂，其礼堂部分屋面采用钢木组合豪式屋架，跨度为18.1m；由建筑师董大酉与结构工程师徐鑫堂设计，1932年建成的上海市政府新楼，建筑主体中部采用钢筋混凝土桁架，跨度为20.11m；由吕彦直设计，1931年建成的广州中山纪念堂，采用芬式钢屋架，跨度达30m；1933年建成的上海大舞台戏院，建筑主体钢桁架跨度已达35.36m；由基泰工程司设计，1935年建成的南京大华大戏院，采用芬式钢屋架，跨度达22.8m；由建筑师奚福全设计，1936年建成的上海欧亚航空公司龙华飞机棚厂工程，机库顶部梯形钢桁架的跨度达32m，内部可容大小飞机7架；由建筑师凯尔斯（F.H.Kales）设计的武汉大学体育馆采用钢拱架，跨度达21.95m；由建筑师董大酉与结构工程师俞楚白设计，1935年建成的上海市体育馆，所采用三铰拱钢架的跨度已达43.91m。与前述高层建筑不同的是，中国建筑师已经介入大跨度建筑设计领域，并占有多数设计市场份额，本土施工企业亦已胜任大跨度结构的建筑施工，并占领了这一市场（表5-4）。

《中国建筑》与《建筑月刊》刊载的部分采用大跨度结构的建筑实例　　表5-4

建筑名称	建成时间	跨度（m）	结构形式	设计单位	施工单位
广州中山纪念堂	1931	30	芬式钢屋架	吕彦直 李铿（结构）	馥记营造厂
上海市政府新楼	1932	20.11	钢筋混凝土混合式桁架	董大酉 徐鑫堂（结构）	朱森记营造厂
上海清心女中礼堂	1933	18.1	钢木组合豪式屋架	李锦沛	仁昌营造厂
武汉大学体育馆	1933	21.95	钢拱架	凯尔斯（F. H. Kales）	
上海大舞台戏院	1933	35.36	钢桁架	德利 德利洋行（结构）	周鸿兴营造厂
上海市体育馆	1935	43.91	三铰拱钢架	董大酉 裘燮钧、俞楚白（结构）	成泰营造厂
南京新都大戏院	1936	23.8	豪式钢屋架	李锦沛 中都工程司（结构）	费新记营造厂
上海欧亚航空公司龙华飞机棚厂	1936	32	梯形钢桁架	奚福全	沈生记营造厂

注：本表根据《中国建筑》与《建筑月刊》各期刊载的资料统计整理。

5.1.2 现代钢筋混凝土框架结构建筑案例

1）上海雷米小学教学楼

1933 年建成的雷米（Ecole Remi）小学教学楼位于上海雷米路（今永康路）200 号，由法国建筑师莱昂纳尔（A. Leonard）、韦西埃（P. Veysseyre）与克鲁泽（A. Kruze）合组的赉安公司设计，安记营造厂承造（图 5–1）。雷米小学前身是法国公学为流落于上海的白俄侨童开设的俄文班，1932 年法租界公董局董事会根据教育委员会提议裁撤俄文班，同年法国公益慈善会开办法国学校，除招收白俄侨童外，也招收包括法国学生在内的其他国籍学生，后该校迁往雷米路 200 号，改名雷米小学。

该建筑为简洁的一字形平面，一层为礼堂、行政办公及后勤用房，二、三层为教室和寝室，建筑主体三层，局部四层为学生活动平台（图 5–2）。该建筑采用钢筋混凝土框架结构，结构承重柱梁与隔断墙分离，隔断墙成为不承重的填充墙，因此可在一层取消部分隔断墙，设置大空间的礼堂；结构承重柱柱距较大，教室平面轴线尺寸为 8.25m（开间）×6.50m（进深），教室空间宽敞适用；亦因采用钢筋混凝土结构，南面教室开窗面积增大，构成简洁的横向带形窗，采光通风性能良好，局部房间悬挑形成半圆形阳台，形成简洁的现代建筑风格（图 5–3）。雷米小学教学楼体现了现代主义建筑精神，功能合理，建筑形式简洁，现代钢筋混凝土框架结构是实现这种设计构思的技术基础，反映了当时上海建筑技术的发展状况。

2）上海峻岭寄庐公寓

峻岭寄庐公寓（Grosvenor House）是沙逊集团华懋地产公司迈尔西爱路综合地产开发计划的子项目，位于上海迈尔西爱路以东，南临霞飞路，北靠蒲石路，1935 年建成（图 5–4）。该建筑高 78m，不含地下室及屋顶设备间共 18 层，由公和洋行设计，上海市建筑协会执委王岳峰、汤景贤、卢松华，会员陈寿芝组建的新荪记营造厂承造，是当时上海采用钢筋混凝土框架结构的最高的公寓建筑（图 5–5）。公寓采用了当时最新式的内部装修和设备系统，设有屋顶花园、无线电通信设施、高速电梯、楼层物业服务等。建筑底层为附属健身用房，北

图 5–1 上海雷米小学教学楼外观（原图载：建筑月刊，1933，1（12）：6）

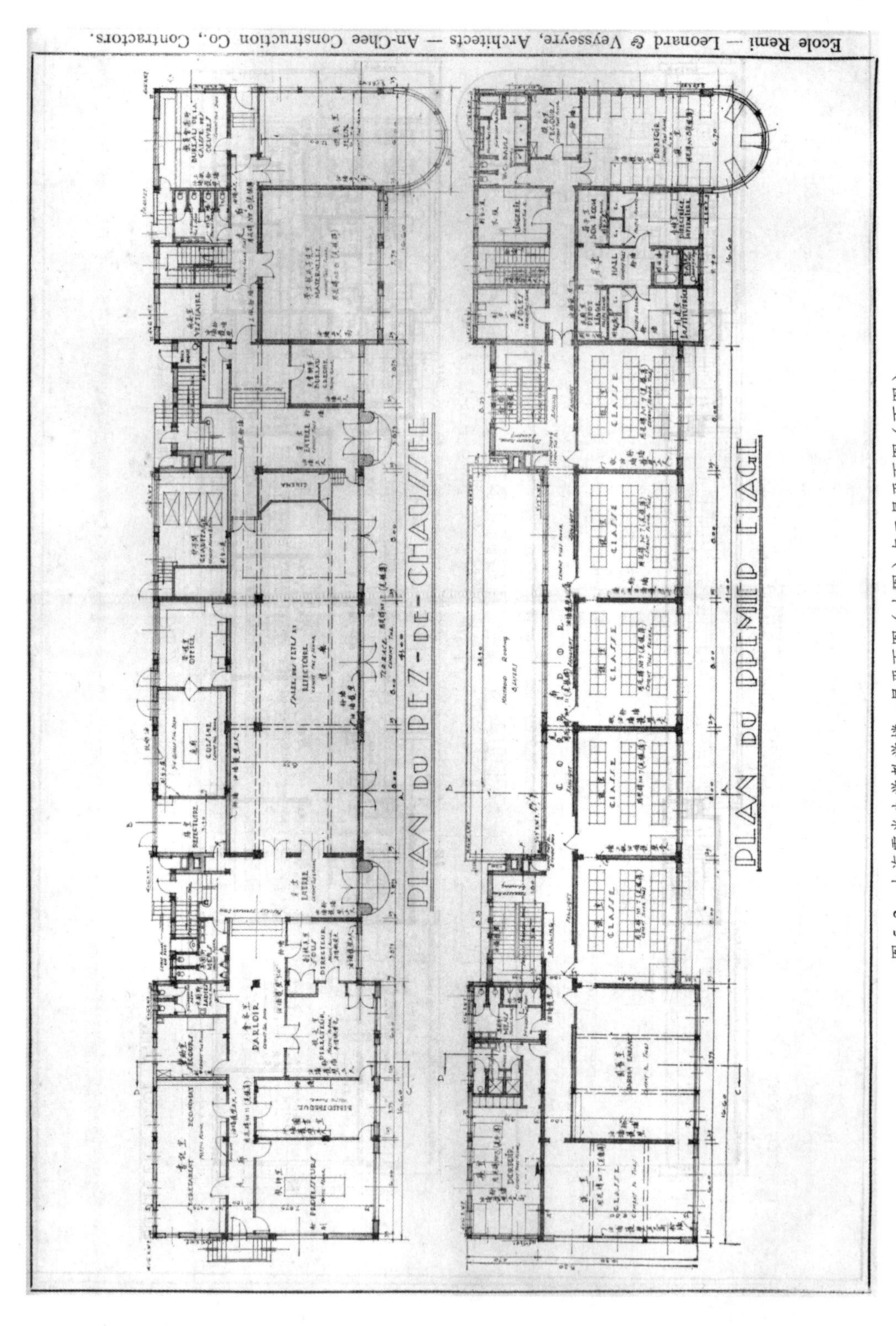

图5-2 上海雷米小学教学楼一层平面图（上图）与二层平面图（下图）
（原图载：建筑月刊，1933，1（12）：7）

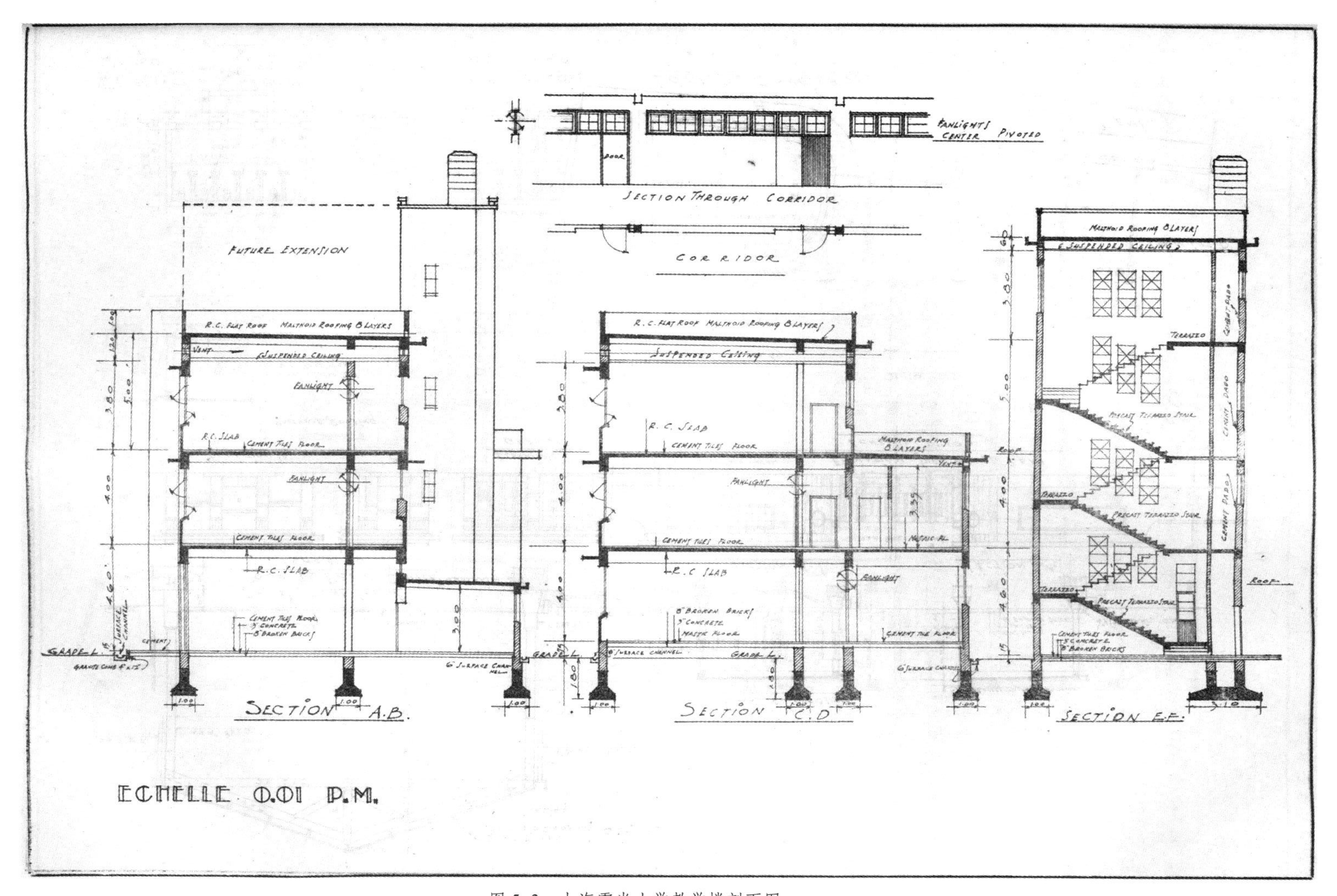

图 5-3　上海雷米小学教学楼剖面图
（原图载：建筑月刊，1933，1（12）：11）

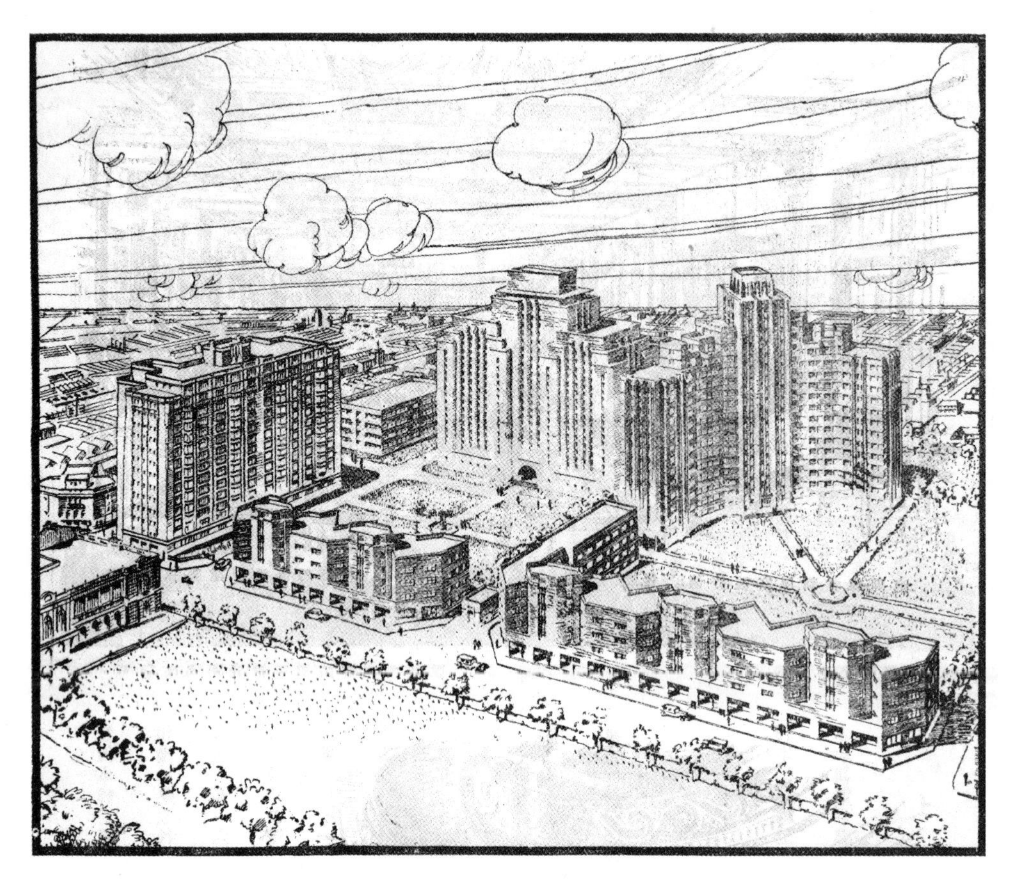

图 5-4 华懋公司迈尔西爱路综合地产开发项目方案，右侧高层为峻岭寄庐公寓
（原图载：建筑月刊，1934，2（1）：38）

The Grosvenor House, Shanghai.

Palmer & Turner, Architects.
Sin Sun Kee, Contractors.

图 5-5 峻岭寄庐公寓北面透视
（原图载：建筑月刊，1934，2（4）：18）

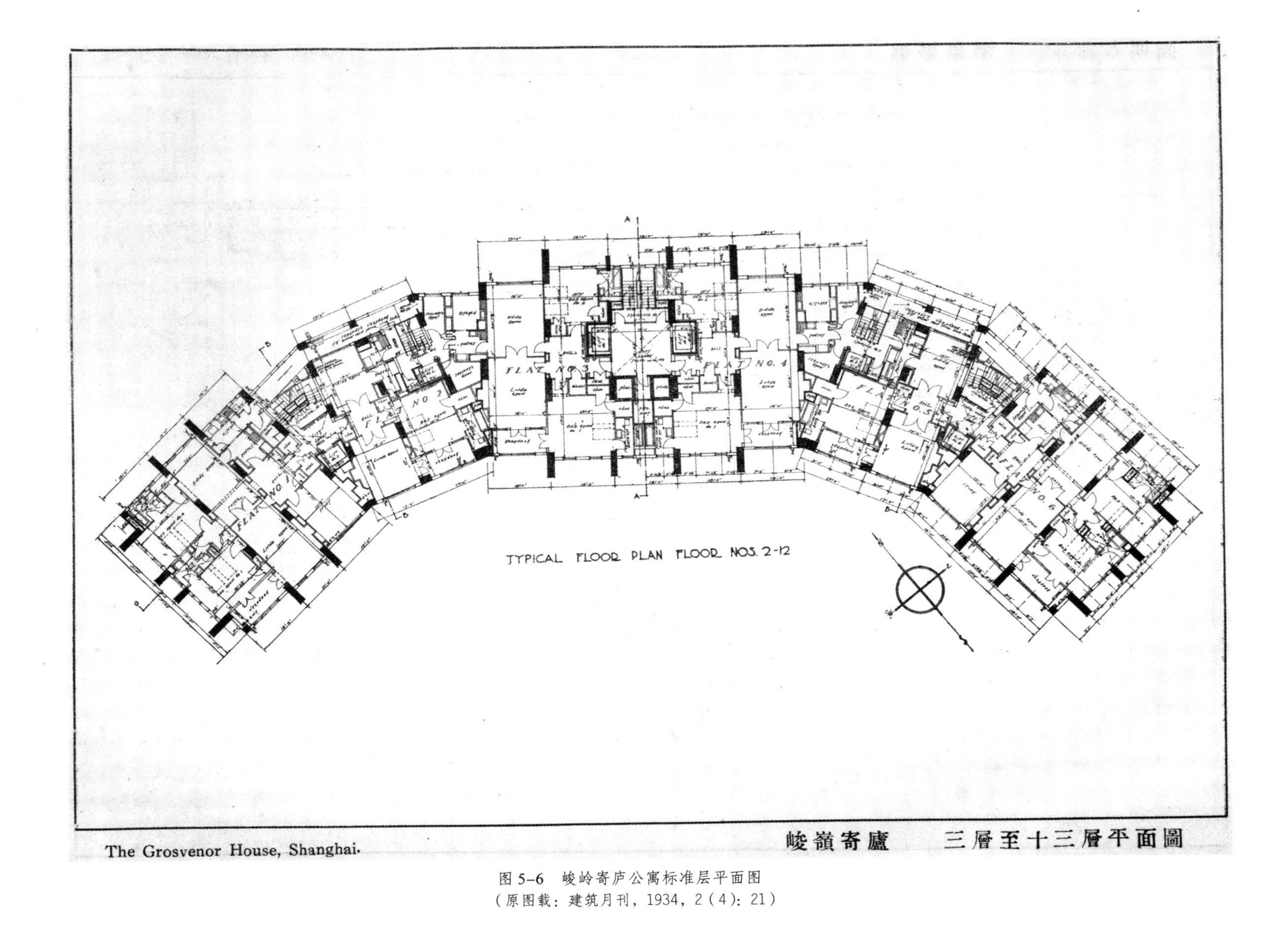

图5-6 峻岭寄庐公寓标准层平面图
（原图载：建筑月刊，1934，2（4）：21）

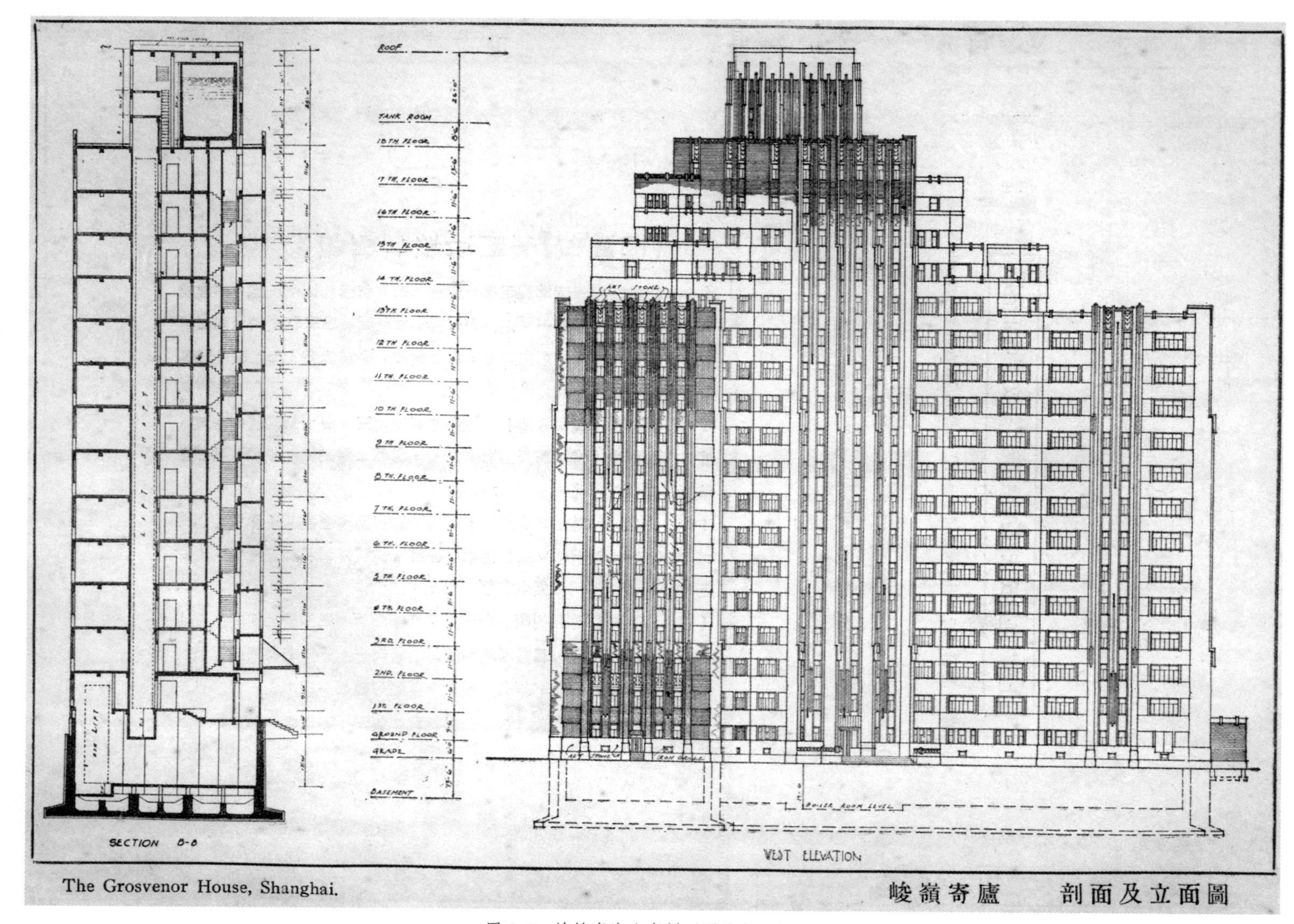

图 5-7 峻岭寄庐公寓剖面图及立面图
（原图载：建筑月刊，1934，2（4）：23）

面为汽车库。值得一提的是，峻岭寄庐公寓在上海首次集中设置总锅炉房，内设锅炉4台，并设置总配电机房安装电气设备。①

峻岭寄庐公寓采用钢筋混凝土框架结构，建筑平面由略有转折的5组互成角度的规整的矩形柱网组成，柱网尺度按房间的功能要求确定，开间方向柱距15~19ft(约4.6~5.8m)不等，柱距较小，可减小梁柱尺度；建筑由连成一体的5个单元组成，中央单元较大，中部入口处设置交通厅，集中设置电梯及主楼梯，其余4个单元分别设置楼梯电梯，使用功能合理，交通疏散便捷（图5-6、图5-7）。建筑北侧疏散走道及楼梯间局部框架梁上翻，即框架梁下皮与楼板下皮为同一标高，有利于提高室内空间的利用率；除钢筋混凝土梁、柱、楼板外，建筑的电梯井道、楼梯及部分楼梯间墙体、管道井（Pipes）、烟道（Flue）、电缆井（Cable）等均为钢筋混凝土结构，房间隔墙则为轻质隔断墙；屋顶上设有将近20ft（约6.1m）高的钢筋混凝土高位水箱，水箱架空搁置于屋面。峻岭寄庐公寓设计合理，功能齐全，结构可靠、设备先进，已经是成熟的现代钢筋混凝土框架结构高层建筑。

3）上海大新公司

1936年建成的大新公司位于上海南京路与西藏路转角处，楼高9层，钢筋混凝土框架结构。建筑占地面积3667m^2，建筑面积28000m^2，由基泰工程司设计，馥记营造厂承造，该项目电气工程由美益水电工程行承装，钢窗由大东钢窗公司承制，墙体使用长城机制砖瓦公司生产的煤屑砖，底层外墙使用中国石公司生产的青岛黑花岗石饰面。商场一楼设有两部自动扶梯，“此在中国尚属首创”②。建筑功能较为复杂，地下层为储物货仓及设备用房；一至四层为商场；四层西侧局部为商品陈列所，南侧局部为行政办公用房；五层为办事室、货仓、厨房及职工食堂等；六层为酒楼；七层为戏院、茶室及陈列室等；八层为电影院等娱乐设施；九层为眺望亭、露天电影院、屋顶花园及水亭等（图5-8、图5-9）。为满足人流集散以及各楼层不同功能区域的垂直交通要求，共设九部电梯和八部疏散楼梯。

大新公司是集商业、娱乐、餐饮、办公、仓储等功能于一体的综合性商业建筑，各层因功能不同隔断墙位置也不同，其中商场部分为整层无隔断墙的大空间，娱乐、餐饮部分为局部隔断的大空间，办公、仓储等部分为隔断墙隔成的小空间，只有采用现代钢筋混凝土框架结构才能解决因此产生的结构问题。大新公司建筑平面接近正方形，柱网布置规整，为22ft（6.7m）×19ft（5.8m）的矩形网格，门厅、楼梯、电梯等交通设施，以及卫生间等小空间房间设置于建筑周边，建筑中部为完整的大空间，这就创造了自由分隔空间的可能性。商场部分整层无隔断墙，形成规整的大空间营业大厅；娱乐、餐饮部分按功能要求局部隔断，形成不同的空间；办公、仓储等部分则根据功能需要隔断成小空间。这种自由隔断的空间只有使用现代钢筋混凝土框架结构与轻质隔断墙才能实现，大新公司正是这种现代建筑结构与现代建筑材料的产物，其建筑设计、建筑施工，以及使用的多数建筑材料都已由中国本土建筑师、营造厂与制造厂家承担，是当时建筑设计、建筑结构与建筑材料现代化进程的重要标志。

① 参见华懋地产公司发展计划[J]. 建筑月刊，1934，2（1）：36-37.

② 上海大新公司新屋介绍[J]. 建筑月刊，1935，3（6）：4.

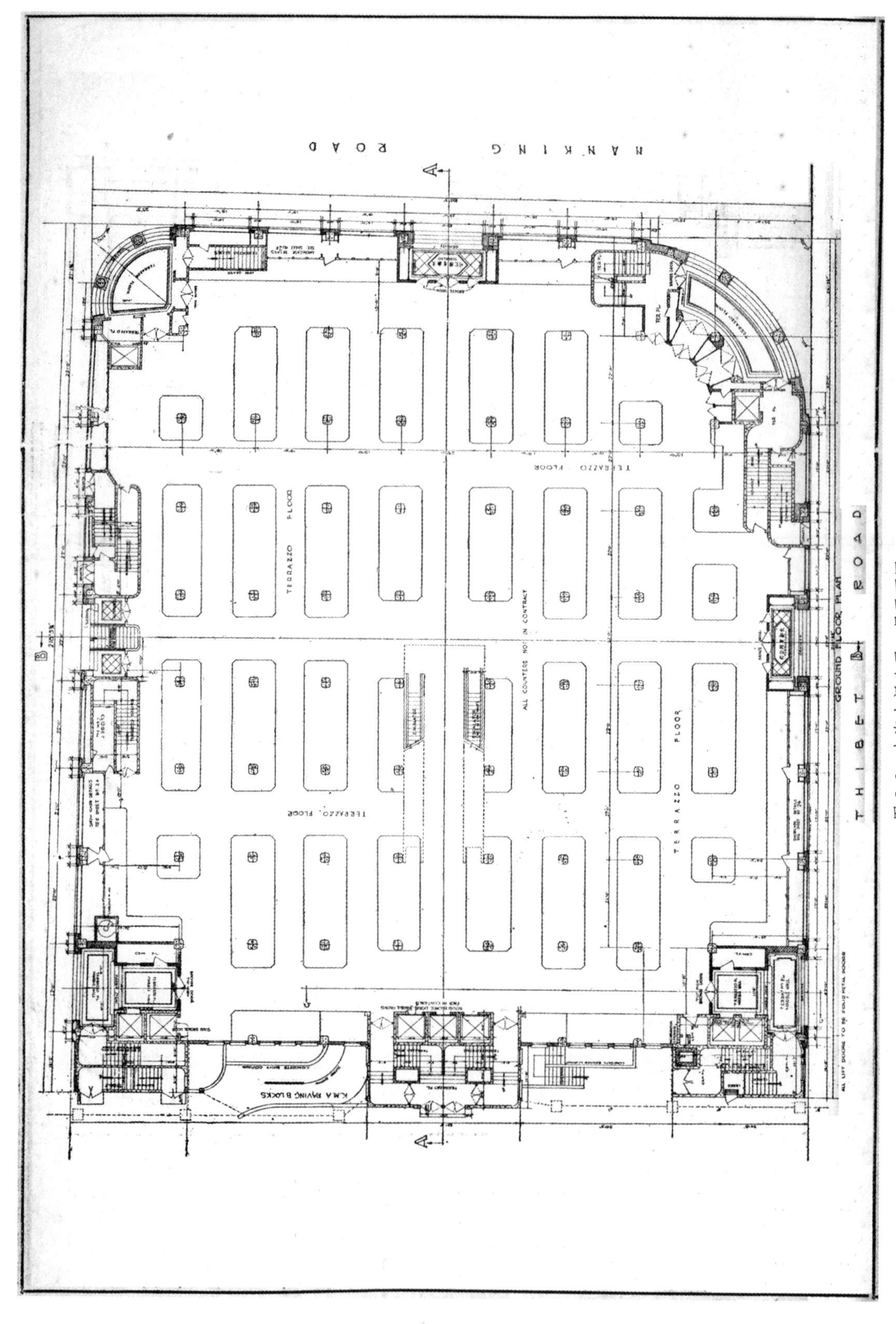

图 5-8 上海大新公司一层平面图
（原图载：建筑月刊，1935，3（6）：9）

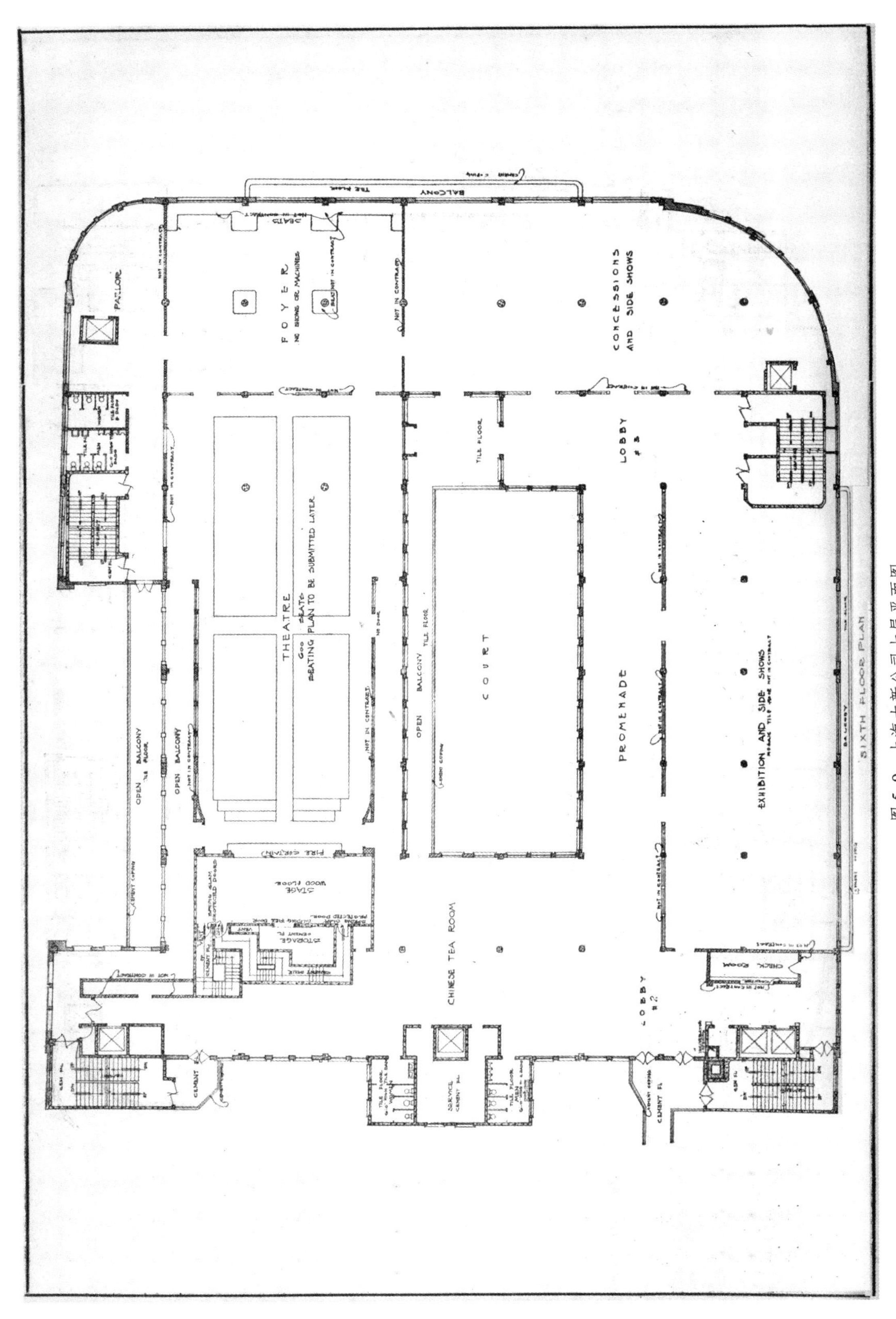

图 5-9　上海大新公司七层平面图
（原图载：建筑月刊，1935，3（6）：16）

5.1.3 现代钢结构高层建筑案例

1）上海中国银行大楼

图 5-10 上海中国银行大楼外观（原图载：建筑月刊，1937，5（1）：3）

1937年建成的中国银行大楼位于上海外滩，建筑占地面积5075.2m²，总建筑面积32548m²，由中国银行总行建筑课陆谦受建筑师与英商公和洋行合作设计，陶桂记营造厂负责施工总包，陈根记打桩厂承包桩基工程，余洪记营造厂承包基础工程（图5-10）。17层主楼高76m，西侧裙房高6层，建筑平面为狭长的矩形，东西长162.8m，南北宽27.4m。建筑内部设施较为先进，冷暖气设备俱全。高层主楼设有5部电梯，机房位于屋顶；多层裙房设有2部电梯，机房位于地下室。地下室设有锅炉房，屋顶设水箱间，高层主楼中式攒尖屋顶的宝顶用作通气管出口（图5-11~图5-15）。中国银行大楼保险库的墙体内特别设置防护钢筋网，大幅度提高保险库围护结构的防护能力，并采用新式保险库门，使保险库的安全性能大大提高（图5-16）。

中国银行大楼采用钢框架结构，与当时普遍使用的钢筋混凝土框架结构相比，钢框架柱、梁的跨度更大，因此室内空间尺度与空间利用率也得以增大。建筑东侧高层建筑的长向跨度为28.5ft（约8.69m），西侧裙房的长向跨度为33.9ft（约10.34m），短跨为8.34m。多数钢柱截面采用型钢（多为工字钢）翼缘外覆钢板，并按各楼层的受力状况改变柱截面，高层主楼地下室柱的外包尺寸为318mm×305mm~508mm×406mm，顶层柱的外包尺寸为254mm×203mm~292mm×254mm。梁采用型钢（工字钢），部分梁翼缘外覆钢板，框架梁的型钢外包尺寸为127mm×203mm~191mm×610mm，截面最大的梁外包尺寸采用610mm×191mm的工字钢覆4块305mm×19mm和2块305mm×9mm的钢板。钢构件均采用铆钉连接，裙房梁柱节点全部为铰节点，高层主楼梁柱节点多为刚接节点，多数楼板采用单向密肋楼板。钢柱的型钢空腔内用大孔黏土砖填充，外侧用30~70mm厚的素混凝土作防护层；钢梁的型钢空腔内用素混凝土填充，外侧用30~70mm厚的素混凝土作防护层，梁外侧的素混凝土与密肋楼板的混凝土同时浇筑。①

中国银行大楼采用木桩（洋松）和钢筋混凝土箱（筏）基础，其中高层主楼及裙房东、中部采用箱型基础，桩长30.5m；裙房西部采用筏基，桩长22.9m。整个基础为全封闭，纵、

① 参见蒋利学，胡绍隆，朱春明．上海外滩中国银行大楼的安全性与抗震性能评估[J]. 建筑结构，2005（3）：3-4.

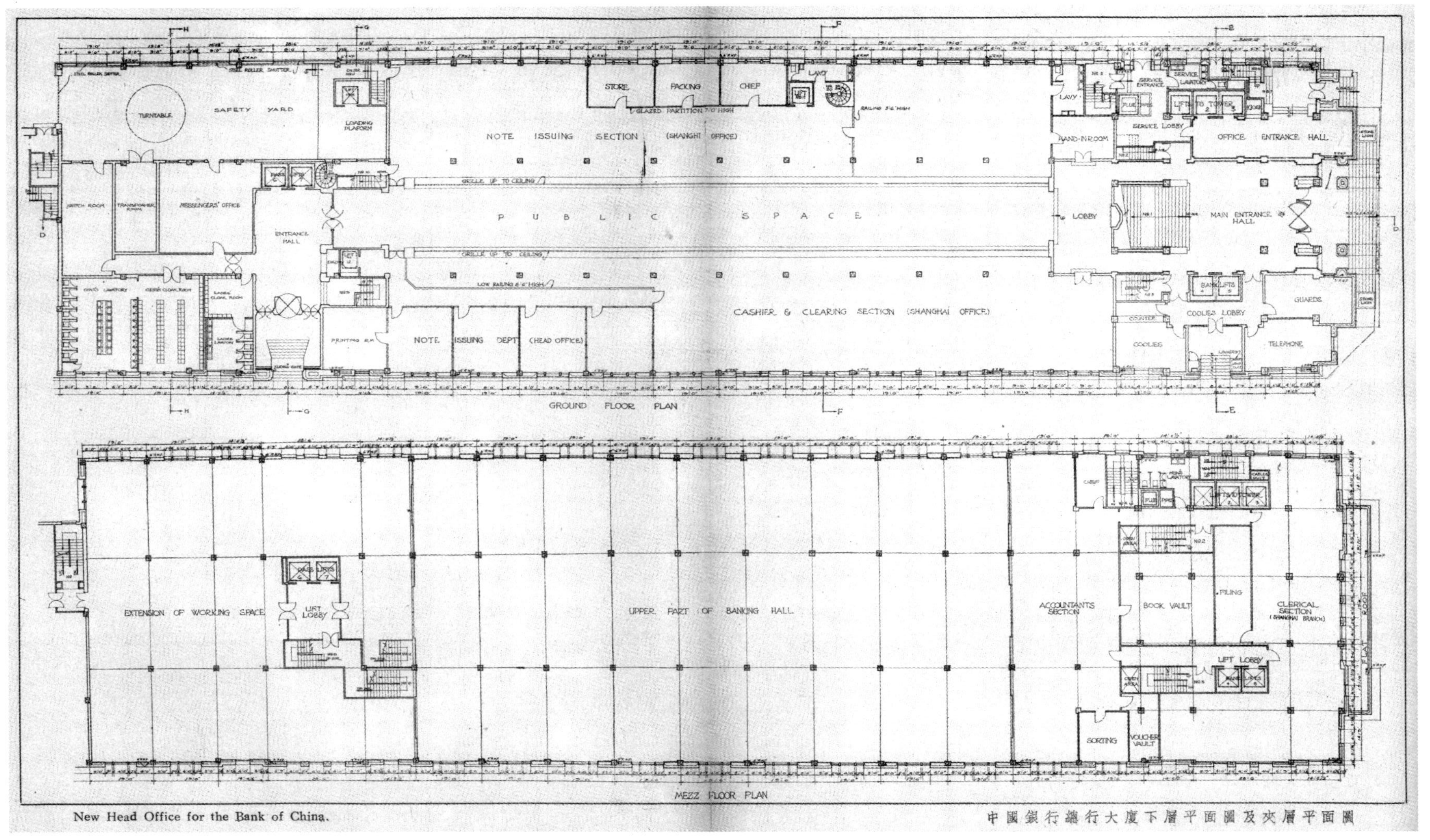

图 5-11　上海中国银行大楼平面图，上图为一层平面图，下图为夹层平面图
（原图载：建筑月刊，1937，5（1）：13）

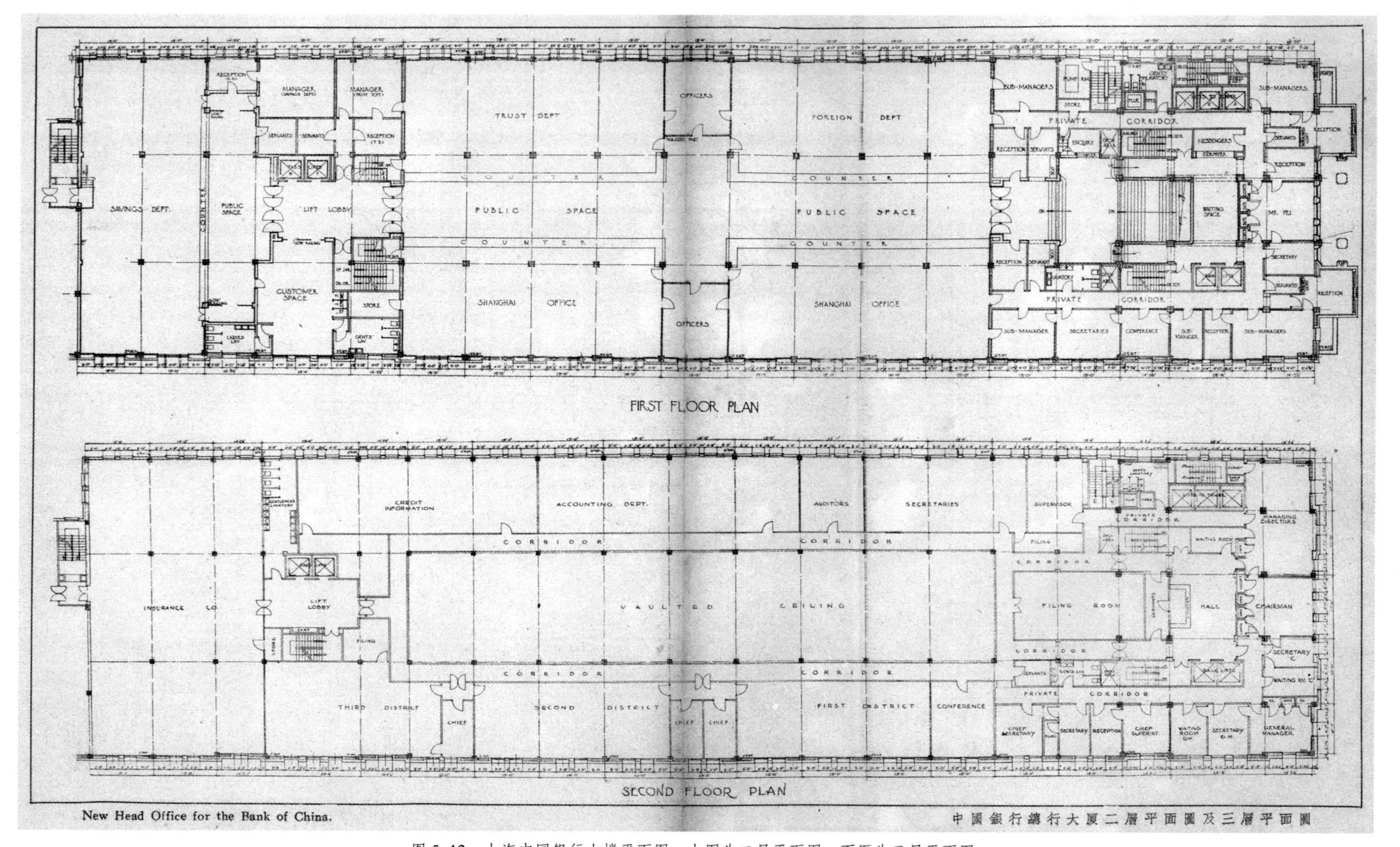

图 5-12　上海中国银行大楼平面图，上图为二层平面图，下医为三层平面图
（原图载：建筑月刊，1937，5（1）：14）

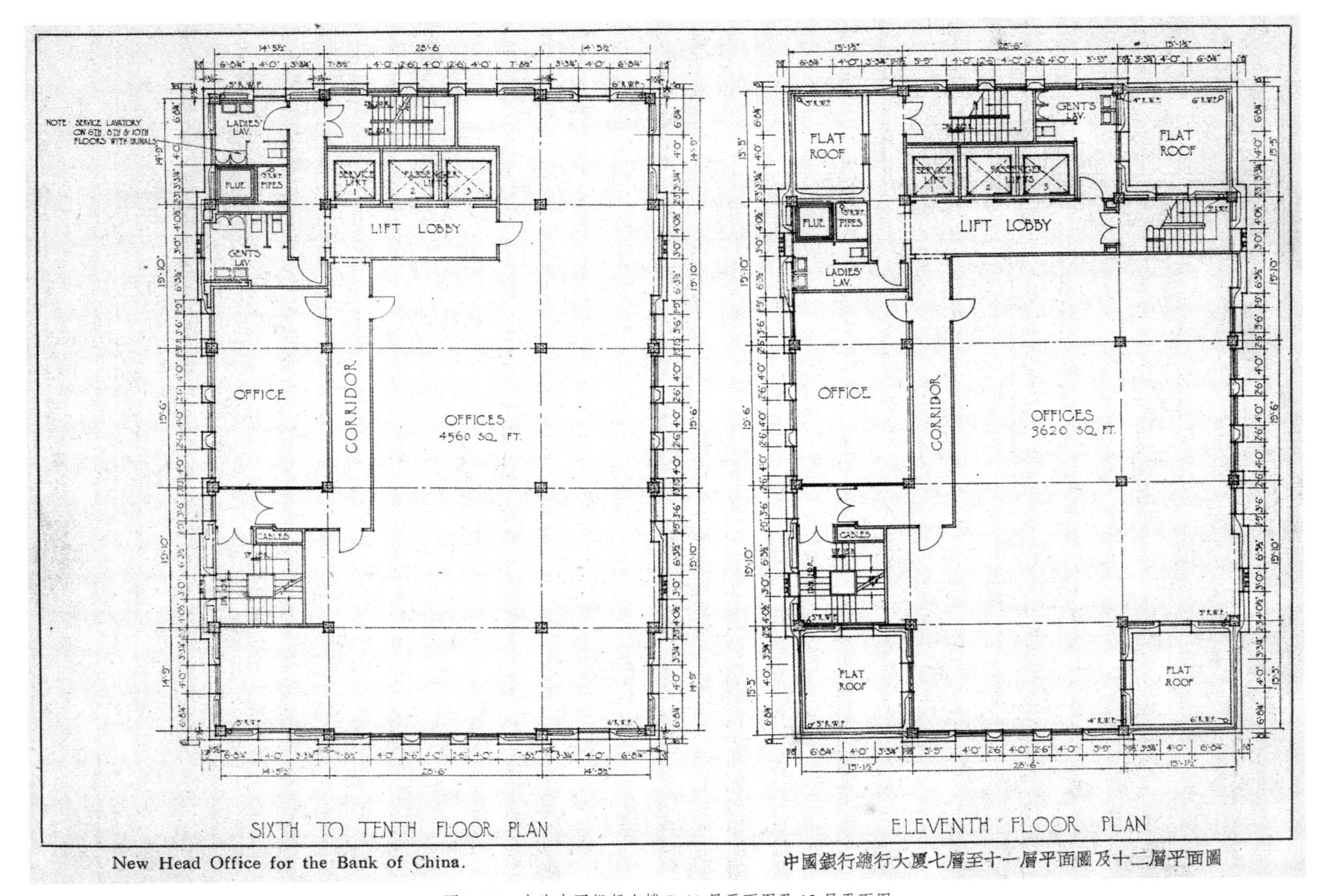

图 5-13　上海中国银行大楼 7~11 层平面图及 12 层平面图
（原图载：建筑月刊，1937，5（1）：17）

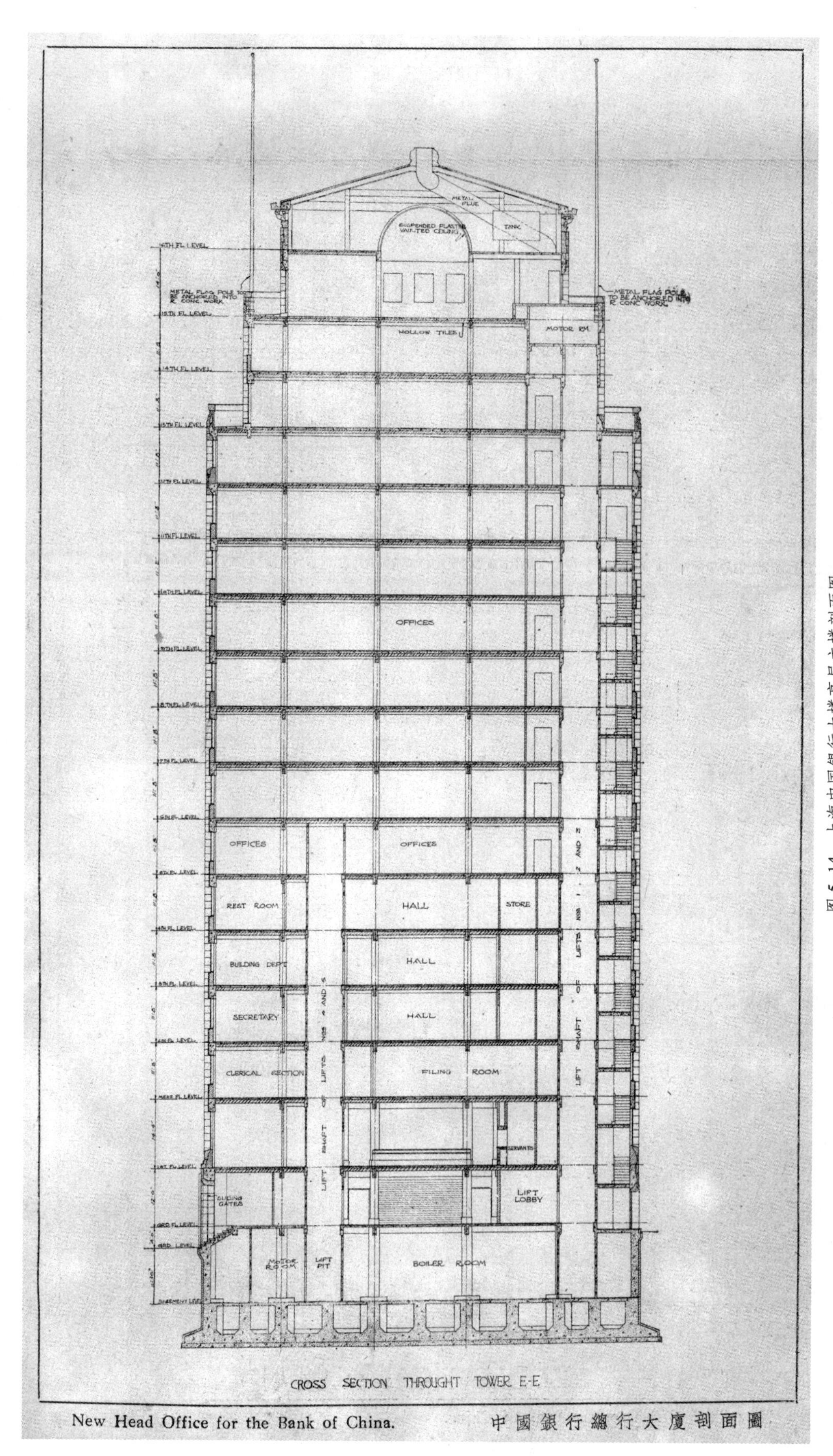

图 5-14 上海中国银行大楼高层主楼剖面图
（原图载：建筑月刊，1937，5（1）：12）

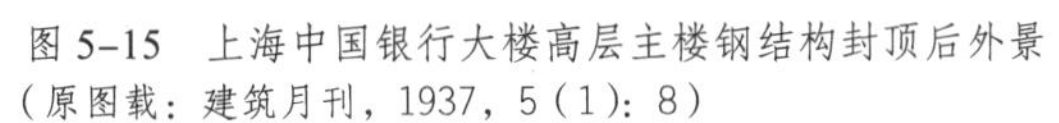

图 5-15　上海中国银行大楼高层主楼钢结构封顶后外景
（原图载：建筑月刊，1937，5（1）：8）

图 5-16　上海中国银行保险库墙体内置钢筋网
（原图载：建筑月刊，1937，5（1）：7）

横向布置较多的钢筋混凝土墙，刚度较好。由于建筑基地两侧皆为已建成的高楼，施工难度较大，因此基础施工时在建筑用地周边设有 13.3m 长的钢板桩以抵抗土壤侧推力，避免地基崩塌。

2）上海四行储蓄会大厦

四行储蓄会大厦（今国际饭店）位于上海静安寺路与派克路（今南京路、黄河路）交口处，由金城银行、盐业银行、大陆银行与中南银行组成的“四行储蓄会”投资建造，1931 年 8 月至 1932 年 12 月设计，1933 年 10 月竣工，1934 年 12 月 1 日开张营业。该建筑由匈牙利籍建筑师胡德茨（Hudec）设计，当时有 7 家中外营造商参加施工招标，参与投标的馥记营造厂开价最高，造价为 70 万元，因馥记营造厂承建广州中山纪念堂、南京中山陵二期工程及上海大新公司获得业界好评，终以 70 万元造价中标。[①]

四行储蓄会大厦占地面积 1179m^2，总建筑面积 15650m^2，主体建筑地上 22 层，地下 2 层。建筑采用钢框架结构，主体建筑高度为 83.8m，是当时远东第一高楼。建筑的地下室是四行储蓄会自用的保险库等银行设施，保险库门重达 32t，厚 0.6m，耗资达 16 万元。[②]建筑底层为营业大厅，层高约 7.65m，夹层为租赁写字间；2、3、14 层为餐饮空间，4~12 层为酒店客房，15~19 层主要为公寓式客房，20 层以上为各种设备用房及电梯机房（图 5-17~ 图 5-19）。

① 参见杨嘉祐．上海老房子的故事 [M]. 上海：上海人民出版社，2006：126．
② 参见小隐．称雄上海五十年的国际饭店 [J]. 档案与史学，1999（4）：73.

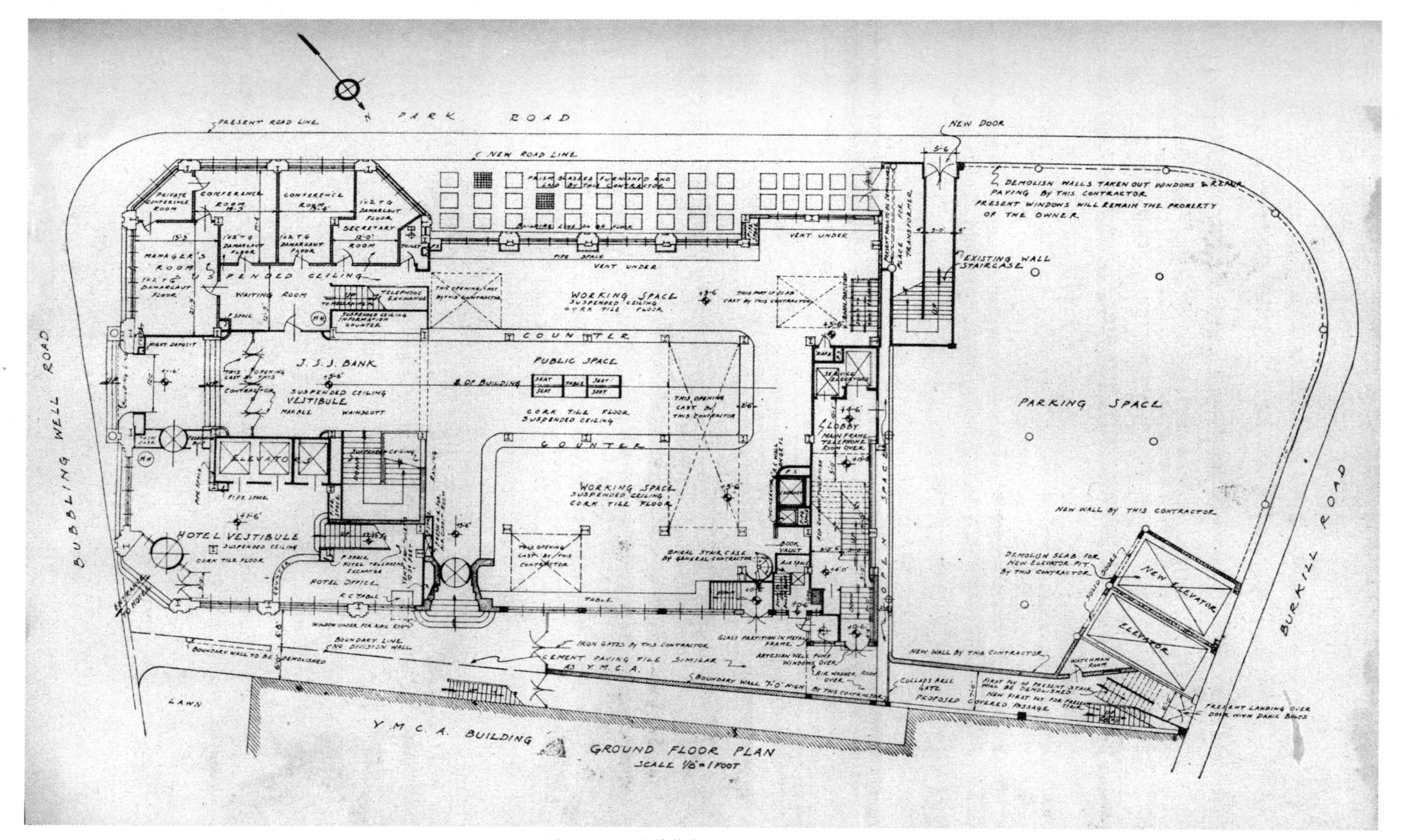

图 5-17　四行储蓄会大厦总平面图
（原图载：建筑月刊，1933，1（5）：6）

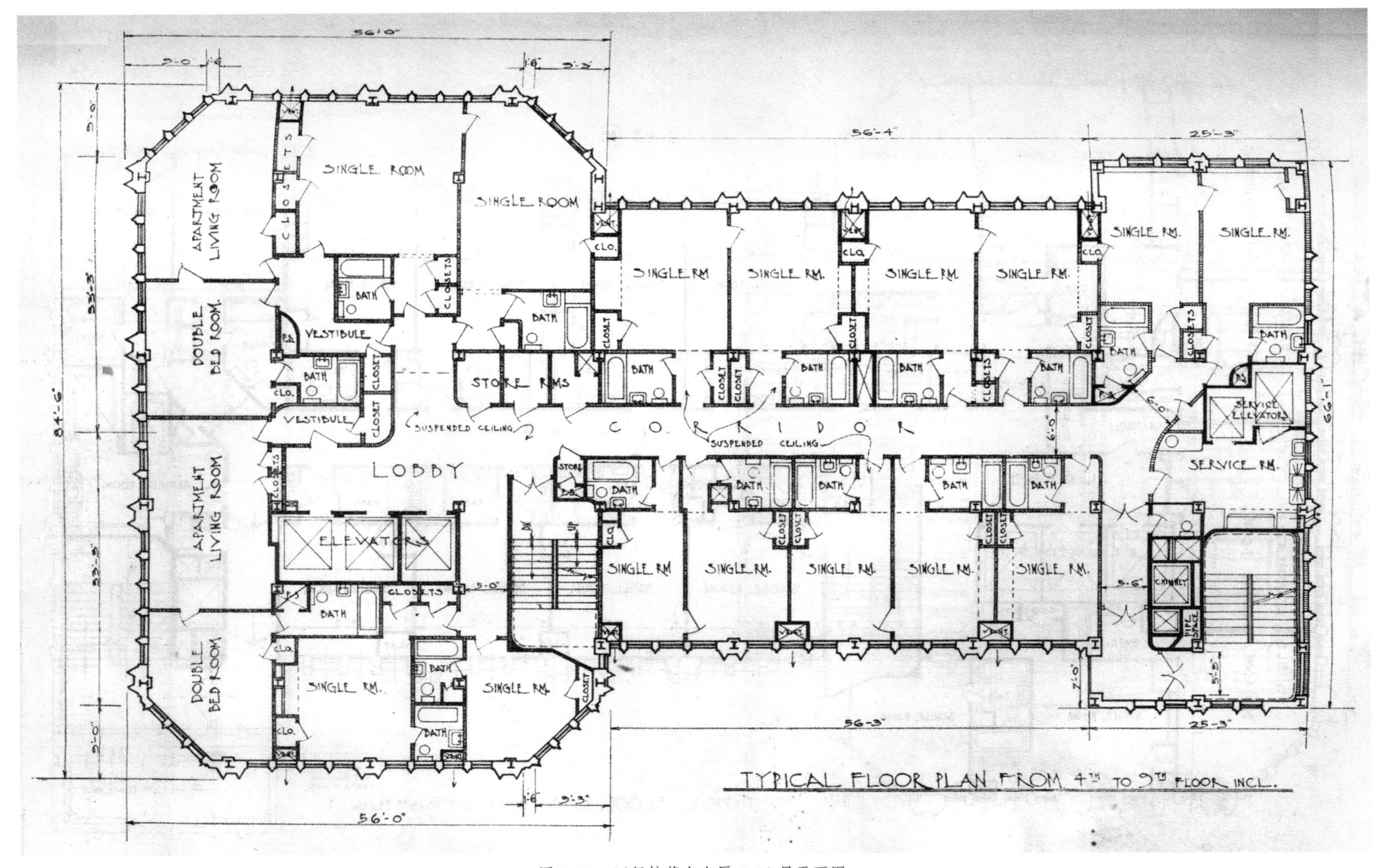

图 5-18　四行储蓄会大厦 5~10 层平面图
（原图载：建筑月刊，1933，1（5）：7）

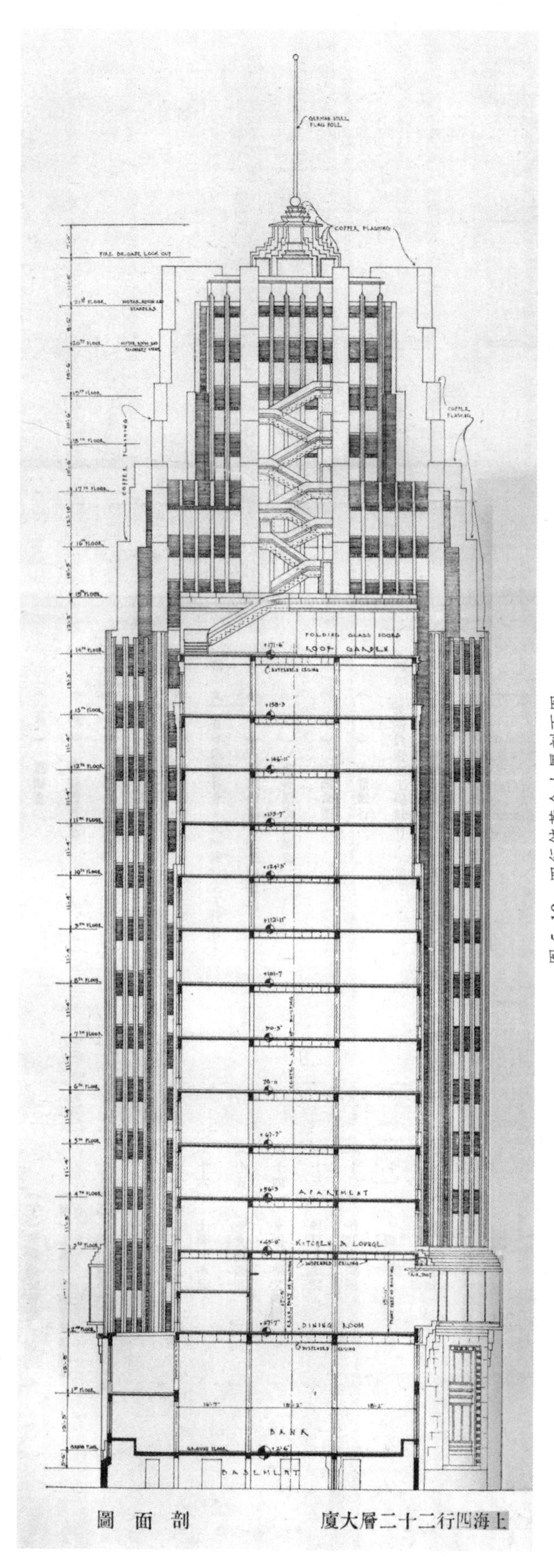

图 5-19　四行储蓄会大厦剖面图
（原图载：建筑月刊，1933，1（5）：11）

四行储蓄会大厦的内部设施与设备十分先进，最早采用自动喷淋灭火和报警装置，每层设有专用消防龙头，大厦顶层设有专供消防使用的火警瞭望台（Fire Brigade Lookout）。标准层设有3部采用当时最新技术的高速客用电梯和多部服务电梯，同时还设有两部独立的疏散楼梯，其中北侧疏散楼梯设有类似消防前室的过渡空间。由于大楼用地局促，因此除在底层局部架空停放机动车辆外，还设有两部大型升降机将汽车运载至二楼停车场。大楼设有两套供水系统，一套是常规的城市自来水供水系统，一套为自备供水系统，使用自流井装置抽取地下水，经砂滤层过滤后送至屋顶水箱供水。

图5-20 四行储蓄会大厦施工现场（原图载：建筑月刊，1933，1（5）：5）

作为在上海软土地基上兴建的高层建筑，四行储蓄会大厦设计施工时十分注意控制建筑沉降（图5-20）。由丹麦籍康益洋行承包的桩基工程，采用蒸汽机打桩，桩头采用圆木美松，每根钢柱下打五根梅花桩，桩径为35cm，最大桩深为39.8m，接近地面以上建筑高度的一半。合理的桩基处理及钢筋混凝土筏形基础保证了地基和基础的稳固及建筑的沉降率控制。建筑平面柱网布置均匀规整，框架柱跨度为7.15m，建筑梁柱采用钢框架外包混凝土，钢筋混凝土现浇楼板，钢筋混凝土外墙，加强了结构的整体刚度。内部隔墙采用轻质汽泥砖，厚度仅11.4cm，有效减轻了结构自重。建筑采用英国道门钢厂生产的新型高拉力钢材“抗力迈大钢”（Chromador steel），钢材每平方英寸张力为37~43t，较普通软钢的张力大50%，锈化抵抗力大2倍，因此可以减少建筑的用钢量，从而降低材料、运费、关税等相关费用。①经上海工部局工程处许可，当时上海百老汇大厦、都城饭店、沙逊大厦等建筑均采用了这种钢材。

5.1.4 现代大跨度钢筋混凝土结构建筑案例

1）上海市政府新屋

上海市政府新屋是20世纪30年代“大上海计划”最早完成的建筑，位于上海新行政区中心的中轴线上（图5-21）。上海市于1928年9月设立“建筑市政府筹备委员会”，1929年7月公布市中心区域计划并成立“市中心区域建设委员会”，同年10月1日开始征集行政区及市政府新楼设计方案，报名应征的中外建筑师共46人。1930年2月，由叶誉虎、墨菲、柏韵士、董大酉等组成的评委会评选出赵深、孙熙明的合作方案为第一奖，第二名为巫振英，第三名为费立伯，附奖为李锦沛及徐鑫堂、施长刚。由于获奖方案建筑布局较为分散，而且

① 参见建筑月刊，1934，2（9）：广告.

图 5-21 上海市政府新屋西面（上图）及正面（下图）外景（原图载：中国建筑，1933，1（6）：25）

未能充分体现中国固有建筑式样，当局邀请上海市中心区域建设委员会顾问董大酉重新设计。1930 年 4 月 9 日，建设委员会邀请赵深、巫振英、费立伯等三人评审，最终从董大酉提供的六个方案中确定实施方案。上海市政府新屋最终由董大酉设计，徐鑫堂主持建筑结构设计，汪和笙任监理，朱森记营造厂中标承造。大楼于 1931 年 7 月 7 日正式奠基开工，1932 年 1 月“一·二八”事变爆发后被迫停工近半年，战事结束后于 1932 年 6 月 1 日复工，1933 年 10 月 10 日落成。

上海市政府新屋建筑占地面积约 6000m^2，建筑面积 8982m^2，高 31m，采用钢筋混凝土框架结构。建筑造型为中国传统宫殿样式，东西方向宽 93m，共分为三段处理，中部进深较大（25m），屋顶为歇山顶；两翼进深稍小（20m），屋顶为庑殿顶，连同屋顶梁架下的夹层共计 4 层。首层为后勤用房、保险库，以及与外界交往的办公室；第二层为大礼堂、图书室及会议室、仲裁室等，与办公区完全隔离，由室外楼梯直达二层；第三层中部为市长及高级职员办公室，两翼为各科办公室，第四层为屋顶梁架下的夹层，光线不甚充足，为仆役、储藏档案及电话机室等。

建筑二层中部的大礼堂，无柱空间尺寸为 31.39m × 21.94m，边柱间跨度为 20.11m，礼堂之上还有三层办公区和四层后勤用房，因此结构荷载较大，如采用普通钢筋混凝土梁柱结构，大梁高度至少在 1.52m 以上，对礼堂内部空间使用不利，且有碍室内观瞻（图 5-22）。有鉴于此，

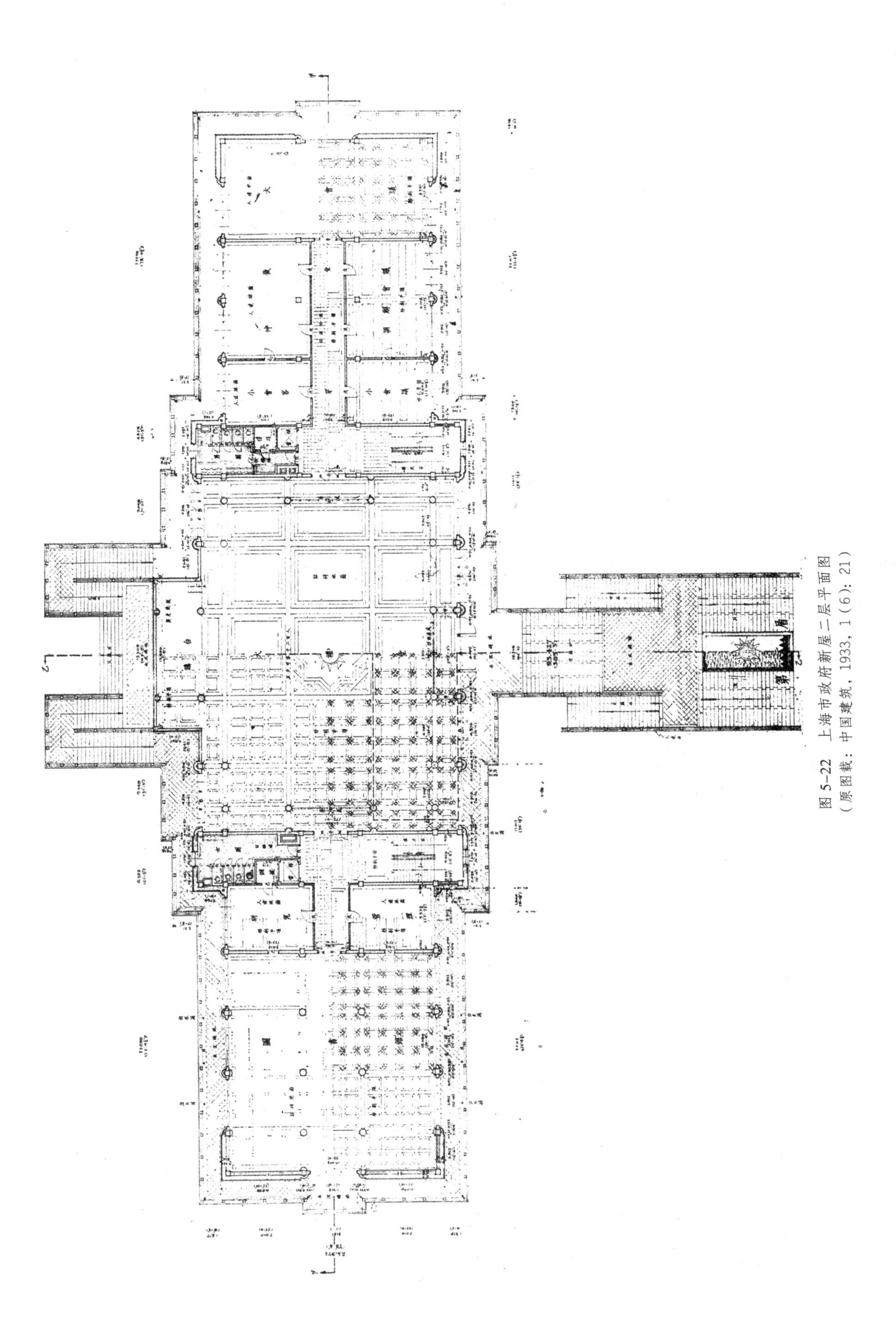

图 5-22　上海市政府新屋二层平面图
（原图载：中国建筑，1933，1（6）：21）

设计者采用了钢筋混凝土桁架结构，并合理布置三层办公房间，将桁架结构隐藏于房间的隔墙内。设计人还考虑到钢筋混凝土桁架与钢筋混凝土楼板连接比钢构架更稳定，以及钢筋混凝土桁架冷热涨缩幅度较小等因素，并采取针对性的技术措施，即桁架中部三层办公区的走廊处留方形空洞而不做斜向支撑；当桁架两边载重不等时，将中部方形空洞的转角处做成斜角或圆角，并增加斜向钢筋拉接以加强联系；由于桁架应力会使柱身外侧产生较大弯矩，因此将桁架两端搁置于内外两排柱上，以减少内柱弯矩并增加结构稳定性（图 5–23）。①

建筑屋顶采用钢筋混凝土桁架结构，但是与通常桁架沿短跨方向布置的做法不同，设计者将主桁架沿东西方向的长跨布置，这主要基于以下考虑，如果将屋顶桁架与下部桁架，即二层大礼堂上方的桁架搁置在同一排柱上，则柱身受力过大，柱截面尺寸也将大幅度增加，因此，将屋顶荷载与楼面荷载分别传到不同的框架柱上，有利于框架柱整体受力的均衡；虽然屋面主桁架长跨方向跨度达 31.39m，但由于采用了长方形桁架，其承重效率高于一般人字形桁架，因此经济性亦可接受（图 5–24）。同时，在垂直屋面主桁架的方向布置了三角形屋架，

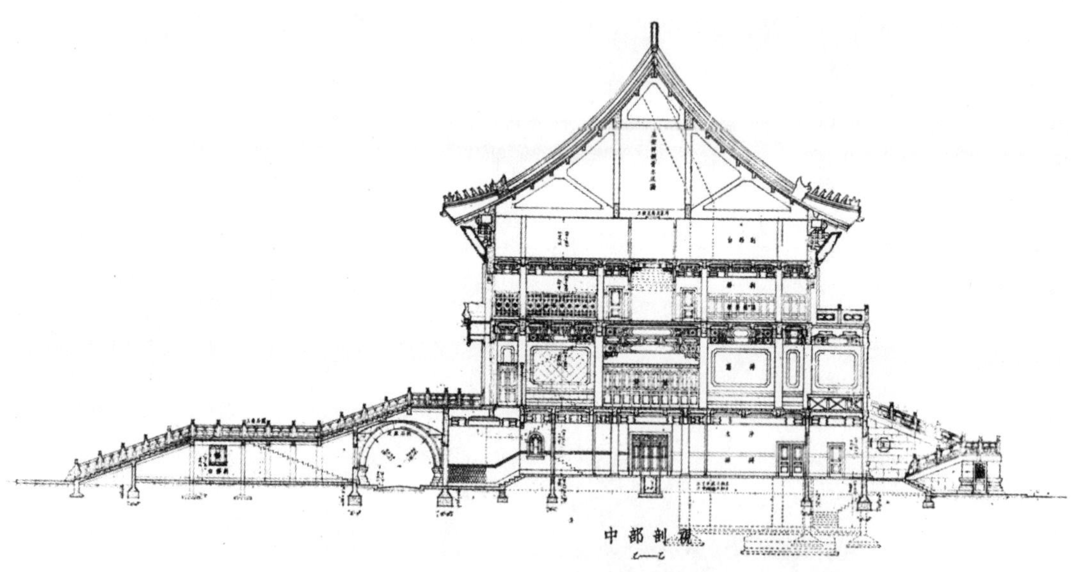

图 5–23　上海市政府新屋剖面图（原图载：中国建筑，1933，1（6）：26）

图 5–24　上海市政府新屋顶层屋架（原图载：中国建筑，1934，2（1）：63）

① 参见徐鑫堂 . 上海市政府新屋水泥钢骨设计 [J]. 中国建筑，1934，2（1）：64 .

搁置于主桁架上，不仅用来支撑屋面板，也是屋面桁架的横向支撑，起到加强屋面结构的整体性与稳定性、抵抗侧向风力的作用。此外，为满足建筑模仿中国传统宫殿样式的造型需要，将支撑屋面板的三角形屋架的上弦杆由直线改为曲线，以模拟传统屋顶的“举折”形象。

2）上海市体育馆

为促进上海新市中心区域的发展，上海市政府决议于新市中心区内建设市体育场，上海市体育馆（今江湾体育馆）是体育场的组成部分。1934 年春，由市长吴铁城聘请各界人士组织委员会筹划体育场建设事项，同年 7 月，市政府获中央政府批准发行 350 万元公债，其中 150 万元为体育场工程建设专款。上海市体育场工程包括运动场、体育馆、游泳池、网球场及棒球场等，建筑设计由上海市中心区域建设委员会建筑师董大酉及助理建筑师王华彬主持完成，结构设计由上海市工务局科长裘燮钧及技正俞楚白担任。1934 年 7 月，成泰营造厂中标负责施工，并于 10 月 1 日举行奠基礼，工程于 1935 年 8 月完工（图 5-25）。

体育馆南北宽约 46m，东西长约 82m，馆内设座位 3500 个，站位 1500 个，还可根据需要在运动场地四周增设约 500 个临时座位（图 5-26）。馆内中央为运动场地，宽约 23m，长约 40m，可容纳三个篮球场，地面为枫木地板。正式比赛时，只在场地中央设一个比赛场。建筑四周还设有健身房、更衣室、淋浴室、卫生间及其他后勤用房。为避免眩光影响，建筑采用高侧窗采光，在穹顶周边设固定窗 10 樘，南北两侧外墙高出看台处设可开启的八角形小窗各 16 樘，东西山墙高出看台处各设可开启的正方形窗 5 樘。

体育馆看台采用钢筋混凝土结构，室内篮球场周边看台部分的进深为 11m，支撑于四周的钢筋混凝土梁及砖墙上（图 5-27）。看台分为上下两区，共 13 级，其中上部 8 级下部 5 级，每级宽 0.66m，高 0.36~0.41m。看台结构设计荷载取值为活荷载 610kg/m^2，静荷载 122kg/m^2，共计 732kg/m^2。体育馆篮球场部分的屋面高度为 19.91m，跨度为 43.91m，采用三铰拱钢门架结构，共设 8 榀钢门架，钢门架轴线间距为 22ft（约 6.71m）；跨度为 43.91m，矢高为 64ft（约 19.5m）；上弦曲率半径为 99ft（约 30m）；边部垂杆高度为 41ft（约 12.5m）。①

体育馆采用的三铰拱钢门架与 1889 年巴黎国际博览会机械馆采用的三铰拱钢门架相似，这种格构式钢架按力学原理设计，最大优点为静定结构，计算简单，温度差与支座沉降不会影响结构内力，因此建成至今仍能正常使用。该设计在每榀门架底部两支座间采用两根直径 3.18cm

图 5-25　上海市体育馆透视图
（原图载：中国建筑，1934，2（8）：10）

① 参见俞楚白．上海市体育场工程设计 [J]. 中国建筑，1934，2（8）：32.

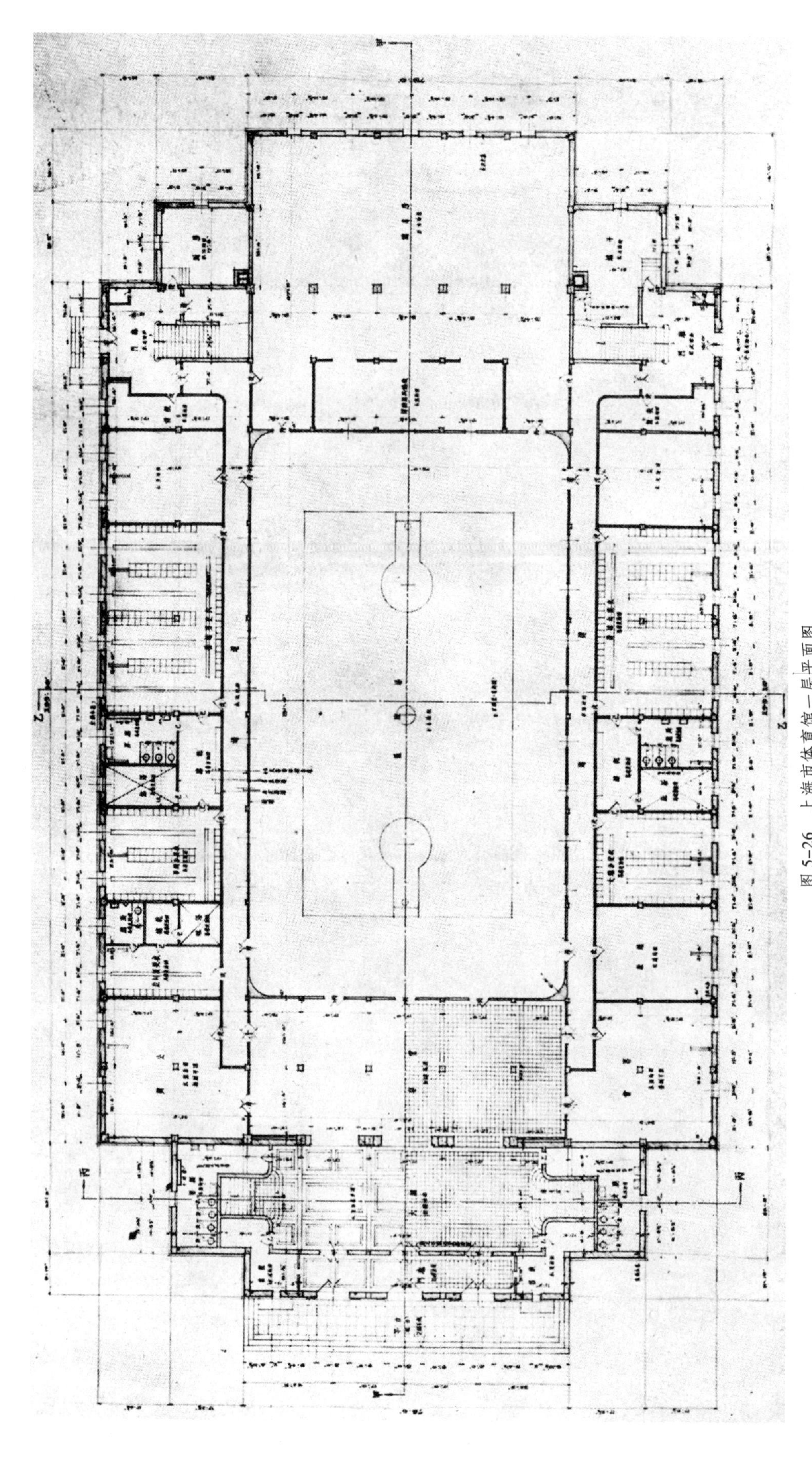

图 5-26　上海市体育馆一层平面图
（原图载：中国建筑，1934，2（8）：15）

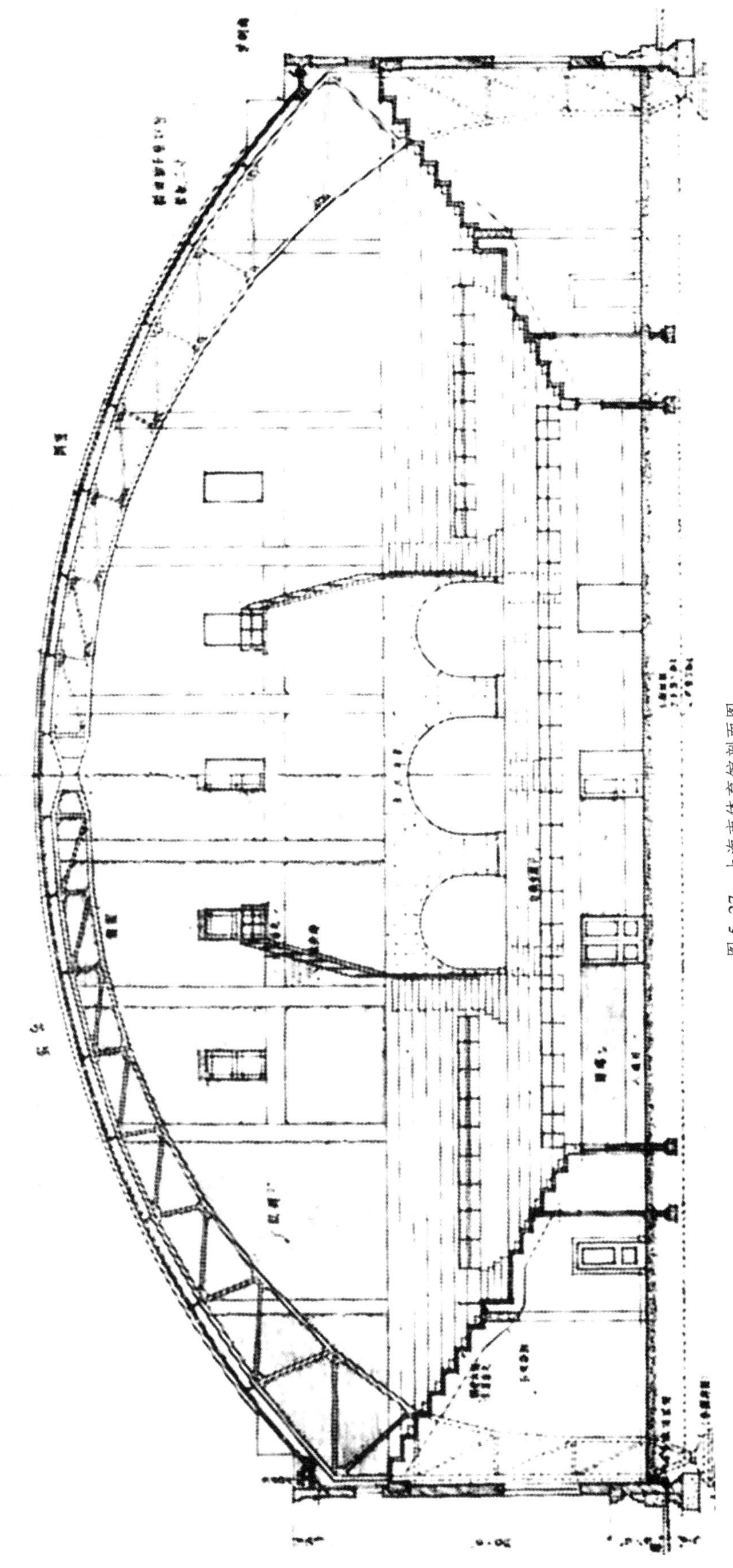

图 5-27　上海市体育馆剖面图
（原图载：中国建筑，1934，2（8）：17）

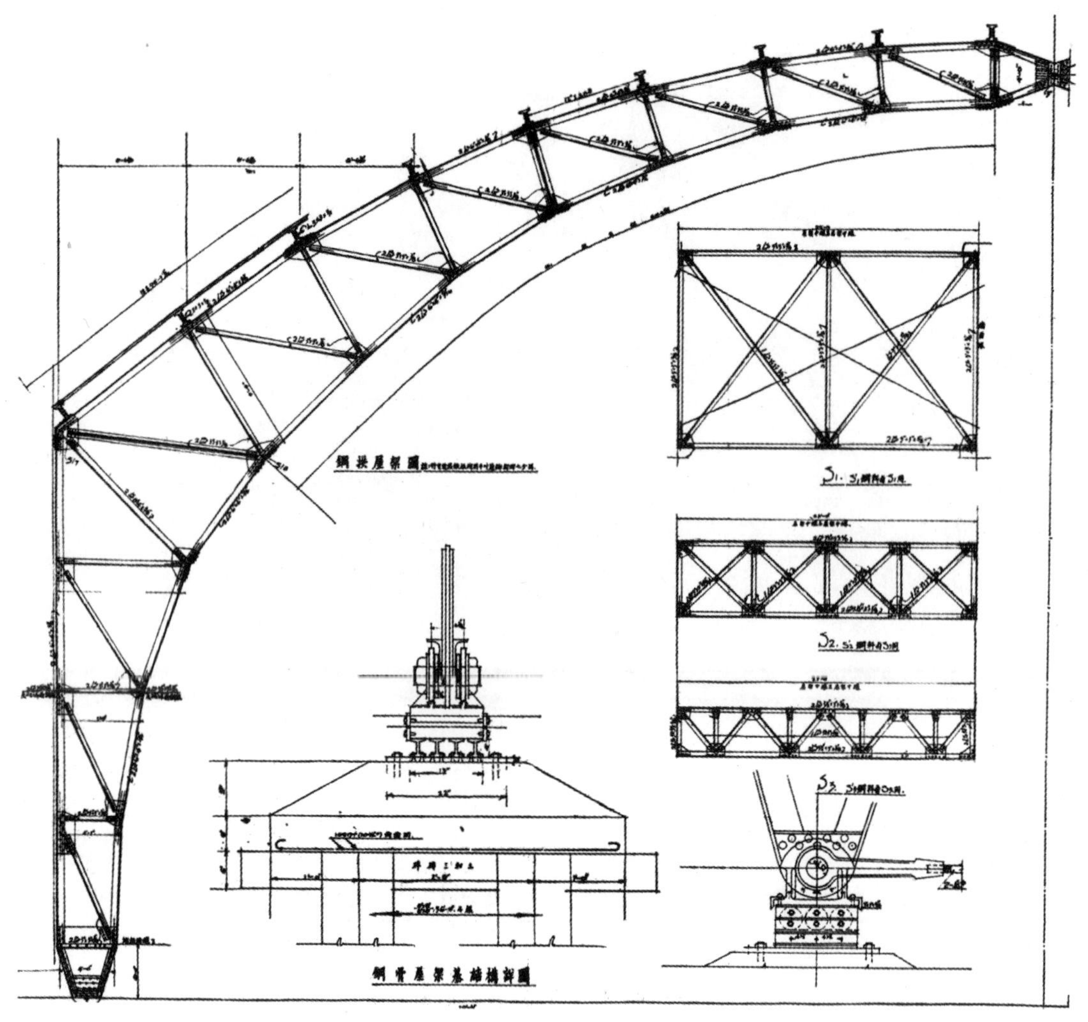

图 5-28 上海市体育馆三铰拱钢门架详图（原图载：中国建筑，1934，2（8）：24）

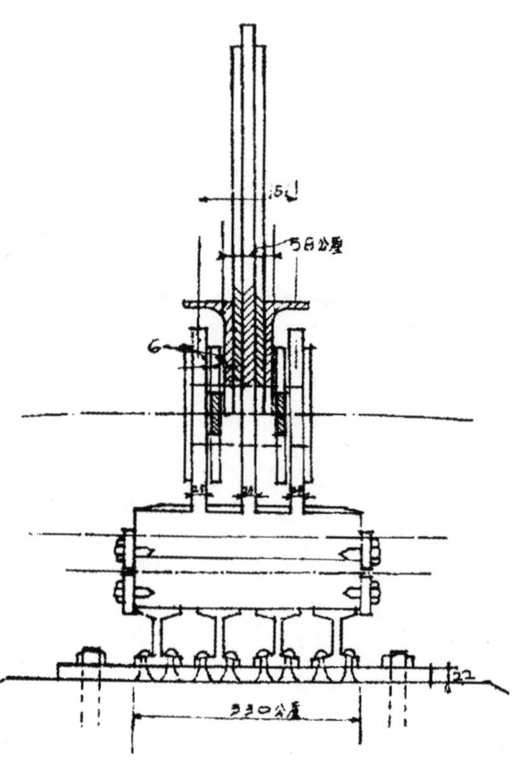

图 5-29 上海市体育馆三铰拱钢门架支座详图（原图载：中国建筑，1934，2（8）：34）

的圆形钢条横向拉结，以平衡水平推力，一端为固定支座，另一端为活动支座，活动支座设有直径 7cm 的滚轮（图 5-28、图 5-29）。同时为检修需要，在支座周围用钢筋混凝土浇筑一个方形箱体，上开小门以便随时入内查看。

3）武汉大学体育馆

1928 年，国民政府教育部决定改组武昌中山大学，组建国立武汉大学，新校舍选址于武昌珞珈山。同年成立武汉大学新校舍建筑设备委员会，聘请李四光任委员长，筹备新校园建设。负责校园规划和校舍建筑设计的是美国建筑师凯尔斯（F. H. Kales）。1929 年 3 月 1 日破土动工，至 1935 年，除大礼堂、总办公厅及农学院、医学院外，各项工程都已陆续建成。[①]

① 参见杨秉德 . 中国近代中西建筑文化交融史 [M]. 武汉：湖北教育出版社，2003：283.

武汉大学体育馆位于武汉大学校园中心区东西向轴线的西端，东面为运动场，北面为学生生活区。由于用地东高西低，高差近3.5m，因此根据地形特点在一层、二层分别设置西向及东向出入口。体育馆一层为大厅、更衣淋浴及设备用房，二层中央为运动场地，四角为办公室、陈列室及附属用房（图5-30）。

武汉大学体育馆平面为长方形，建筑四角设有方形服务单元（图5-31、图5-32）。建筑长170.5ft（约52m），宽117.7ft（约36m），运动场地长115ft（约35.05m），宽72ft（约

图5-30　武汉大学体育馆西面景观（原图载：杨秉德.中国近代中西建筑文化交融史[M].武汉：湖北教育出版社，2003：285）

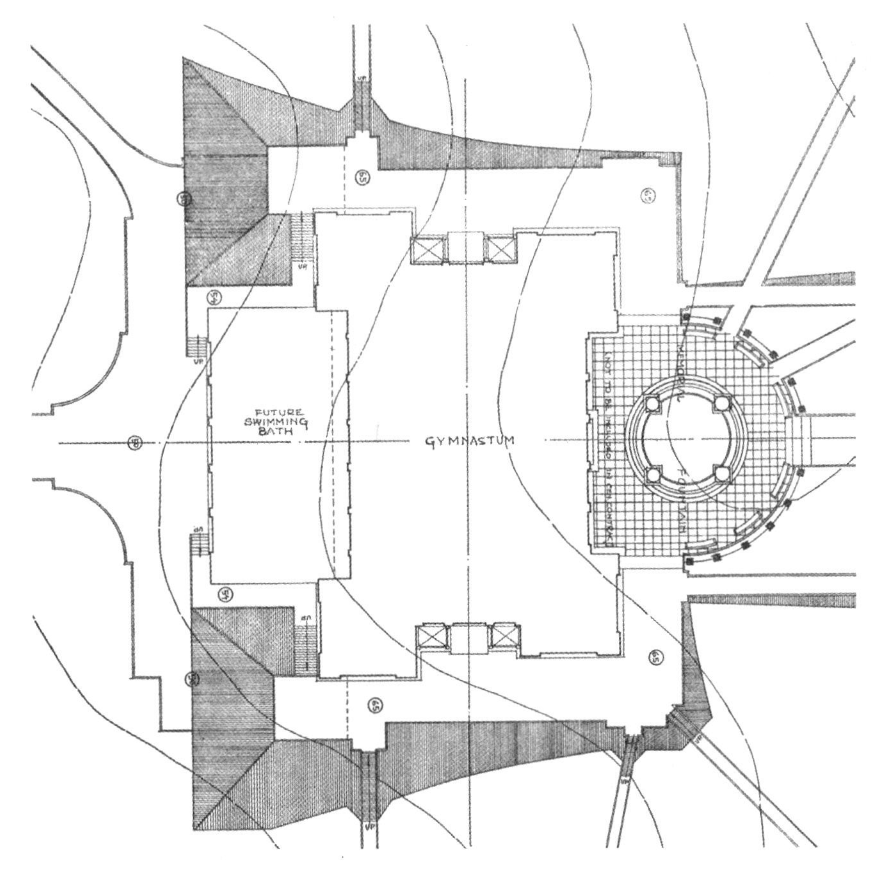

图5-31　武汉大学体育馆总平面图（原图载：建筑月刊，1936，4（2）：14）

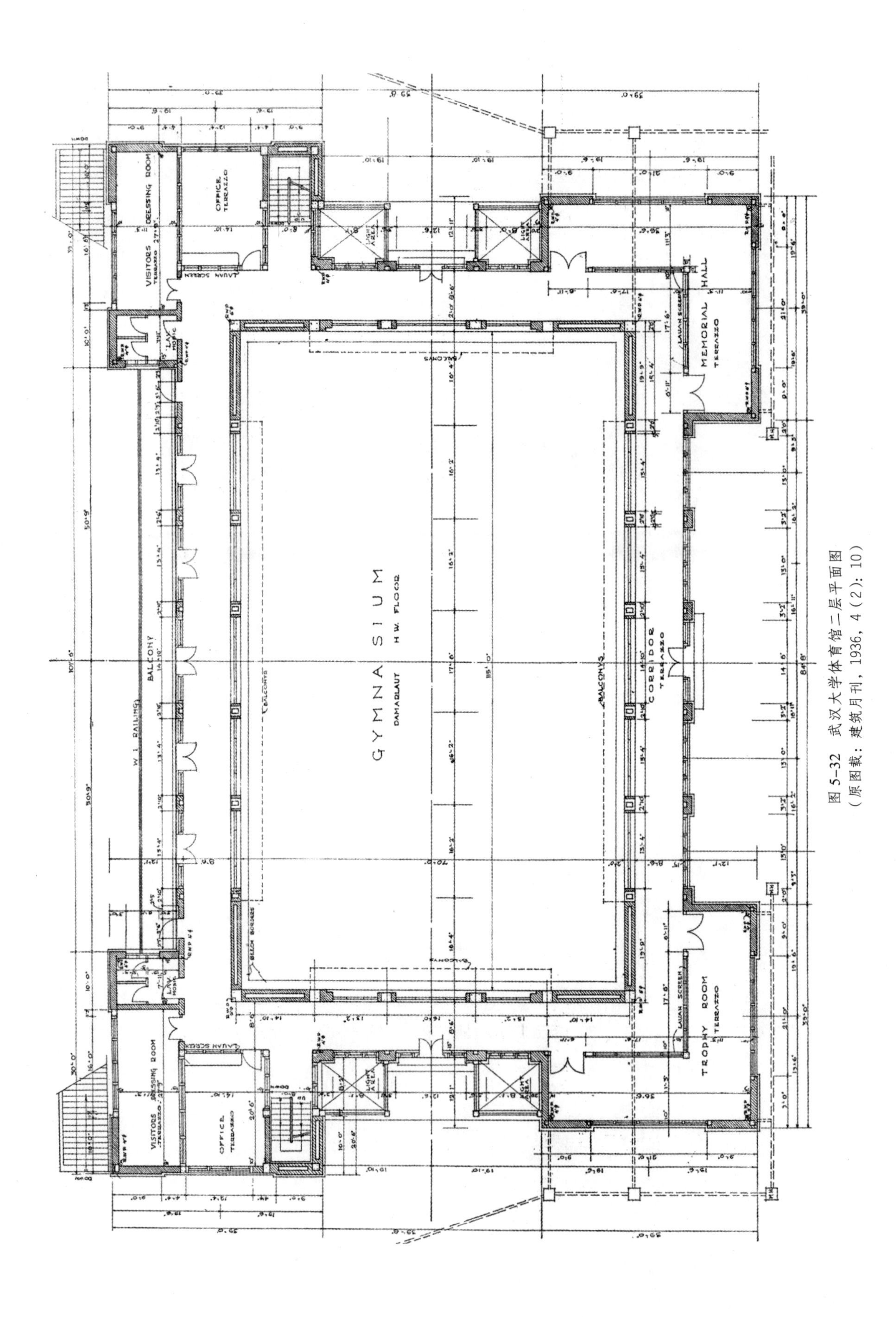

图 5-32 武汉大学体育馆二层平面图
（原图载：建筑月刊，1936，4（2）：10）

22m)。屋顶结构采用六榀三铰拱钢架，跨度22m，拱脚与钢柱铰接，每榀钢柱间设有以工字钢为骨架、外包箍筋的钢骨混凝土的框架梁为连接构件。由于屋面钢拱铰接支撑在钢柱上，为了抵抗拱脚的侧向推力，于每榀钢架的两个拱脚间设水平方向的钢拉杆（Tie rod）连接，并在钢拉杆与拱架间设有四处竖向腹杆以增强结构的整体性。由于建筑钢架跨度不大，且钢架的间距较小，分别为16.16ft（约4.93m）和17.67ft（约5.38m），因此没有在钢架间设置横向连系构件，而是直接利用屋面檩条连系各榀钢架以代替横向连系构件（图5-33、图5-34）。

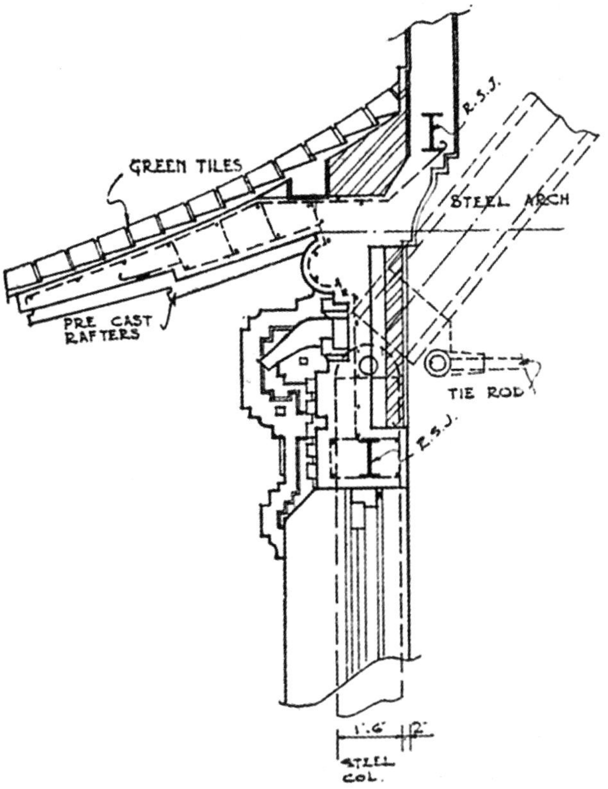

图5-33 武汉大学体育馆外墙节点详图（原图载：建筑月刊，1936，4（2）：15）

由于建筑模仿中国传统建筑式样，为保证馆内运动场的采光需要，建筑正中五开间的屋顶为坡度较缓的三重檐屋顶，在钢架上抬梁砌墙，利用上下层屋面的空间设置高侧窗采光，这是凯尔斯将现代结构技术与中国传统建筑形式结合的尝试。

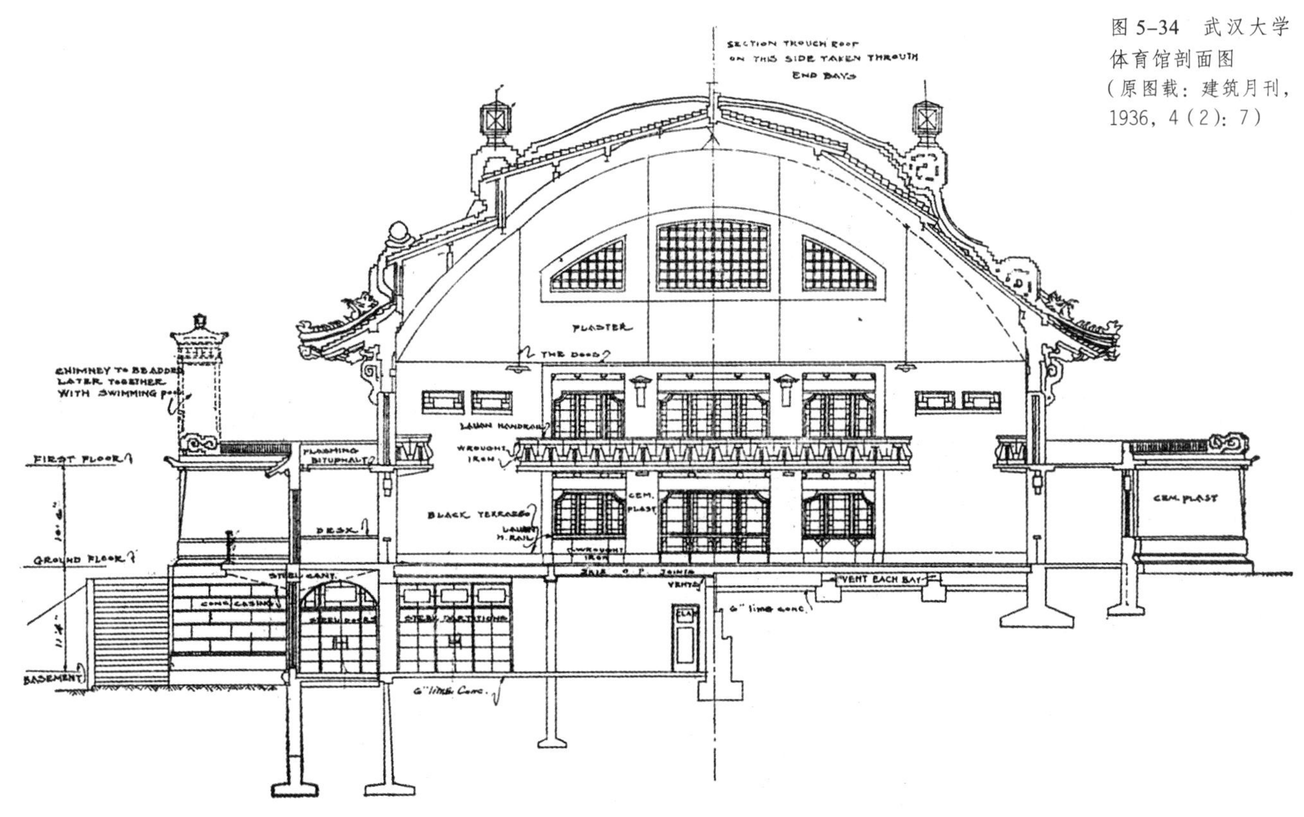

图5-34 武汉大学体育馆剖面图（原图载：建筑月刊，1936，4（2）：7）

5.2 建筑材料与建筑技术的发展

5.2.1 现代建筑材料的研究与介绍

20 世纪 20~30 年代，随着钢筋混凝土结构、钢结构等新建筑技术的发展，水泥、钢筋混凝土、机制砖瓦等各种建筑材料的市场需求大量增加，其他新建筑材料也不断涌现。从《中国建筑》与《建筑月刊》刊登的一系列有关建筑材料的文章可以看出，这一时期业界对各种新型建筑材料的性能、应用方法与应用范围，以及经济性等方面的问题已有许多针对性的介绍，对国外建筑材料的发展也有所了解。如《中国建筑》1934 年第 2 卷第 3 期刊载的《建筑用石概论》，第 2 卷第 11-12 期刊载的《国产木材之实用计算法表说明》;《建筑月刊》1933 年第 1 卷第 6 期刊载的《有色混凝土制造法》; 1934 年第 2 卷第 1 期刊载的《水泥储藏于空气中之影响》和《气候温度对于水泥，灰泥与混凝土三者之影响》; 第 2 卷第 10 期刊载的《优良混凝土之基本要件》; 1935 年第 3 卷第 11-12 期和次年第 4 卷第 1 期连载的袁宗耀翻译自美国笔尖杂志的《烧土》(Burnt Clay)，以及长篇连载《建筑材料价目表》等，涉及的内容很广泛，包括建筑材料的学理研究，水泥、钢筋混凝土、砖石与木材的相关研究，国内外新型建筑材料及应用成果介绍，以及国内建材市场信息的发布等。

1）水泥与钢筋混凝土的研究与介绍

当时国内建筑界对水泥和钢筋混凝土的应用已有相当认知。《建筑月刊》1937 年第 4 卷第 11 期刊载薛雪英的《关于水泥》，从水泥的历史沿革、制造方法、特性、使用方法等方面作了概括介绍，同时也对混凝土与钢筋混凝土的材料特性作了简要说明。1935 年第 2 卷第 1 期刊载黄钟琳的《水泥储藏于空气中之影响》和《气候温度对于水泥，灰泥与混凝土三者之影响》，前者从储藏方式对水泥性能的影响出发，根据实测数据对比分析在密封锡罐、麻袋和空气三种储藏条件下水泥凝结时间和抗拉、抗压强度的变化，指出普通水泥在空气中存放时间以三个月为限，超出存放时间则性能已不可靠，这种研究对施工企业有很强的现实意义。后者基于对水泥凝结时间与施工进度和结构强度重要关系的认识，从理论上研究温度对水泥凝结时间，以及对水泥、灰泥和混凝土三者力学性能的影响，指出混合物的水灰比、混凝土浇捣施工周期的气温及养护等因素对其结构强度的影响，并介绍了新型快燥水泥（如铝质水泥）的使用特性。黄钟琳还在《建筑月刊》1933 年第 1 卷第 6 期发表《有色混凝土制造法》，结合国内外相关研究对有色混凝土的制造方法作了简要综述，内容涉及颜料的性能要求，各种矿物质颜料的色彩属性，添加颜料的比例与色彩的关系，试验及制造的方法，施工中的问题及解决方案等内容，将彩色混凝土这一新型工艺引入国内。此外，向华在《建筑月刊》1934 年第 2 卷第 10 期发表《优良混凝土之基本要件》，从混凝土材料的构成原理出发，分析水灰比（Water-cement ratio）对混凝土质量的重要作用，并根据不同使用要求提出相应水灰比的经验数据，如“凡耐风雨剥蚀或占有坚力，并每方寸具二千磅支力之混凝土，每袋水泥，掺水不得超过七又二分之一加伦，乃一种比较稀薄之浆质也。凡极端可耐风雨并具紧密之特性，及每方寸有三千磅支力之混凝土，则每袋水泥，掺水不得超过六加伦……普通混凝土之水泥比率，每袋水泥大概需水自五加伦至八加伦。三加伦为化合水泥之用，其余则为联络与滑润大量沙石之用。此剩余水分，以学理论，虽非必需，然以经验论，并以工程之牢固论，则不可少也。”[①] 文章反映当时混凝土的搅拌技术已有较科学的操作规程，从设计到施工均有一定之规：“每袋水泥，至多须放水若干，几何分水之水泥，可得何种之混凝土品质，均详细说明。其坚韧与紧密性质，则由工程师决定之，而加入沙砾之多少，则由成本价值与铺置地位而决定，包工承揽者，多注意及之。……今日拌制混凝土者，对于成分方面，均能分配适当，深切注意。故往日对于水泥沙石与水任意混合，并不察其比率者，殆不复存在。”[②] 根据上述记载，当时混凝土搅拌成品的质量已有很大提高，其力学性能和安全性也有更大保障，因此作为新结构技术的主要材料，混凝土质量的提升客观上推动了钢筋混凝土结构技术的大量应用，为这一时期各类高层、大跨度建筑的实施提供了物质基础。

2）砖、石和木材的研究与介绍

《建筑月刊》1935年第3卷第11-12期和次年第4卷第1期连载袁宗燿翻译自美国笔尖杂志的《烧土》(Burnt Clay)一文，介绍国外建筑烧土制品（包括砖、瓷砖和瓦）的历史沿革、生产工艺及发展状况，分析空心砖、搪瓷砖、釉面砖等新型烧土制品的生产工艺及材料特性，对建筑师了解及合理使用此类材料颇有裨益。

《中国建筑》自1934年3月第2卷第3期开始连载朱枕木的《建筑用石概论》，至1934年6月第2卷第6期为止共刊出4期，分析和介绍“砌筑结构的大型石材、装饰贴面用石材以及屋面用石材”等三种主要建筑石材。文章从建筑用石的基本原理、石材的寿命与风化、石材所含有害矿物质的甄别、石材的物理性能、石材的养护方法等方面作了较全面的介绍，并介绍花岗石、砂岩及石英岩、石灰岩、大理石、石板岩等主要石材的成因、成分、性能特点、产地及应用情况，如作者所言：“因见建筑用石之或为多数读者所未悉，故特述此文。”[③] 有助于从业者科学掌握石材性能，普及与推广建筑石材。

木材的使用在中国有着悠久的历史，但是随着现代建筑技术的发展，建筑木材的使用功能和产品质量都有很大变化。当时的建材市场，由于国产木材缺乏统一规范的产品规格，木材的物理、化学性能也没有明确的标准，致使国产木材与进口产品相比难以适应工业化生产的要求，国内原有的木材生产工艺和产品质量已落后于进口木材产品。《中国建筑》1934年第2卷第11–12期刊载赵国华的《国产木材之实用计算法表说明》，对当时国内木材行业产销量日益下降的原因作了简要分析，指出“厘税之豁免、尺码之划一、材质之考究、废材之利用、应用之方法”的研究是增加国产木材行业市场竞争力的根本方法，厘税之豁免可降低企业成本；尺码之划一可统一产品规格，有利于标准化生产；材质之考究可提高产品的性能特质；废材之利用可以增加原料的利用率，降低成本；应用方法的研究有利于推广国产木材的使用，增加销路。由于进口木材有较详细的产品性能及使用说明，所以设计人员在了解厂家说明后往往采用其产品，相比之下国产木材相应技术资料的缺乏则导致设计人员因不了解而不愿采用。有鉴于此，文章中主要对木材的应用作了较详细的介绍，列表说明不同规格木料与其使用性能的对应关系，包括龙泉尺码及断面性质，木柱木桩及木梁的受力范围，打圆木桩的工作量计算以及筒木的重量等内容，对国产木材产品的应用起到宣传推广作用，而文中所提改革国内木材业的方法也为政府和相关厂商提供了产业发展的思路。

---

① 向华．优良混凝土之基本要件[J]. 建筑月刊，1934，2（10）：21-22.

② 向华．优良混凝土之基本要件[J]. 建筑月刊，1934，2（10）：21-22.

③ 朱枕木．建筑用石概论[J]. 中国建筑，1934，2（6）：46.

3）其他新型建筑材料的介绍

当时业界对国外新型建材的发展及最新成果也予以关注，《建筑月刊》曾多次刊登宣传推广新材料的文章。如1933年第1卷第11期刊登译文《冷溶油之研究》，从材料特性、经济性和施工工艺等方面介绍国外试验成功的冷敷沥青（Cold Applied Bitumen），特别说明该材料的耐候性和耐久性较好，并可节省日常养路费用，对当时国内方兴未艾的道路基础设施建设极具参考价值。又如该刊1935年第3卷第3期介绍德国发明的以垃圾制造新型建筑材料的技术，可将普通垃圾炼制成坚韧的纤维材料用以制作墙砖地板，其产品具有不导电、不易燃烧的特点，是近代中国较早宣传绿色建材的实例。

除引进和介绍新型建筑材料外，当时国内建筑在应用新建筑材料方面也有不少实例，部分新型建材已实现国产化。如《建筑月刊》1936年第4卷第4期介绍国外新材料玻璃砖，说明其所具有的透光而避免视线干扰的作用，在室内设计及建筑立面设计中都可起到特殊的视觉效果。从当期广告可以看出，当时中国化学工业社附属的晶明玻璃厂已可生产此类产品，并且规格尺寸能按需求定制，一改以往依赖进口的情况。据广告所言，当时上海市立图书馆所用的各种玻璃砖均为晶明玻璃厂的产品。又如《建筑月刊》1936年第4卷第10期所言，随着20世纪30年代国内工业的发展，各地兴建的工业建筑日益增加，当时出现一种“令不脱”手艺纸柏水泥屋瓦，由英国环球纸柏制造厂在英国沃特福德（Watford）制造，上海合辟洋行经销。该产品经济耐久，能抵御烟灰及气候变化，耐火和防水性能好，屋瓦板长度可达3m左右。1931~1936年间“中国大部工业建筑及公共建筑，均加采用”[①]，包括上海北火车站、上海杨树浦路博德运蜜蜂牌毛绒厂、上海杨树浦自来火公司、上海永光油漆厂、上海徐家汇贫儿院工场、上海自来水公司、南昌中意飞机厂、武昌军用飞机棚等。另据《建筑月刊》1937年第5卷第1期记载，当时上海市场还有一种进口的新型软木板材，产地多为西班牙和葡萄牙，由上海怡德洋行经销。建筑墙体粘贴这种新型软木板材可以起到隔声、减振以及保温隔热的作用，该板材在施工中以柏油为粘结剂与基层墙面粘结，并可通过柏油反复粘合增加板材厚度。

此外，《建筑月刊》1933年第1卷第11期还刊登了玉生翻译的《爱克斯光在建筑上之应用》一文，介绍X光在建筑材料检测方面的应用前景。文中谈及X光可以在不损坏材料的情况下检查建筑材料的内部组织和建筑物的结构性能，如钢梁、钢柱内的气体空隙或砖瓦材料的缺陷。当时最新的检测案例显示X光可以透过4in（约100mm）厚的钢板，6in（约150mm）厚的石或砖，或厚约10in（约255mm）的木质材料。同时，这种X光检测技术还可用来研究材料受力后的内部变化情况。X光检测技术的引入对提高建筑结构，尤其是钢结构建筑的安全性有着重要的作用。

4）建筑材料价目表

由于主办方的营造商和材料商背景，从经济角度对建筑材料市场有关信息的收集和发布一直是《建筑月刊》的重要内容。该刊自1932年11月创刊号起就一直设有“建筑材料价目表”专栏，至1937年4月停刊共连载49期。该专栏从货名、商号、标记、规格、数量、价目、用途及备注说明等方面发布上海市场各种建材信息。由于“市价瞬息变动，涨落不一，集稿时与出版时难免出入”[②]。编辑部还对希望了解正确市价的读者提供来函来电随时询问服务。

鉴于市场建材信息获取渠道的局限性，“建筑材料价目表”并不能全面反映国内建材市场的整体格局，但还是可以反映当时国内市场建材门类逐渐完善，建材品种逐渐丰富的发展趋势。通过对专栏内容的统计可以看出，最初刊登的产品类型包括砖瓦类、木材类和油漆类，

---

① “令不脱”手艺纸柏水泥屋瓦介绍[J].建筑月刊，1936，4（1）：32.

② 建筑材料价目表[J].建筑月刊，1933，1（8）：50.

其中砖瓦类主要参照大中砖瓦公司、长城砖瓦公司、义合花砖瓦筒厂、振苏砖瓦公司的产品价格；木材类主要参照上海市同业公会公议价格；油漆类则参照开林、永固、元丰、永华等公司的产品价格。1934 年第 2 卷第 1 期开始增刊水泥和五金类产品信息，其中水泥类主要刊登启新、华商、中国三家国内大厂的产品信息，同时还刊有从英、法、意三国进口的白水泥的产品信息。当时进口白水泥的售价为 27~32 元 / 桶，将近 5 倍于国产普通水泥的价格。五金类产品包括铁皮、铁钉、牛毛毡、门锁、铁丝网篱等。1934 年第 2 卷第 4 期则增加钢条类产品，基本为德国、比利时、意大利三国的进口产品。从 1936 年第 4 卷第 4 期开始在五金类产品中出现防水材料信息，主要参考华商、中国、建业公司和上海雅礼制造厂的各种产品信息，反映出当时防水防潮构造技术已有所发展，新型防水材料已经实现国产化。通过对比 1932 年创刊号与 1937 年最后一期“建筑材料价目表”的内容可以看出，1937 年建材市场无论是材料的类型、类别还是规格、用途等都较 1932 年有了很大的发展，这一方面源于建筑功能和使用需求的发展，另一方面也说明国产建筑材料工业在此期间有了较大的发展（表 5–5）。

1932 年与 1937 年《建筑月刊》刊载的“建筑材料价目表”内容比较一览表　　表 5–5

	材料大类	材料品牌与产品类型
《建筑月刊》1932 年第 1 卷第 1 期“建筑材料价目表”的主要内容	砖瓦类	泰山砖瓦公司：紫面砖、白面砖、路砖、火砖、红平瓦、青平瓦、脊瓦； 瑞和砖瓦公司：火砖、红瓦； 益中机器股份有限公司：精选马赛克瓷砖、普通马赛克瓷砖； 大康公司：川号红新放、川号清新放、小瓦； 启新洋灰公司：花砖； 马尔康洋行：A-F 号汽泥砖； 义品机制砖瓦厂：多孔红砖
	油漆类	振华油漆公司: 双旗牌白漆及各色漆，飞虎牌白漆及各色漆、红丹漆、松节油及燥漆、防锈漆、普通房屋漆、打磨漆、汽车磁漆、快燥磁漆、光漆、木器漆（地板漆）、精炼漆、填眼漆
	泥灰类	大康公司：顶尖纸、细纸、粗纸
《建筑月刊》1937 年第 5 卷第 1 期“建筑材料价目表”的主要内容	砖瓦类	大中砖瓦公司：2~6 孔普通空心砖、八角式楼板空心砖、六角式楼板空心砖、深浅毛缝空心砖、红砖、青平瓦、红平瓦、西班牙式红瓦、英国式湾瓦、古式圆筒青瓦 振苏砖瓦公司：2~8 孔普通空心砖、实心机制青 / 红砖、牛踏泥制实心砖、青 / 红平瓦、青 / 红脊瓦、西班牙式青 / 红瓦
	钢条类	四十尺四分至四十尺一寸之普通花色
	泥灰石子类	水泥：象牌、泰山牌、马牌； 石膏粉：三宝牌； 砂：宁波黄砂、湖州砂； 石子：青石子、太湖石子、黄石子、苍蝇头；吴淞沙、黑泥、细纸
	木材类	洋松、柚木、硬木、柳桉、红板、抄板、皖松、企口板、建松板、青山板、杭松板、瓯松板、台松板、台州松、坦户板、机锯红柳板、毛边红柳板、俄松板、白松方、红松方、麻栗方、哑克方、俄麻栗板
	油漆类	振华油漆公司：飞虎牌白漆及各色漆、双旗牌白漆及各色漆；飞虎牌红丹漆；干料及稀薄剂：飞虎牌松节油、松香水、燥液、燥漆；飞虎牌有光调和漆、飞虎牌各色房屋漆、飞虎牌各色水粉漆、飞虎牌填眼漆及油灰
	生铁搪瓷卫生用具	益丰搪瓷公司：水盘、圆角面盆
	耐火材料	益丰搪瓷公司：上等益丰火砖、二等金钱火砖、三等 IFC 火砖、各式火泥
	五金类	钉：中国货元钉 避水材料及牛毛毡：雅礼避水浆、避水粉、避水漆、纸筋漆、避潮漆、透明避水漆、敌水灵、胶珞油、保地精、保木油、快燥精，建业防水粉（军舰牌），五方纸牛毛毡、人头牌各规格牛毛毡 门锁：金色弹子挂锁，各色钢壳弹子门锁、各色明螺丝弹子门锁、各色弹弓门锁、各色执手插锁、各色元瓷执手插锁、各色自关弹子头插锁、各式门锁配件 钢丝网、铅丝布、绿铅纱、钢丝布
	其他类	泰记石棉制造厂：各式橡纸坭、各色橡纸绒、封面硬性石棉、厚薄纸柏板
	玻璃类	各式厚白片、哈夫片、耀华片、铅丝片、磨砂片

注：本表根据《建筑月刊》创刊号与第 5 卷第 1 期刊载的“建筑材料价目表”编制。

5.2.2 现代建筑技术与建筑构造的发展

随着西方现代建筑技术与现代建筑材料的引进，中国的现代建筑技术与现代建筑构造也得到发展。传统中式建筑在防水防潮、采光通风等方面的缺陷已成为业界共识，建筑师过元熙认为："至于旧式住宅，则地铺土砖，阴湿极点。高顶椽屋，光线不足。夏暑无通风之方法，冬寒无使暖之器具。"[①] 因此，消除旧式建筑的这些积弊，采用先进的现代建筑技术与现代建筑构造，是近代中国建筑技术体系进步的重要表现，《中国建筑》与《建筑月刊》的相关内容反映了当时建筑防水防潮技术、防火和防灾技术，以及采暖和制冷空调技术的发展状况。

1）防水与防潮技术

（1）防水材料的生产与使用

20 世纪 30 年代，防水材料，主要是添加剂和涂料产品的国产化率已有很大提高，材料种类也较为多样，并出现了若干著名产品。当时国内的防水材料根据其防水性能和防水机理可分为三种类型：卷材型、添加剂型、涂料型。其中，卷材型防水材料的作用是以物理手段隔绝水流和潮气的渗透，主要产品有"马牌"牛毛毡和五方纸牛毛毡（又称油毛毡）。添加剂型防水材料的作用有三，一是通过化学反应减少混凝土或水泥砂浆的用水量并加快其凝固速度，或增加混凝土、砂浆的抗拉、抗压性能，提高其密实度；二是通过化学媒介在混凝土、砂浆的凝固过程中引发微膨胀以抵消材料收缩，减少裂缝、裂纹；三是用憎水性材料堵塞混凝土、砂浆中的毛细孔，以减少乃至杜绝材料的毛细渗水现象。添加剂型产品主要有上海雅礼制造厂生产的"树叶牌"避水浆、避水粉、保地精、快燥精、特快精、敌水灵，以及上海中国建业公司生产的"军舰牌"防水粉。涂料型防水材料的作用是以憎水性材料固化成膜以堵塞混凝土、砂浆中的毛细孔，用物理方法隔绝水流和潮气的渗透，主要产品有上海雅礼制造厂生产的避水漆、胶珞油、纸筋漆、避潮漆等（表 5-6）。

20 世纪 30 年代国内主要防水材料统计表　　表 5-6

材料类型		卷材	添加剂		涂料	应用实例
防水机理		隔绝水流 隔绝潮气	减少用水量，加快凝结速度，提高密实度；引发结硬时的微膨胀以抵消材料收缩	增强水泥砂浆及混凝土的抗压、抗拉性能	以憎水性材料成膜，堵塞毛细孔，隔绝水流与潮气	
生产厂家及品名	上海雅礼制造厂		雅礼避水浆 雅礼保地精、雅礼快燥精、雅礼特快精、雅礼敌水灵	雅礼避水粉	雅礼避水漆、雅礼胶珞油、雅礼纸筋漆、雅礼避潮漆	上海：市政府、市政府博物馆、市立医院、四马路总巡捕房、上海火车站、四行储蓄会大厦、中国银行、花旗银行、上海市银行、广东银行、国际饭店、亚洲饭店、大陆商场、跑马厅、融光大戏院、金城大戏院、同济大学； 南京：财政部、中央博物院、意大利领事馆、国立戏剧音乐院、中央农业实验所、江苏农民银行、中南银行、大华影戏院、江南水泥厂； 南昌：中国银行、交通大厦、洪都招待所、江西省发电厂； 杭州：杭州水利局、杭州电厂； 南通：南通大生纺织公司

① 过元熙．新中国建筑之商榷 [J]. 建筑月刊，1934，2（6）：16.

续表

材料类型		卷材	添加剂		涂料	应用实例
防水机理		隔绝水流 隔绝潮气	减少用水量，加快凝结速度，提高密实度；引发结硬时的微膨胀以抵消材料收缩	增强水泥砂浆及混凝土的抗压、抗拉性能	以憎水性材料成膜，堵塞毛细孔，隔绝水流与潮气	
生产厂家及品名	中国建业公司			建业防水粉		上海：浦东同乡会、律师公会、中央信托局、同济大学测量馆、大夏大学、阜丰面粉厂公司新麦栈； 苏州：苏州江苏省立瓷工科职业学校； 昆山：昆山泰记电气公司； 潼关：潼关泾洛工程局； 福州：福建省立医院； 广州：广州国立中山大学
		马牌牛毛毡、五方纸牛毛毡				上海：百老汇大厦、虹桥疗养院、中国银行堆栈、法国邮船公司大厦； 南京：南京美军顾问团公寓、孙科书斋

注：本表根据《中国建筑》与《建筑月刊》各期刊载的相关资料整理编制。

上述三种防水材料的使用方法较为简便，如在手工拌制的三合土或水泥砂浆中加入建业防水粉，只需将水泥与防水粉先行拌匀后再与黄沙等充分搅拌，而后照常加水即可。若用机器搅拌，则将水泥与防水粉、黄沙、石子等同时放入搅拌。无论何种方式，防水粉的用量为水泥用量的 2% 即可。添加剂性防水材料用法简便，使用范围也较广，可用于建筑屋面、墙身、地下室等部位。卷材型防水材料主要用于平屋面、坡屋面及地下室防水，涂料型防水材料则主要用于墙面、室内装修及修补裂缝等。

当时国产防水材料的技术性能已有较大进步，龙头企业如中国建业公司、上海雅礼制造厂的部分产品还经有关技术部门检测合格，获得政府管理部门的嘉奖。据《建筑月刊》1936 年第 4 卷第 4 期报道，中国建业公司生产的“军舰”牌防水粉由上海市工业试验所和同济大学材料试验室分别于 1935 年 1 月及 1936 年 7 月作技术检测，并出具正式报告。该产品可使混凝土抗压能力增加 14.98 %，抗拉能力增加 11.98 %，获得实业部和中国工程师学会颁发的 1935 年国产建筑材料展览会特等奖（图 5–35）。

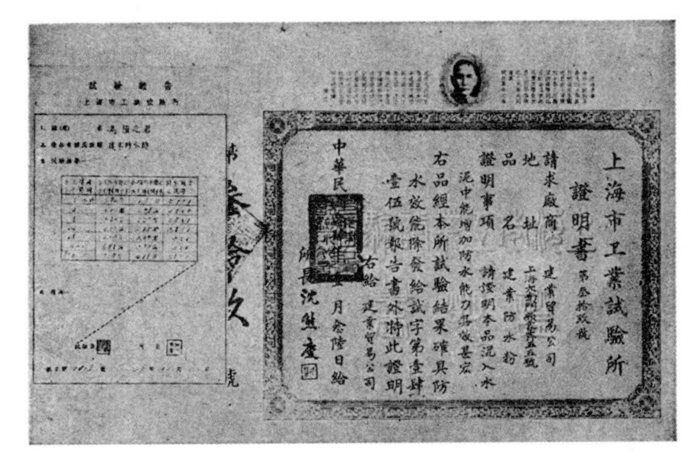

上海市工業試驗所
證明書 第叁拾玖號
請求廠商 建業貿易公司
地址
品名 建業防水粉
證明事項 請證明本品混入水泥中能增加防水能力為效甚宏
右品經本所試驗結果確具防水效能除發給試字第壹肆壹伍號報告書外特此證明
右給 建業貿易公司
所長 沈熊慶
中華民國 年 月念陸日給

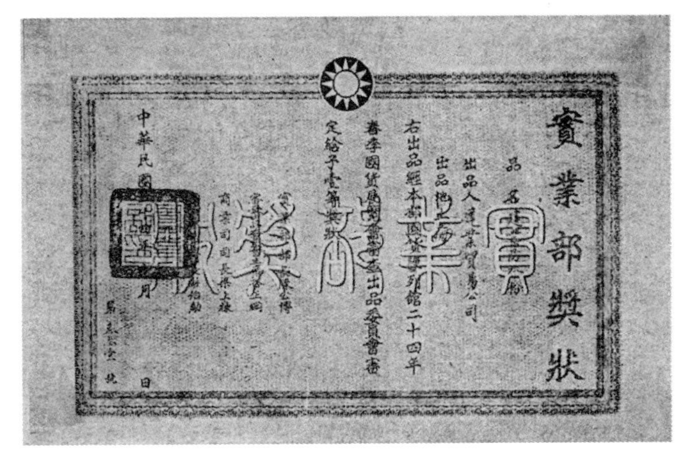

實業部獎狀
品名
出品人 建業貿易公司
出品地 上海
右出品經本部國貨陳列館二十四年
春季國貨展覽會出品審查委員會審
定給予壹等獎狀
中華民國 年 月 日

图 5–35 建业防水粉所获检测证书及奖状
（原图载：建筑月刊，1936，4（10））

产品类型的多样化和专业化

是当时防水材料发展的又一特点。据《中国建筑》1934 年第 2 卷第 9-10 期报道，上海雅礼制造厂可生产各种类型及用途的防水制品，其防水作用机理和作用方式各有特点。其中避水浆、避水粉可提高水泥的密实度；快燥精可使普通水泥凝固速度加倍，尤其利于冬季施工，而特快精更可使水泥在极短时间内迅速凝固；胶珞油可堵塞水泥的毛细孔，替代油毛毡的功能；纸筋漆专门用于填嵌各种裂缝及修补锈烂的白铁皮；避水漆、避潮漆、透明漆则可作为水泥表面的防潮涂层使用。该厂除印有产品说明书及专门的《建筑避水法》技术手册供客户咨询使用外，还设立工程部专门承接各式避水工程，提供专项技术服务。另外，该工程部结合国防需求和自产防水材料特性，针对地下防空工程的建造措施研发并提出专门的解决方案。这种专门从事单项技术研发机构的存在与发展，进一步深化了营造体系的专业化分工，对新技术的开发、应用及工程质量的提高起到促进作用。

国产防水、防潮材料的技术性能较好、价格较低，加以当时提倡国货运动的开展，因此在市场上与进口产品可一争高下。当时许多重大工程，尤其是政府项目与中资项目都使用了国产防水、防潮材料，如上海市政府、上海市博物馆、火车站、中国银行、四行储蓄会大厦、国际饭店、同济大学，南京中央博物院、财政部、国立戏剧音乐院、大华影戏院、江南水泥厂，以及杭州电厂，江西省发电厂，广东中山大学等工程。当时进口防水材料在租界及外资项目应用比较广泛，如英商马尔康洋行经营的欧洲著名产品“雪隔避水浆”（Sika Waterproofing）可应用于堤坝、隧道、水塔、地下室等各种类型的建筑工程，厂商还可就产品质量出具质保证书以担保不漏。其产品被上海及其他地区 700 多个项目采用，如上海英商自来水厂、法商自来水厂、电力公司、电话公司、华商电气公司、自来火公司、汇丰银行、浙江兴业银行、汉弥尔顿大厦、亚细亚火油公司、江海关、华懋饭店、海军医院等。[①]

（2）防水与防潮的构造做法

建筑防水、防潮的构造做法与应用部位及选用的防水材料密切相关，添加剂型、涂料型防水材料因其用法简便，构造做法亦相对简单，适用于建筑的多数部位。卷材型防水材料因其防水效果好，多用于屋面及地下室底板防水，构造做法相对复杂。以下分别论述屋面防水、地下室底板防水及墙身防潮的构造做法。

因为卷材防水效果显著，所以当时各类建筑平屋面防水多采用此种材料。如《中国建筑》1934 年第 2 卷第 5 期刊登的上海虹桥疗养院项目，由启明建筑事务所奚福泉设计，安记营造厂承造。该建筑为四层平屋面，南向病房采用退台设计以保证病房采光及提供活动露台，其屋面有上人屋面和不上人屋面两种类型（图 5-36）。上人屋面的构造做法由下而上依次为: 钢筋混凝土楼板，松香柏油一道，0.5in（约 13mm）厚隔热板，铺一层牛毛毡，1in（约 25mm）厚花方砖面层。建筑顶部不上人屋面采用 2% 的结构找坡，其构造做法由下而上依次为：钢筋混凝土楼板，松香柏油一道，0.5in（约 13mm）厚隔热板，铺两层牛毛毡，表面撒柏油绿豆砂保护层。另外，四层厨房部分的屋面还将牛毛毡增至六层以确保防水效果。又如《建筑月刊》1936 年第 4 卷第 4 期刊登的由邬达克设计的上海圣心女子职业学校，其上人平屋面构造做法为结构找坡 1% 后，上铺 1in（约 25mm）厚沥青油毡两层，面层为 1.5in（约 38mm）厚水泥砂浆面层（图 5-37）。

坡屋面使用卷材防水也较为常见，如《中国建筑》1935 年第 3 卷第 1 期刊登的由杨锡镠设计的国立上海商学院，《中国建筑》1936 年第 25 期刊登的由李锦沛设计的上海江湾岭南学

① 参见中国建筑，1934，2（4）.

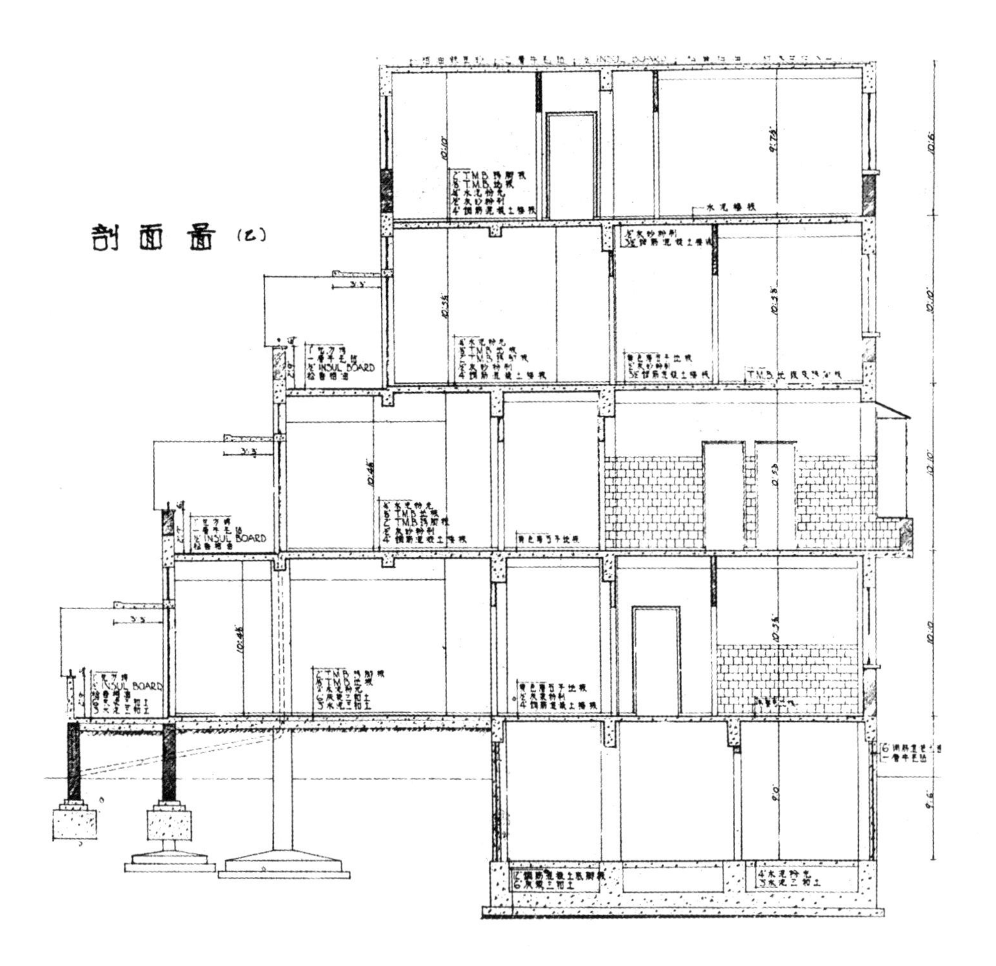

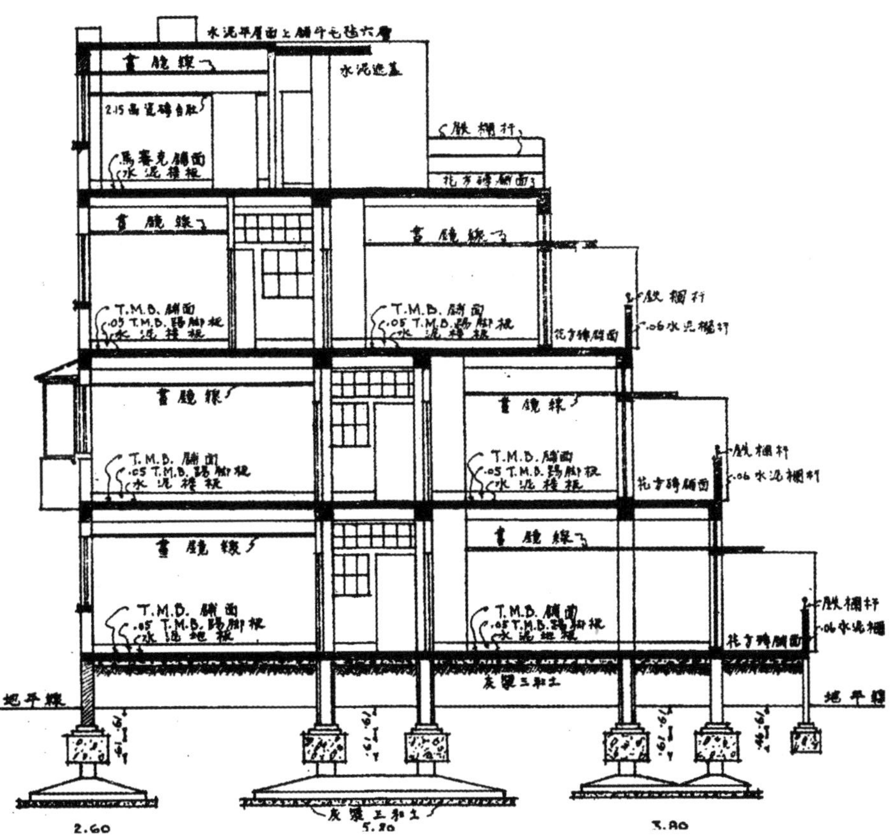

图5-36 上海虹桥疗养院剖面图（原图载：中国建筑，1934，2（5）：17-21）

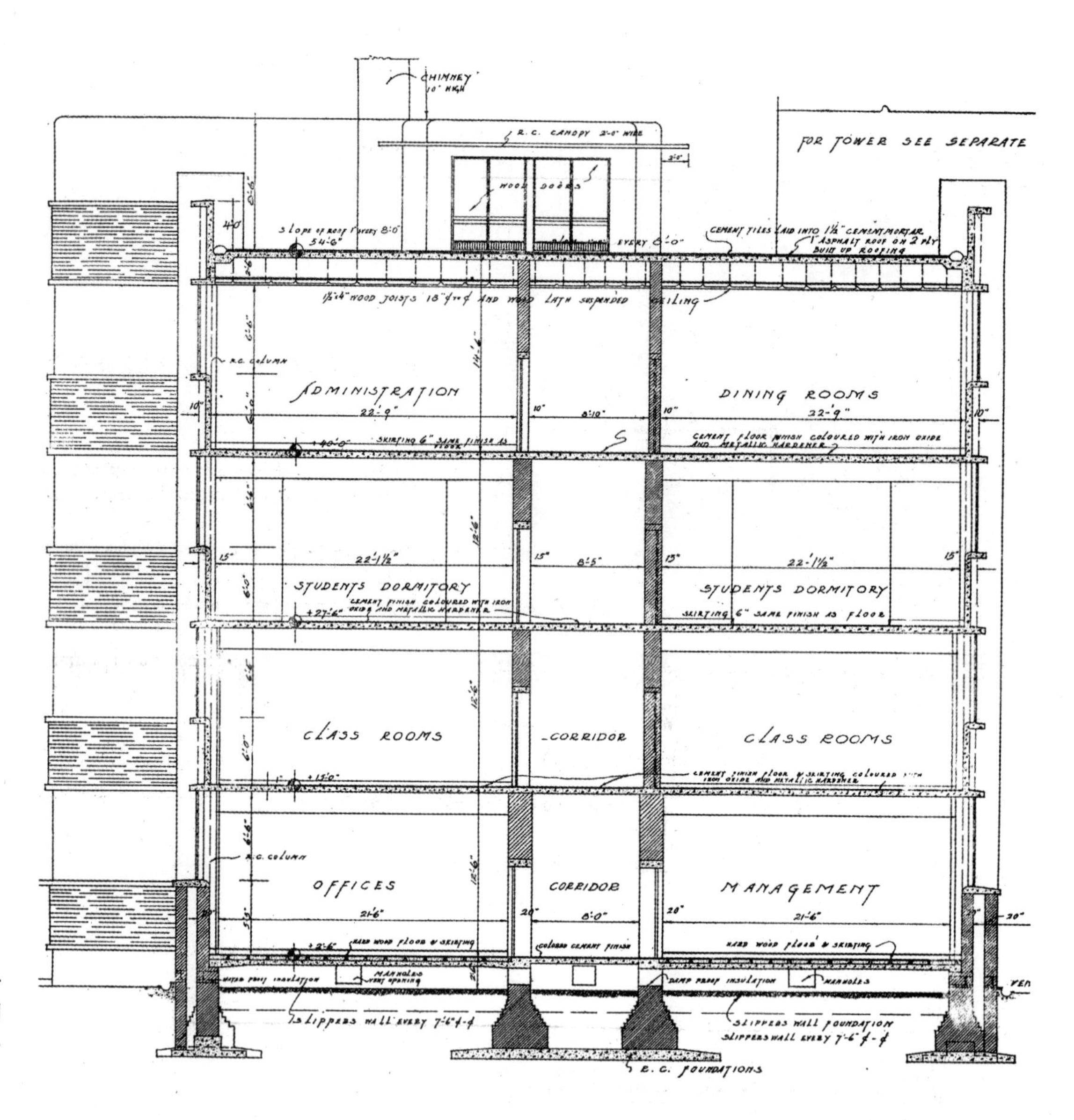

图 5-37 上海圣心女子职业学校剖面图（原图载：建筑月刊，1936，4（4）：12）

校、江湾麻露住宅等均采用油毛毡防水构造做法（图 5-38）。具体做法为，在屋面板上钉两层油毛毡，再做顺水条及挂瓦条，上覆瓦屋面。因坡屋面自身排水较顺畅，故增设卷材防水后防水效果更佳。此外，钢筋混凝土坡屋面防水做法也有使用添加剂防水者，如《中国建筑》1934 年第 2 卷第 11-12 期刊登的由基泰工程司设计的南京外交宾馆项目（该项目未建成，图 5-39）。坡屋顶建筑室内装有吊顶时，应注意吊顶内部空间的通风问题以避免潮湿（图 5-40）。如陆谦受、吴景奇设计的上海极司非而路中国银行行员宿舍，屋面采用钢筋混凝土屋面板上敷六层牛毛毡的防水构造做法，室内吊平顶后在外墙相应位置设通风洞，可保持吊顶内部的空气流动以避免潮湿。

地下室底板防水要求较高，一般采用卷材防水做法。如《中国建筑》1936 年第 26 期刊登的由陆谦受、吴景奇设计的 11 层上海中国银行堆栈，其地下室地面防水构造做法由下而上依次为：150mm 厚碎砖垫层，80mm 厚水泥三合土，五层柏油油毡，50mm 厚水泥三合土。当底板为钢筋混凝土时则使用钢筋混凝土底板与卷材组成的刚性防水和柔性防水结合的多层防水构造做法，如《中国建筑》1934 年第 2 卷第 8 期刊登的由董大酉设计的上海

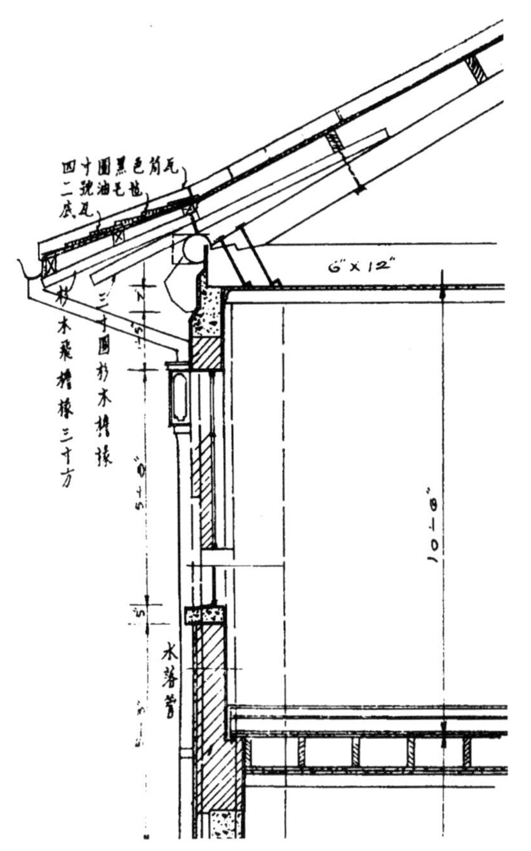

图 5-38 上海商学院屋面防水构造
（原图载：中国建筑，1935，3（1）：12）

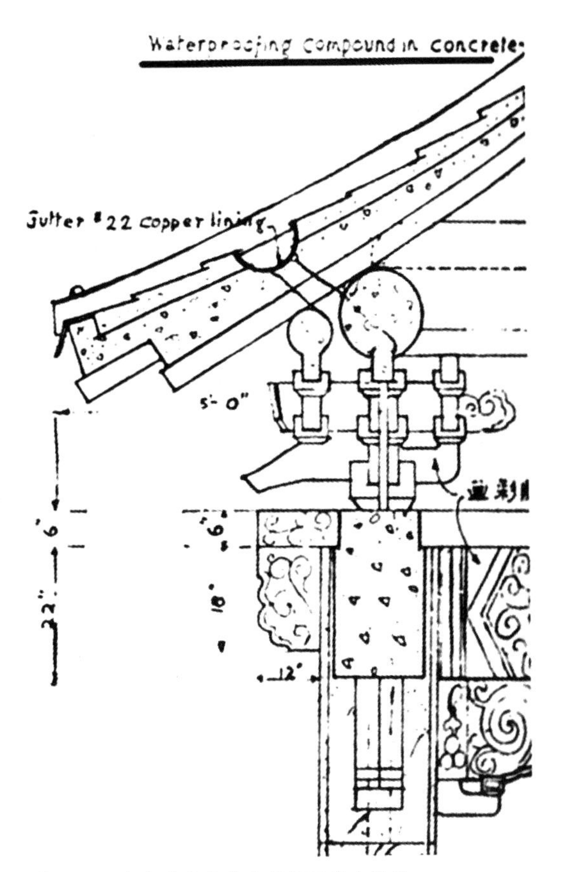

图 5-39 南京外交宾馆方案屋面防水构造
（原图载：中国建筑，1934，2（11-12）：12）

市体育场工程的游泳池项目，游泳池底板防水做法由下而上依次为：碎石三合土垫层，200mm 厚钢筋混凝土底板，五层沥青油毛毡防水层，100mm 厚钢筋混凝土保护层、瓷砖面层。此外还有同时使用添加剂型和卷材型防水材料以增强防水性能的做法，如《中国建筑》1933 年第 1 卷第 3 期刊登的由基泰工程司设计的南京中央体育场游泳池项目，游泳池长 50m，宽 20m，池底防水做法由下而上依次为：100mm 厚 1∶2∶4 钢筋混凝土，七层沥青油毛毡防水层，150mm 厚掺避水浆 1∶2∶4 钢筋混凝土，80mm 厚 1∶1∶2 钢筋混凝土，瓷砖面层。

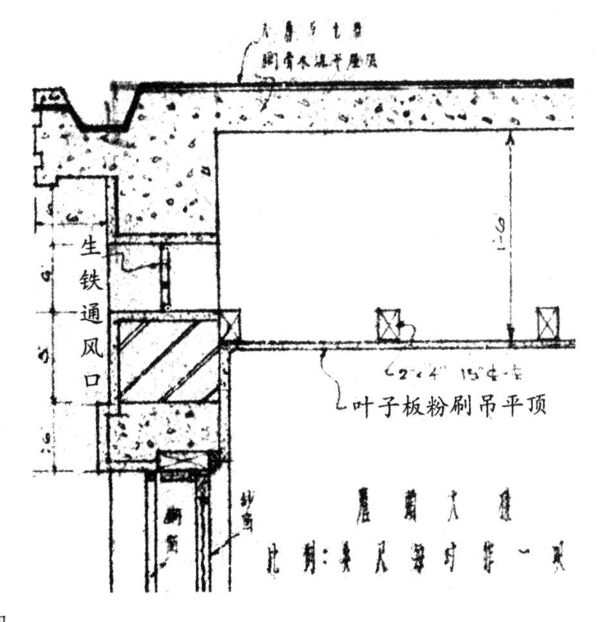

图 5-40 吊顶上部防潮构造实例
（原图载：建筑月刊，1934，2（7）：12）

由于涉及室内外地坪高差，墙身防潮构造包括水平防潮和垂直防潮两部分，其目的在于“防潮气之自上下逼入或从外透进也”。当时一般用于墙身防潮构造的材料有五种：“一、薄石板片二张，用水泥灰沙窝设；二、浇松香柏油即厚沥青一层；三、一皮釉面瓷砖；四、青铅皮一层；五、沥青制之油毛毡（或称牛毛毡）。”[①]采用石板防潮时需设两层石板片，前后错缝以避免潮气渗入；采用浇沥青做水平防潮层时，厚度在半寸左右，若作为垂直防潮层则工艺较为繁琐；砌筑釉面瓷砖做水平防潮层时可留空洞，兼作通风之用；青铅皮防潮层在铅皮接缝处需用锡焊合；牛毛毡防潮层厚度一至二分，施工简便，搭接便利，更因其质地柔韧，可耐弯曲而不易破损，故应用范围最广。

当室内地面低于室外地坪标高时，外墙防潮构造做法尤需加强，通常应设两道水平防潮层和一道垂直防潮层。一道水平防潮层设于室外地坪以上六寸处，另一道设于地板底沿油木之下，两道防潮层之间的墙体外侧迎水面应设垂直防潮层，或在墙中留二寸半宽竖向空缝，或在墙外加砌一道防水墙。当室内地面远低于室外地坪而成为地下室时，防水防潮应注意疏堵结合。为疏导地下水，可在地下室墙外深掘一井，深度超过地下室地坪以将地下水导入井中并用水泵排出。或者如上海中国银行堆栈地下室地面做法，在碎砖垫层中布置地沟，将渗入水流导至集水井用水泵抽出，地沟之上再作防水处理。钢筋混凝土结构地下室可用添加剂提升钢筋混凝土结构的自防水性能，并在外墙内侧加砌半砖厚墙体，两者之间浇以沥青；或将牛毛毡以热熔沥青满贴于外墙内侧，然后再加砌半砖厚墙体保护油毛毡不受破坏（图 5-41~图 5-43）。

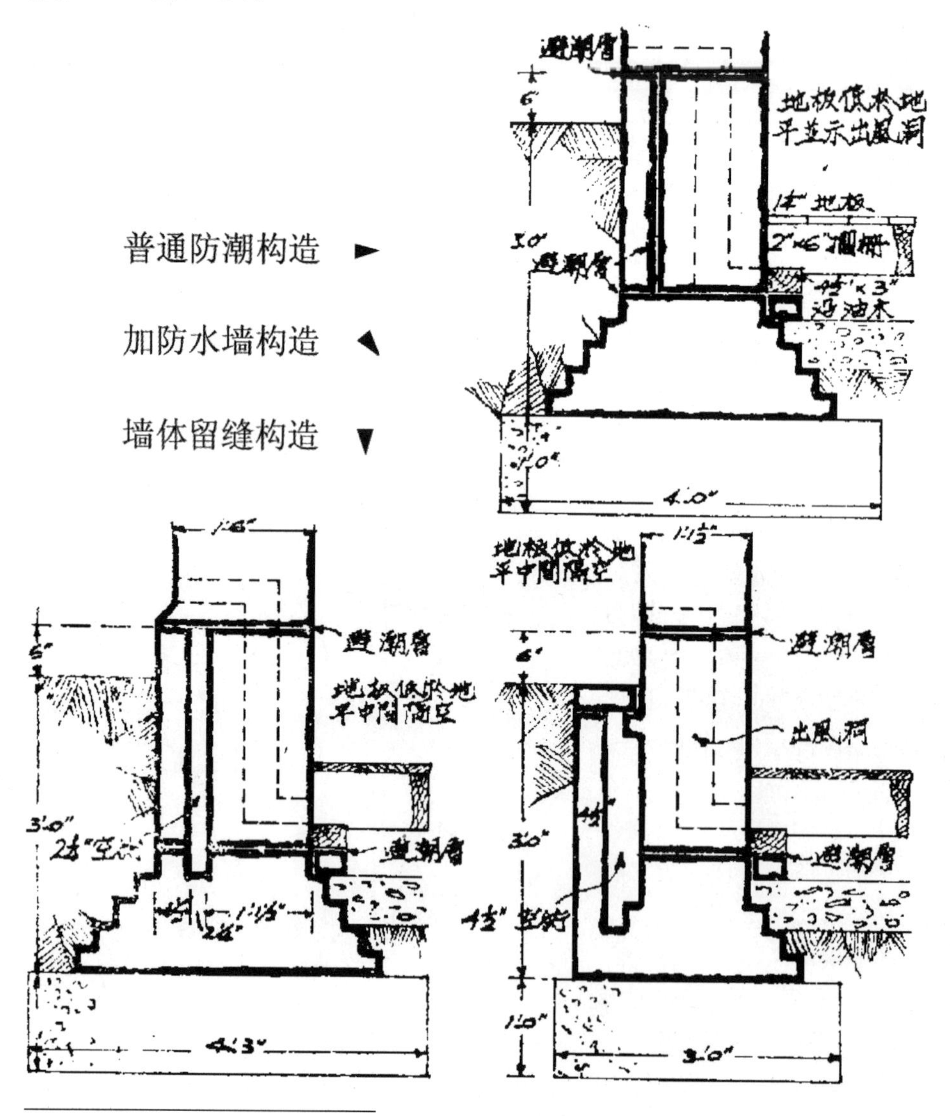

图 5-41　墙身防水构造做法
（原图载：建筑月刊，1935，3（7）：17）

① 杜彦耿 . 营造学 [J]. 建筑月刊，1935，3（7）：16.

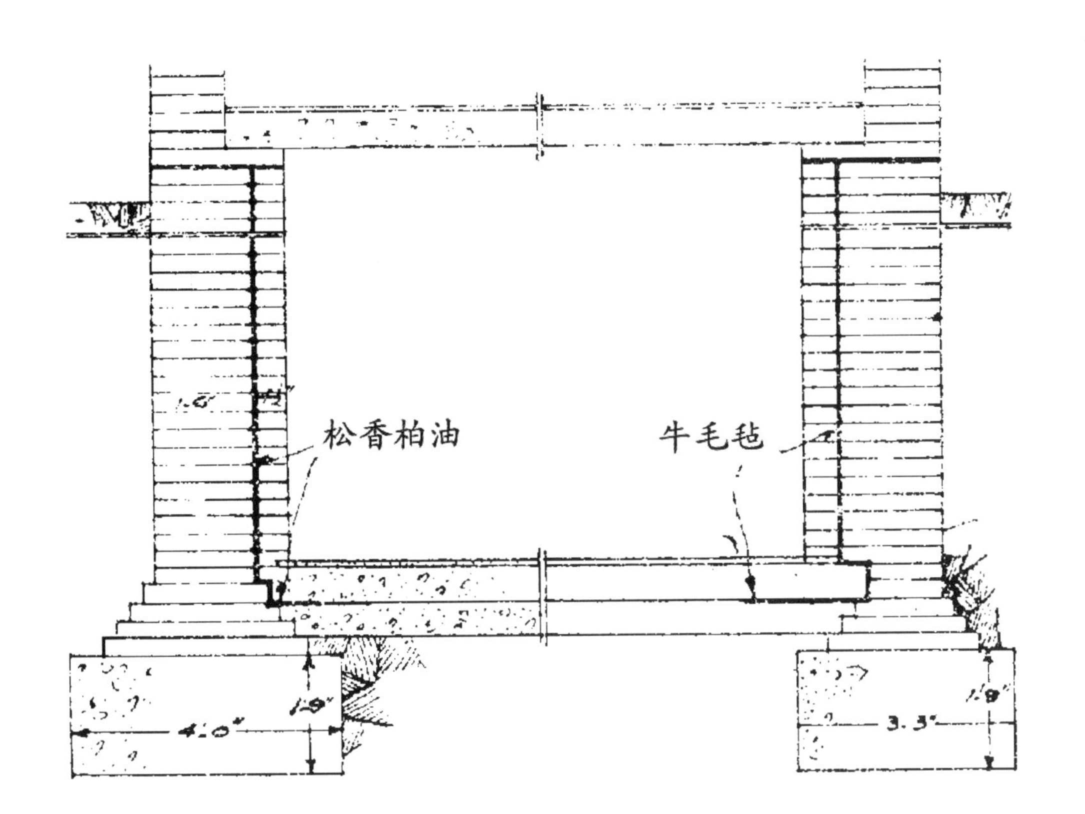

图 5-42 地下室外墙内防水构造做法（原图载：建筑月刊，1935，3（7）：18）

图 5-43 上海百老汇大厦地下室铺设牛毛毡防水层（原图载：建筑月刊，1934，2（3）：9）

2）防火与防灾技术

20 世纪 20~30 年代建筑防火设计也有较大发展，特别是影剧院、商店等人群密集的公共场所与高层建筑、大跨度建筑，消防安全的重要性已越来越为人们所重视。新型建筑材料的应用使建筑的防火性能有很大提高，砖（石）木混合结构、钢筋混凝土结构、钢结构的发展使结构主体的耐火时间发生变化，相应的防火构造技术也有所发展。如钢结构的防火问题，就出现了在钢构件外加设防火面层的构造做法，防火面层使用的材料包括混凝土、空心砖、瓷砖等。《中国建筑》1934 年第 2 卷第 1 期介绍了杨锡镠设计的上海百乐门饭店及舞厅工程，其建筑主体为钢筋混凝土结构。40m（长）× 20m（宽）× 8.7m（高）的舞厅部分采用钢结构，防火面层为混凝土，这种防火构造做法也应用于该建筑的阳台（图 5-44）。此外，杜彦耿在《营造学》中也论述了采用空心砖作钢结构防火面层的构造做法（图 5-45）。

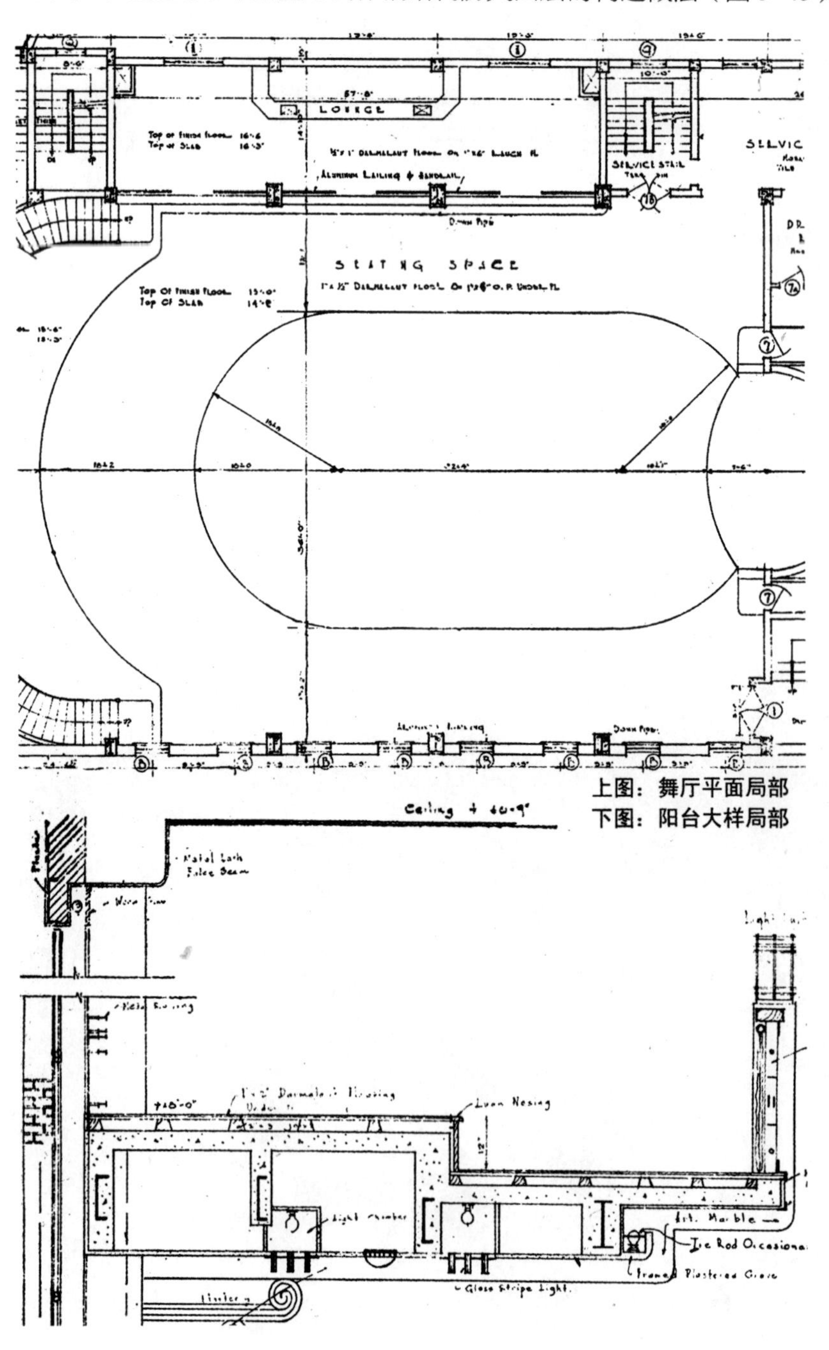

图 5-44　百乐门饭店舞厅钢结构防火构造做法
（原图载：中国建筑，1934，2（1））

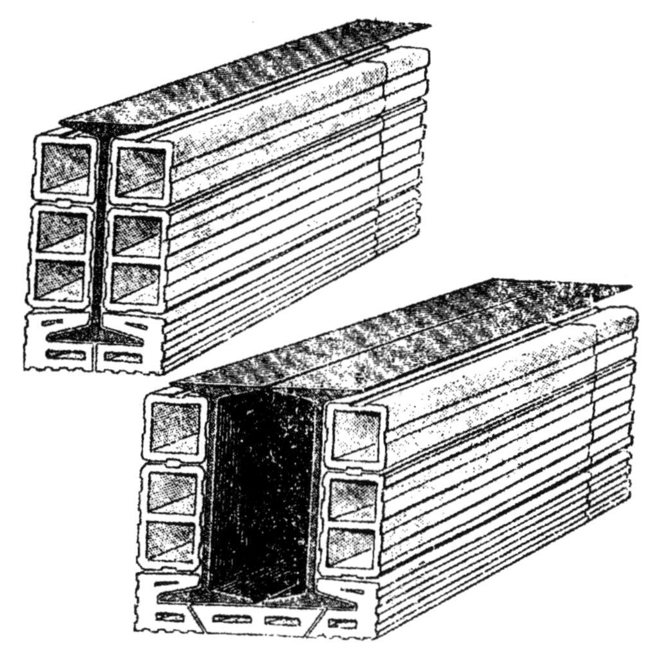

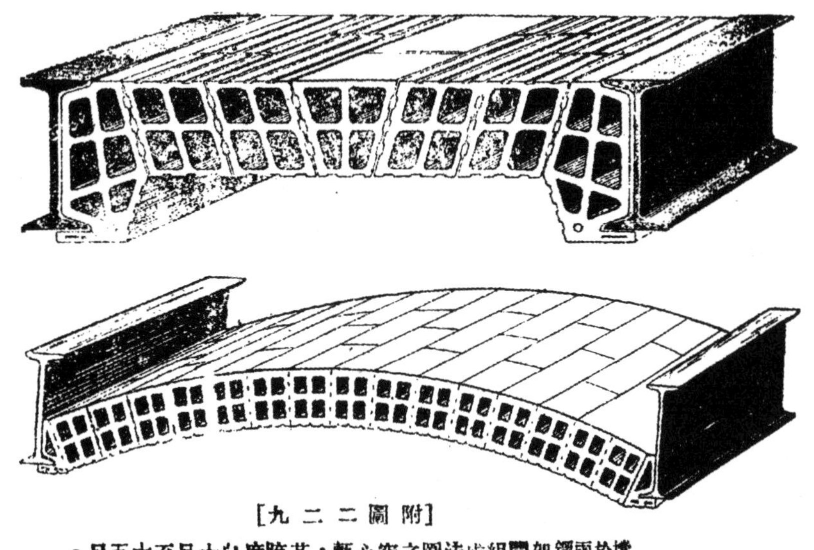

图 5-45 《营造学》所载钢结构空心砖防火面层做法
（原图载：建筑月刊，1936，4（1）：48）

除建筑材料的防火性能大为改善外，当时许多公共建筑都已设置专门的消防设备。如大上海大戏院、南京新都大戏院、中国银行等建筑都设有消火栓；董大酉设计的上海市政府新屋在每层扶梯附近设置救火龙头 1 个，共计 8 个，设有 75 尺长直径 3 寸的蛇形管，同时还设有火灾报警特种电话设备，可供火警管理人员及时了解火灾位置。此外，关于建筑安全疏散设计的研究与实践也有所发展。《中国建筑》1934 年第 2 卷第 7 期刊登了韦宙的《公共建筑物进出孔道安全设计之根据》，译自美国标准局工程司霍顿（H. B. Houghton）及考特尼（J. H. Courtney）合著的《进出孔道尺度及其设备上之测计》（Survey of Exit Practicesin Buildings）和《进出孔道人数输送量之测计》（Survey of Traffic Volume Through Building Exits）。文章介绍了国外该领域的最新研究成果，对美国纽约及华盛顿等城市最新公共建筑的安全疏散设计，包括疏散楼梯、疏散走道及太平门的设计标准，依据和实际使用情况等作了详细的数据分析。在工程实践中，庄俊设计的上海产妇医院除在每个楼层设有大小灭火器各一部外，其安全疏散标准可在七分半钟内，将全院产妇 36 人、婴儿 36 人及职工 54 名全部疏散；又如上海四行储蓄会大厦设有室外消防梯，并在当时率先安装了先进的自动喷淋灭火系统。

此外，建筑消防设计的制度保障也逐渐确立，各大城市的职能部门相继制定了相关建筑章程以规范建筑消防设计的内容和要求。当时上海公共租界工部局制定的房屋建筑章程对新建西式建筑和中式房屋的消防设计分别制定规章，如西式建筑章程规定新建二层及以上建筑必须设有太平门或经该局核准的消防设备，其他新建一层建筑（如厂房、住宅等）若居住或受雇人数在 30 人以上者也应照此执行。还规定消防使用的防火水管、开关、抽水器具、龙头、皮带等防火用具，其数目、质料，以及式样与安放位置都须经该局救火会核许。对于高度超过 22.8m 的高层建筑，必须设有连接水管的抽水设备、储水池以及其他必需器具，其数目、质料以及式样与安放位置也须经该局核许。此外，对于新建中式房屋（主要是低层住宅）则规定栋间必须设置防火墙，对防火墙的材料和构造做法也有明确要求。在消防设施方面则规定占地面积大于等于一亩且距离周边市政道路 200 英尺以上的新建建筑，业主需出资安装工部局的标准消防龙头并与上海自来水公司马路总管连接，龙头的数量、材质与安放位置须经该局核准。

20 世纪 30 年代后期，战争阴云笼罩中国，建筑防空备战技术成为业界关注的新课题。《建筑月刊》1933 年第 1 卷第 4 期刊登了该刊编辑部设计的地下飞机场建造图样，供政府部门参考。1936 年第 4 卷第 7 期专门介绍了法国边境马其诺的地底要塞设计方案，宣传防空建筑在未来战争中的重要作用。《建筑月刊》1935 年第 3 卷第 4 期转载了刊登于《上海防空》由彭戴民撰写的《都市防空应有的新建筑》，从防火、防弹、防毒等方面对防空条件下城市规划和建筑单体防空设计的相关问题作了研究，并概述建筑单体防空设计的若干技术措施。文中提出，现代城市防空规划的原则是："一、建筑面积尽量小于市区面积；二、建筑物需互相分离；三、建筑物需用防火建筑；四、墙壁与楼柱不可固着。"[①] 另外，《建筑月刊》1937 年第 5 卷第 1 期刊载曹敏永的《防空地下室设计》，从防空地下室分类、毒气和炸药的作用机理、民众的防空知识、防爆及防毒室的设计要求、防空地下室分类及构造要求等方面详细论述了防空地下室建筑设计的相关问题，并根据不同类型防空地下室的特点设计了若干标准施工图例（图 5-46）。此外，当时部分

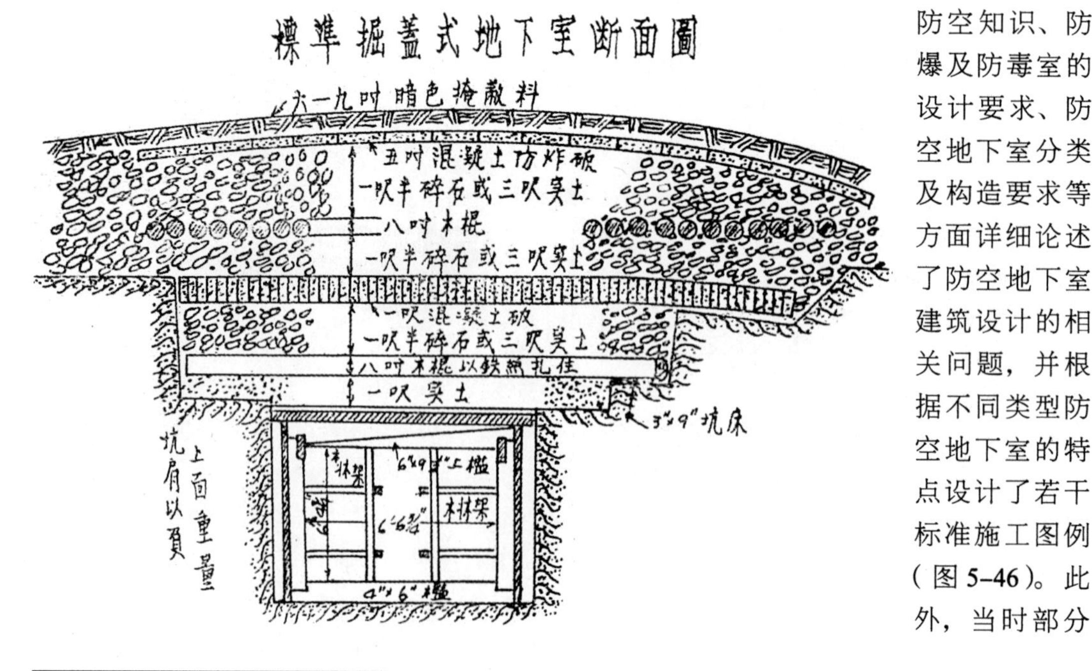

图 5-46 防空地下室剖面图
（原图载：建筑月刊，1937，5（1）：65）

① 彭戴民．都市防空应有的新建筑 [J]. 建筑月刊，1935，3（4）：35.

企业还针对防空备战的需要生产了相关民用防空设备，如雅礼制造厂作为一家防水材料的专业生产商，研发设计了防空地下保安室的定型产品，并提供配套设计和安装服务。该产品具有防弹、防毒、避潮、防火、密藏等功效，共有四种类型，内容包括物资保管库及人员掩蔽所，庇护人数从十人至三十人不等，也可根据用户需要专门定制。①

3）采暖与制冷空调技术

从《中国建筑》和《建筑月刊》的相关记载可以看出，当时国内主要城市的许多新建筑已经安装了采暖设备，热源包括煤炉、电炉以及燃煤锅炉等。影戏院、舞厅、宾馆等人员密集的公共建筑和新建高级公寓还安装了价格昂贵的进口制冷空调设备，如南京新都大戏院、大上海大戏院、上海百乐门大饭店及舞厅、上海静安寺路薛罗絮舞场、南京首都饭店、香港汇丰总行新屋等。

当时建筑制冷空调系统一般采用中央空调系统，1935年开始出现单体空调，如由海京洋行经销的美国最新发明的康福冷气机，其设备价格普遍较高（图5-47）。1933年底建成的大上海大戏院，工程总造价27万余元，其中水电及暖气设备4.3万元，占工程造价总额的15.9%；冷气工程2.2万余元，占工程造价总额的8.15%。华盖事务所设计的南京首都饭店土建及安装工程造价20.7万余元，其中采暖、冷气及卫生设备6.1万元，占工程造价总额的29.5%。凯泰建筑事务所黄元吉设计的上海霞飞路恩派亚大厦，工程总造价约57.7万元，其中采暖、冷气及卫生设备7.6万元，占工程造价总额的13.2%。《中国建筑》1936年第25期刊登了李锦沛设计的南京新都大戏院的工程总造价，空调设计采用美国约克冷气制造厂最新发明的“氟利昂”（Freon）冷气机，为国内使用此类制冷设备的首例。此机与普通用阿摩尼亚等液体的冷气机不同，每分钟可制冷空气4万立方英尺，且可自动调节空气湿度，使全院温度适中而无湿燥之弊。该建筑冷气工程造价7万元，占工程造价总额的14.8%。此外，舞厅作为风行一时的娱乐场所，也多装有制冷空调以提升档次。如世界实业公司设计，新仁记营造厂承造的上海静安寺路薛罗絮舞场，舞厅不设外窗，室内完全采用人工空气调节系统，并设有排风装置以保持空气清新。又如杨锡镠设计的上海百乐门大饭店及舞厅，采用约克洋行的空气调节和制冷设备。“因经济关系，故将冷气及暖气用并合式，利用同一之机械及气管，由屋顶进气，而由地板下出气。因是项关系，遂于设计全部构造及内部装饰时，均先留有适当地位，以容该项巨大通气用管，而不使突然显露，有碍观瞻。”② 随着建筑功能要求的提高，

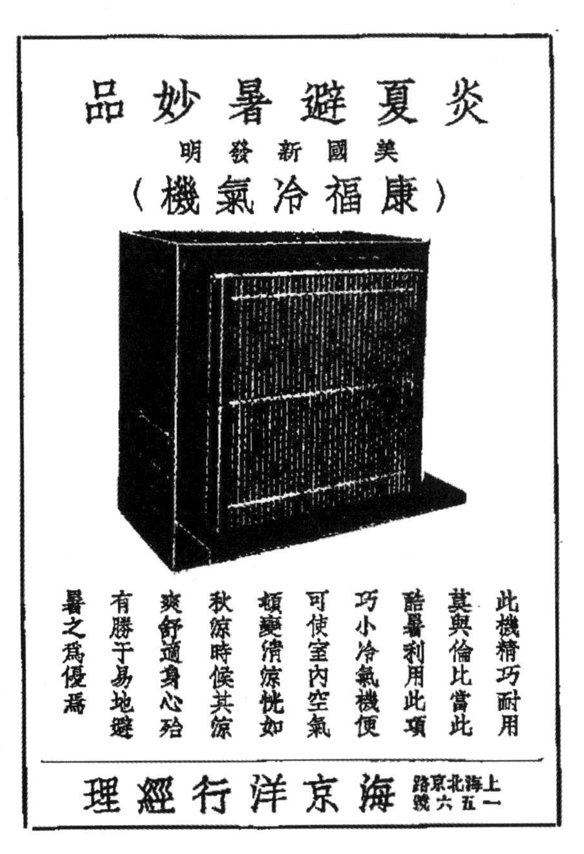

图5-47 康福冷气机广告（原图载：建筑月刊，1935，3（3））

① 参见雅礼制造厂创建地下保安室[J].建筑月刊.1937，5（1）：70.

② 百乐门之崛兴[J].中国建筑，1934，2（1）：3.

暖通设备的使用率增大，建筑师与设备工程师配合，综合考虑设备安装对土建工程的影响，已经成为建筑师工作内容之一。

当时安装采暖设备的建筑更为普遍，采暖技术也有新的发展，新型设备的引进使以往小煤炉、电炉采暖产生的污染和能耗问题有所改善。如 1932 年建成的上海市政府新屋和 1935 年建成的上海产妇医院均采用燃煤锅炉加热气管网供热方式，其中上海市政府新屋的热气管网面积达 9000 平方英尺，室外气温为 -1℃时，可将室内温度提升至 21℃左右。这种新型采暖方式改变了以往采用煤炉或电炉采暖的能耗和污染问题，同时还可满足生活热水供应。又如董大酉设计的上海市体育场工程，在体育馆内设置了燃煤锅炉加热气管网供热，运动厅与健身房借摩托通风机散布暖气，其余部分则直接利用热辐射取暖。此外，1935 年建成的上海市市立医院及卫生试验所，采暖设备采用了美国通行的最新式暖气系统（Differential Vacuum System），内部设有一种真空装置，可通过独立调节各房间室内温度以达到卫生和节省燃煤的作用，创中国安装此类暖气系统的首例。总体而言，20 世纪 30 年代国内采暖和制冷设备在建筑工程中已有较广泛的应用，但设备系统仍主要依赖进口，国内落后的基础工业体系尚不能很好地支撑设备制造业的发展。

5.2.3 建筑声学、照明及保温隔热技术的发展

1）建筑声学

19 世纪后期已有人将国外的重要声学著作引入中国，1874 年上海江南制造局刊印出版由英国人田大里（Tyndall）撰写，英国人傅兰雅口译，无锡人徐建寅笔述的《声学》一书。[①] 近代中国的建筑声学研究则始于 1929 年叶企荪和施汝威两教授对清华大学穹顶大礼堂音质的研究，而在国际声学界早期最有影响的开创性工作之一则为马大猷教授于 1938 年在美国对矩形房间减振振动方式的研究。[②]

《中国建筑》于办刊初期已认识到研究建筑声学设计的重要性："现代建筑，声之关系綦重。房屋之结构，材料之选择，均须视声之支配而后定夺。措置失当，即生声浪不清之弊，其影响于建筑之合用也甚大。"[③] 该刊自 1933 年 11 月至 1934 年 8 月，从第 1 卷第 5 期开始连载由沃森（F. R. Watson）原著，唐璞翻译的《房屋声学》一书，至第 2 卷第 8 期共连载 10 期，后因唐璞身体欠佳未能继续刊登。该书由声学基本原理着手，从声在建筑物上的作用，声波在室内的传播，会堂的声学特点，会堂循环回声及其控制，会堂的声学设计，矫正声波传播的吸声材料等方面阐述建筑声学原理，分析并举例说明获得良好建筑声学环境的设计手段和技术措施。

在具体工程设计实践中，建筑师采用新型建筑材料以及相应的构造措施，提高建筑隔声减噪水平，提高厅堂音质。引进新型建筑材料使建筑隔声减噪性能得以提高，如橡皮地板材料的引进。当时香港许多建筑已采用橡皮地板隔声减噪，上海橡皮地板的使用首见于大上海戏院，后来百乐门舞厅、工部局监狱医院、虹桥疗养院、上海产妇医院等建筑也已采用。奚福泉设计的上海虹桥疗养院在走廊、病房等部位均采用荷兰橡皮公司出品的"克罗梭尼"橡皮砖，该产品色彩多样、质地柔软、有弹性，隔热、隔声及防潮性能较好，且施工简单便利。董大酉主持设计的上海市医院及卫生试验所，内部走道隔墙采用空心砖砌筑，病房地面铺设

① 参见王季卿．中国建筑声学的过去和现在 [J]. 声学学报，1996，21（1）：5.

② 参见项端祈．我国建筑声学的 20 年回顾与展望 [J]. 应用声学，2002，21（1）：40.

③ 卷头弁语 [J]. 中国建筑，1933，1（6）.

树胶块毡，从墙体构造和材料两方面降低噪声。同样的处理手法也出现于庄俊设计的上海产妇医院。

当时建筑师已经认识到室内墙壁、地板及天棚的表面若过于光滑，则会引起室内回声，较简便的构造措施是将墙面面层刷毛，增强声音的漫反射以避免室内回声。①《中国建筑》1936年第27期介绍了李英年建筑师设计的上海西摩路李氏公寓，该建筑的楼板及内部隔墙均为木制，其隔声做法为在房间内增设吊顶以形成上下层间的空气隔层，起到隔声作用；通常房间木板隔墙厚度为6寸，该建筑增大至8寸以加强隔声效果。在厅堂建筑室内音质改善方面，南京新都大戏院与大上海大戏院的设计颇具特色。李锦沛设计的南京新都大戏院，工程总造价47.3万元，该建筑采用国际领先的美国西电公司的"实音巨型机"音响设备，观众厅室内墙面使用美国生产的Celotex吸声纸板，以保证良好的音响效果。②华盖事务所设计的大上海大戏院，于1933年底建成，工程总造价27万余元，室内采用隔声纸板作为吸声材料，音响效果较好。③

2）建筑照明

当时的建筑照明设计一般体现在功能作用和装饰作用两方面，前者主要解决提供适宜的室内照度，减轻眩光影响等问题，后者则侧重于灯光效果的美学作用。

《建筑月刊》1935年第3卷第2期刊登钟灵的《住宅中之电灯布置》，从使用需求出发将住宅室内灯光设计的基本原则归结为三点，即光线需柔和，避免过于刺激的明暗反差；根据居住要求采用有色光源以配合室内整体色彩效果，营造温馨的居家氛围；灯具的选择应与整体家居环境协调，宜采用简洁的灯具。该文还从理论和实际操作两方面对起居室、餐室、卧室及浴室的灯光设计作了简要分析，针对不同房间使用人数、功能要求等方面的情况，分别介绍多种灯光布置方案，并说明主次光源选择、灯具布置方法等具体问题，是较早就住宅照明设计作专项研究的实例。具体工程如董大酉主持设计的上海市体育场，游泳池照明设计采用当时最新式的灯具设备，将32盏强光壁灯布置于游泳池水面下的池壁内，避免灯光设于游泳池上方导致水面反射产生眩光。又如上海市博物馆陈列厅照明设计采用人工光间接采光，将灯具布置于吊顶上部侧面，使光线斜射墙面以减少室内眩光。此外，华盖事务所在上海恒利银行新厦设计中，除利用增加外窗面积以获取更多自然光线外，使用人工光源的反射照明方式，有效减少室内眩光，颇获好评："自用部分之灯光装置，尽用间接回光法映射，如此设备，不特保护办公人员之目力，更可省去无谓之灯罩装潢，沪上各界采用是项设备者，当称独步。"④

当时对建筑照明的装饰作用已有所认识，《建筑月刊》曾刊登《建筑与灯光》一文，指出建筑师不应将灯光仅视为照明的需要，还应将其作为建筑装饰要素使用，这一时期新型灯具材料的出现也使这种装饰功能成为可能。如中和灯泡公司经营的"亚司令"、"飞利浦"新式长管型灯泡，此产品除满足一般照明需求外，还可喷涂各种颜料，作为旅馆、酒吧、店铺等建筑的户外宣传或内部装饰。其规格包括直形圆管（规格0.5m或1m）、直形方管（规格0.5m）、曲形管等，当时的国际饭店、百老汇公寓、建设大厦等建筑都使用了这种长管型灯泡作为装饰。⑤1933年建成的大上海大戏院，其外部入口上方饰以垂直线条的霓虹灯，既美

① 参见问答栏[J].建筑月刊，1933，1（9-10）：113.
② 参见中国建筑，1936，（25）：2-5.
③ 参见中国建筑，1934，2（3）：10.
④ 上海恒利银行新厦落成记[J].中国建筑，1933，1（5）：19.
⑤ 参见建筑月刊，1935，3（9-10）：29.

图 5-48　大上海大戏院入口夜景照明效果
（原图载：中国建筑，1934，2（3）：13）

图 5-49　大上海大戏院室内照明效果
（原图载：中国建筑，1934，2（3）：17）

化了建筑在夜间的视觉效果，又起到广告宣传作用（图 5-48）。建筑内部观众厅的照明设计大量采用隐藏式灯槽和反射式泛光照明，既避免了眩光干扰，又形成颇具现代感的视觉感受，令人耳目一新（图 5-49）。随着时代的发展，需求的变化，以及灯光器材的革新，这一时期的建筑师已在其业务实践中表现出照明设计理念的更新。

3）建筑保温隔热技术

相比之下，《中国建筑》和《建筑月刊》关于保温、隔热技术专题研究的文章很少，相关新型材料的介绍也不多见，可以推论当时此类建筑热工问题尚未引起足够关注，少数新型材料与新技术还处在刚从国外引入的初级阶段，其推广和应用尚未普及。

《中国建筑》1934 年第 2 卷第 3 期刊登由约翰·汉考克（John Hancock Callender）原著，夏行时翻译的《隔热用之铝箔》，原文载于 The Architecture Forum 杂志 1934 年第 1 期。该文从铝的热工性能出发，从降低热辐射传导、固体传热以及空气对流传热三方面阐述使用铝箔隔热技术的优点。文中图文并茂地介绍了各种围护结构采用铝箔隔热的具体技术措施，是近代中国较早引进的介绍国外保温隔热设计原理及新型技术措施的文章。此外，由于采暖设备系统（Heating Installation）是现代建筑的重要组成部分，在实践中因业主和建筑师对于此专项设施的有关技术参数和检测标准不甚了解，所以验收时常发生无谓纠纷。有鉴于此，《中国建筑》1935 年第 3 卷第 1 期发表邹汀若的《给热工程温度测试概论》，结合理论公式和实际使用情况，介绍采暖工程实际使用效果的检测标准和室内外温度的测量方式，这是为数不多介绍建筑热工设计的文章。（图 5-50）

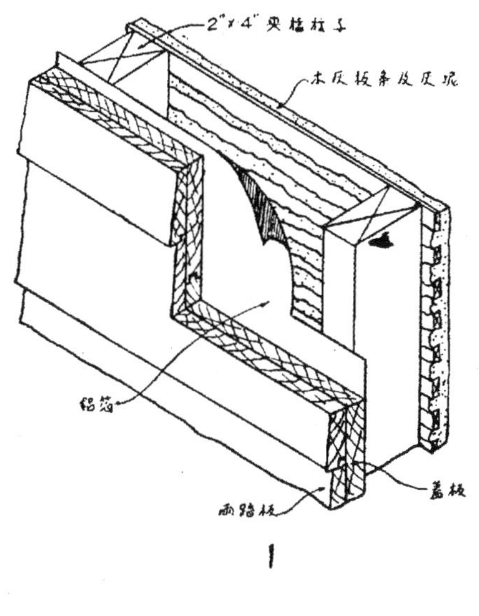

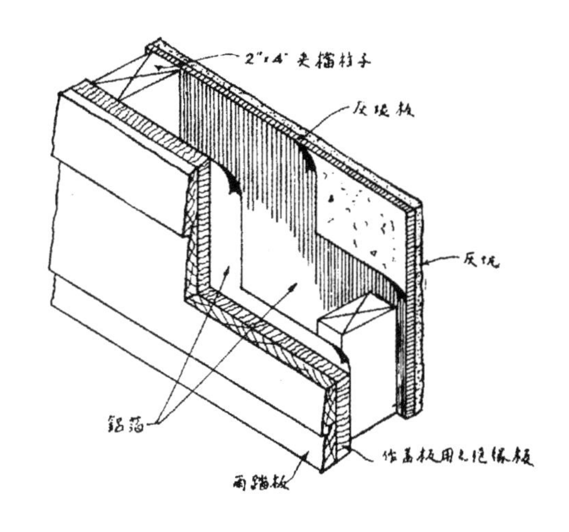

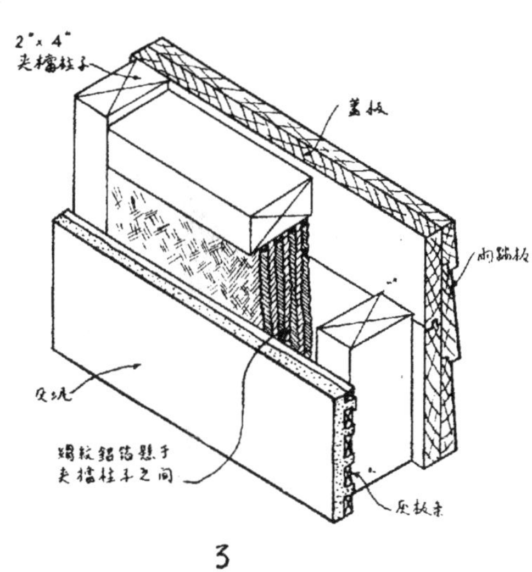

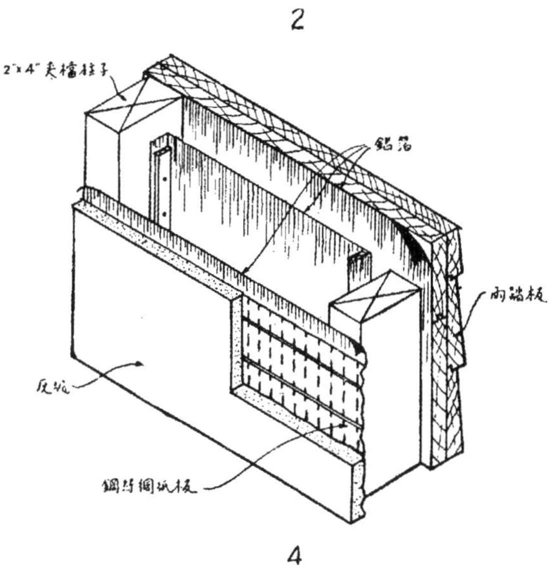

上圖示各種鋁箔之應用方法。 1.貼在紙上，釘在蓋板上。 2.一張釘在灰坭板上，一張釘在絕緣板上。 3.縐紋鋁箔多張，懸於夾柱之間。 4.一張釘在夾檔柱之間，一張釘在蓋板上，一張釘在襯鋼絲網之紙板上。 5.一張釘在蓋板上，一張釘在灰坭板上，兩張裹于隔熱氈之兩面，釘於夾檔柱之間。

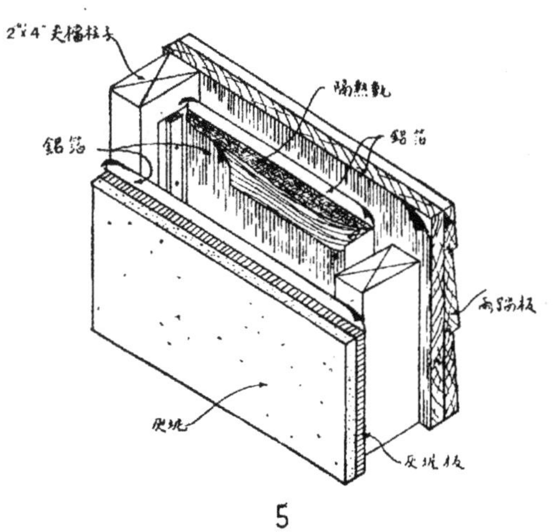

图 5-50　铝箔隔热技术图示
（原图载：中国建筑，1934，2（3）：47）

《建筑月刊》1933 年第 1 卷第 3 期刊载运策翻译的《外墙建筑法》，介绍砌筑各类建筑外墙的构造措施和工艺性能，其中也涉及墙体热工性能的有关内容。如“墙之阻热力一项，现已渐趋重要，因对于热气设备之函量，及每年消费燃料之价值，皆有直接之影响也。但墙之阻热力若太高，亦无必要，盖大部热量，常由门窗及屋顶等处散发也。……阻热力——观今因尚无充分之试验报告可供参考，故各种墙之阻热力，就未能确知，但其大约数目，可从参考书中获得，墙之间若有一层空气，无论其厚薄如何，或含有数层不同材料，如各种合组之墙，可完全改变其用一种材料时传热之速率，故下示之表，其价值由大而小，其应用则须加以注意”[①]。上述内容说明，国内建筑界在 20 世纪 30 年代就已经开始引入建筑热工的基本理论知识，为日后这一学科的发展开启了端倪。

在工程实践中通过构造技术措施达到保温隔热效果是较为常用的方式。如上海虹桥疗养院在平屋面卷材防水层下设保温隔热板一道，厚度为 0.5in（约合 1.3cm）。另外，《建筑月刊》1933 年第 1 卷第 4 期介绍了平屋面采用空心砖作为保温层的做法，其构造做法自下而上为：钢筋混凝土楼板、空心砖保温层、煤屑水泥找坡层、水泥砂浆找平层、柏油、应沙来板、二毡三油防水层、石卵子保护层。从工程做法上看，这一时期保温、防水构造措施已相当成熟。又如过元熙在《新中国建筑之商榷》一文中提出增设空气隔热层的设想：“今日之墙壁，可用三合土铁筋夹板铜片玻璃砌做，薄至六寸。墙内有流通空气之装置，使冬夏间传绝冷热。”[②] 当时《建筑月刊》曾刊登一种“实牢得势”（Celotex）甘蔗板的广告，是由美商美和洋行经销的新型绝缘材料。此材料可应用于屋顶及隔墙，起到冬暖夏凉、节省采暖及制冷费用的功效，是国内较早出现的节能建材，惜未见具体应用实例。此外，建筑师陆谦受、吴景奇在南京中国银行设计中有意识地运用了被动式的节能设计手段，在营业厅顶部设计了玻璃天窗，同时兼顾采光与通风要求。关于该措施的使用效果，设计者认为：“营业厅的光线，由天窗下来，分布甚觉匀和。这个天窗，同时又作为一种通气的工具，利用空气热升冷降的原理，自动的循环变换。在去年夏季最热的几天，证明了这个办法，完全成功。”[③]（图 5-51、图 5-52）

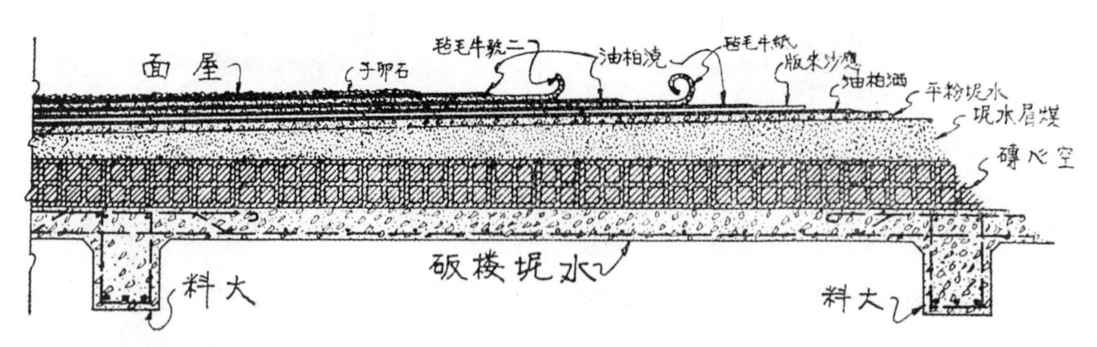

图 5-51 空心砖保温屋面构造做法
（原图载：建筑月刊，1933，1（4）：13）

① 运策译 . 外墙建筑法 [J]. 建筑月刊，1933，1（3）：55-65.

② 过元熙 . 新中国建筑之商榷 [J]. 建筑月刊，1934，2（6）：20.

③ 南京中国银行 [J]. 中国建筑，1936（26）：8.

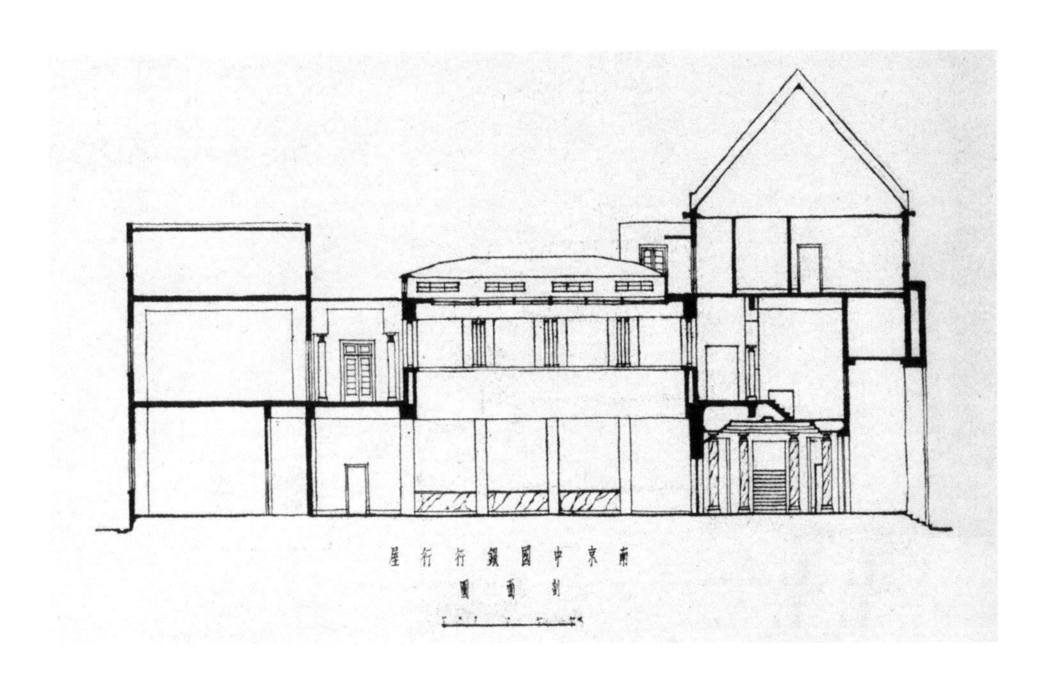

图 5-52　南京中国银行剖面图
（原图载：中国建筑，1936，(26)：16）

5.3　建材工业与建筑设备制造业的发展

在当时国外建材大量占领中国市场的背景下，民族建材工业的发展为建筑业发展提供了重要的物质基础，是建筑技术体系进步的标志之一，对中国建筑的现代化进程有十分重要的意义。建筑业界对建材工业的发展十分关注，《建筑月刊》因其出版者的营造业背景，对建材工业介绍较多。1932 年第 1 卷第 2 期刊载《日本水泥倾销概况》；1933 年第 1 卷第 3 期刊载《上海之钢窗业》，第 1 卷第 5 期刊载《去年国产油漆销售概况》；1934 年第 2 卷第 1 期刊载《二十二年度之国产水泥》、《二十二年度国产建筑材料调查表》，第 2 卷第 10 期刊载《制砖》，第 2 卷第 11、12 期刊载《中国水泥的过去现在及将来》；1935 年第 3 卷第 1 期刊载《全国钢铁业概况》；1936 年第 4 卷第 1 期刊载《上海之水泥业》，第 4 卷第 8 期刊载《陶桂林先生致启新中国等水泥公司函》。另外，《建筑月刊》自创刊起就设有“建筑材料价目”专栏，从货名、商号、标记、规格、数量、价目、用途及备注说明等方面发布各种材料信息，是业界掌握材料市场动态和评估建筑造价的重要信息来源。相比之下，《中国建筑》对建筑材料的论述多着眼于技术理论介绍，如 1935 年第 3 卷第 2 期刊载的《我国砖业之进步及现代趋势》。

5.3.1　民族水泥工业与钢铁工业的发展

1）民族水泥工业的发展

水泥英文名 Cement，当时音译为水门汀或士敏土，早期曾译为细绵土，是现代建筑的基本材料。水泥由英国工程师斯米顿（J. Smeaton）于 1756 年发明，1824 年形成工业制造方法。19 世纪末水泥传入中国，改变了中国建筑沿用的砖瓦及黏土、石灰、糯米浆等胶凝材料的历史，在中国建筑材料史上引起巨大变革。

中国的水泥工业以 1876 年（清光绪二年）英商开平矿务局附设的水泥制造厂为滥觞，① 当时使用旧式直窑烧制水泥。②19 世纪末 20 世纪初，先后成立了三家华商大型水泥厂：唐山启新洋灰公司（1898 年成立，官商合办），广东士敏土厂（1908 年由清政府在广州创设），湖北大冶水泥厂（1910 年开办）。其中，启新洋灰公司自投产至 1911 年以前，凭借政府背景迅速发展，股本额由最初的 100 万元增至 285 万元，并扩充为甲、乙二厂，生产能力由每日 700 桶增至每日 1200 桶。③ 广东士敏土厂偏居南方，设备落后，经营不善，产额不大，于 1933 年归并于后起的广州西村士敏土厂。大冶水泥厂因资金不足，经营困难，于 1914 年归并于启新洋灰公司，改称华记湖北水泥公司。

第一次世界大战期间欧洲输华水泥数量大减，国内每桶水泥市价由 5 元涨至 12 元。随着战后国内工业和国际贸易的发展，国内建筑活动日益活跃，水泥需求量日益增加。当时国内水泥工业尚处于起步阶段，1919 年国内水泥企业共 5 家，其中民族企业 3 家，年产水泥约 100 万桶；日资水泥厂 2 家，分别是大连的小野田水泥会社大连支社和青岛附近沧口的山东洋灰公司，年产水泥约 30 万桶，而国内水泥年需求量约 200 多万桶，④ 缺口达数十万桶。在此期间陆续建成华商上海水泥公司（1920 年成立）、江苏龙潭中国水泥公司（1921 年成立），以及广州西村士敏土厂（1929 年成立）等水泥企业，国内水泥工业初具规模。

自 1931 年“九一八”事变至抗战爆发，国内水泥厂商通过降低成本，提高品质，便利运销等多种手段，促进国产水泥销售，政府为保护国产水泥工业，将水泥进口税率提高为从价征收 40%，⑤使进口水泥竞争力大降，水泥进口量从 1932 年的 367 万担降低到 1934 年的 98 万担（1~10 月的统计数据，表 5-7，图 5-53）。这一时期相继建成济南致敬水泥公司（1934 年成立）、山西太原西北洋灰厂（1934 年成立）、江苏栖霞山江南水泥厂（1935 年成立），以及重庆四川水泥公司（1936 年成立）等水泥企业。水泥产量不仅逐步实现自给，而且可供外销。据统计，1936 年全国水泥需用量为 500 万桶，而同年全国水泥产量已达到 102 万吨（合 600 万桶）⑥，当时启新洋灰公司的马牌水泥就远销南洋群岛，并引起英日等国际媒体的关注。水泥品质也有很大提高，并开始建立行业产品质量标准。当时，国内水泥企业大都采用英德两国的产品质量标准，而按上海工部局的化验结果，国内著名品牌水泥的各项性能指标多已超越英国标准。1936~1937 年，华商上海水泥公司根据我国水泥业的状况拟定了中国水泥标准规范草案，虽因抗战爆发未能获政府核定颁行，仍然是中国近代水泥工业现代化进程的重要标志。

1912~1934 年进口水泥数量统计表 表 5-7

年 份	1912	1913	1914	1915	1916	1917	1918	1919	1920
数量（担）	489156	618019	889530	518278	239328	705734	862320	1515189	1751854

---

① 参见上海之水泥业 [J]. 建筑月刊，1936，4（1）：87-89.
② 参见奚正修 . 我国水泥工业之过去现在与将来 [J]. 中华民国水泥工业同业公会年刊，1948：15-20.
③ 参见南开大学经济研究所，南开大学经济系 . 启新洋灰公司史料 [M]. 北京：生活 · 读书 · 新知三联书店，1963：5.
④ 参见上海水泥厂编 . 上海水泥厂七十年 1920—1990[M]. 上海：同济大学出版社 1990：3.
⑤ 参见奚正修 . 我国水泥工业之过去现在与将来 [J]. 中华民国水泥工业同业公会年刊，1948：15-20.
⑥ 参见奚正修 . 我国水泥工业之过去现在与将来 [J]. 中华民国水泥工业同业公会年刊，1948：15-20.

续表

年 份	1921	1922	1923	1924	1925	1926	1927	1928	1929
数量（担）	70706	4355	267481	407740	1761099	2416948	1915533	2280509	2832857
年 份	1930	1931	1932	1933	1934.1-10				
数量（担）	3044839	3288773	3670201	2278701	984233				

注：本表根据《建筑月刊》1934年第2卷第11-12期第64~67页刊载的吕骥蒙《中国水泥的过去现在及将来》一文整理编制。其中1912年的数量是铁与水泥的混合统计数，1934年的数量是1~10月的统计数。

至1937年抗战爆发前，华商大型水泥制造企业获得发展，最重要的厂家为启新洋灰公司、中国水泥公司、华商上海水泥公司、西村士敏土厂等。江南水泥厂设计产能较高，但因1937年底才建成，刚刚建成即因战争停止生产（表5-8）。

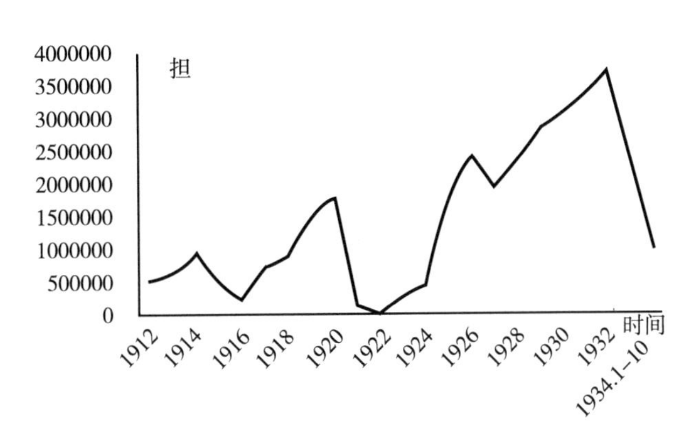

图5-53 1912-1934年进口水泥数量统计图。根据《建筑月刊》1934年第2卷第11-12期第64-67页刊载的吕骥蒙《中国水泥的过去现在及将来》一文整理编制

因国内设备制造业基础薄弱，

20世纪30年代中国主要水泥企业概况统计表 **表5-8**

企业名称	成立时间	厂 址	发行所	注册资本（万元）	商标	年产能（万桶）
启新洋灰公司	1898年	河北唐山	上海	100	马牌	160
广东士敏土厂（后归并于西村士敏土厂）	1908年	广东广州		120	狮球牌	20
华记湖北水泥公司（后归并于启新洋灰公司）	1910年	湖北大冶		银100万两	塔牌	30
华商上海水泥公司	1920年	上海龙华	上海	120	象牌	64
中国水泥公司	1921年	江苏龙潭	上海	银50万两	泰山牌	90
西村士敏土厂	1929年	广东广州	广州西村	203（港币）	五羊牌	90
致敬水泥公司	1934年	山东济南	山东济南	20	车头牌	9
西北洋灰厂	1934年	山西太原	山西太原		狮头牌	35
江南水泥厂	1935年	江苏南京	上海	240	金轮牌	117.6
四川水泥公司	1936年	重庆			川牌	26.5

注：本表根据《中国建筑》与《建筑月刊》各期刊载的相关资料整理编制。

民族水泥工业所需大宗机械均靠进口，一般只生产石灰石质的波特兰水泥，后期才能生产少量低温烧土水泥、矿渣水泥和白水泥。水泥制品的行业技术标准也是如此，虽然“华商”草拟了国内首部水泥行业的技术标准，但其内容主要参照国外厂家的技术标准，尚未达到消化吸收自主创新的阶段。当时国内水泥工业面临的主要问题是量的提升，包括产量和销量两个方面，至于产品的更新换代和质量的跃升尚处于较低水平。

1926~1933年国内钢铁企业生产概况统计表　　表5-9

企业名称＼时间	产量（t）							
	1926	1927	1928	1929	1930	1931	1932	1933
石景山龙烟公司	停产	停产	停产	停产	停产	停产	停产	停产
汉阳汉冶萍公司	停产	停产	停产	停产	停产	停产	停产	停产
大冶汉冶萍公司	停产	停产	停产	停产	停产	停产	停产	停产
杨子厂	7498	停产	5814	4750	7310	8400	6300	10000
阳泉保晋公司	4800	4000	4814	4250	6460	停产	停产	7000
新乡宏豫公司	停产	停产	停产	停产	停产	停产	停产	停产
浦东和兴钢铁厂	停产	停产	停产	3000	4830	5200	3500	停产
鞍山制造所（日资）	162500	203445	224461	210433	288433	293400	324530	
本溪湖煤铁公司（日资）	51000	50500	63030	76300	85060	87080	91005	
合计	225798	257945	298119	298733	392093	394080	425335	17000
其中民族钢铁企业产量	12298	4000	10628	12000	18600	13600	9800	17000

注：本表根据《建筑月刊》1935年第3卷第1期第61~63页刊载的微中《全国钢铁业概况》整理编制。

2）民族钢铁工业的缓慢发展

至1937年抗战爆发前，民族钢铁工业发展十分缓慢。20世纪30年代知名华商钢铁企业有浦东和兴铁工厂、汉口六河沟公司、石景山龙烟公司、阳泉保晋公司、太原育才钢厂、高昌庙上海机器公司、唐山启新洋灰公司、沈阳兵工厂、巩县兵工厂、上海江南造船厂、新乡宏育公司等十余家，生产能力较低，其中产钢量最大的浦东和兴铁工厂也不过日产钢80t，合年产量2.92万t（表5-9）。

从上表可以看出，近代中国建筑业迅速发展的高潮时期，民族钢铁企业的年产量从未超过2万t，8年总和也不到10万t，根本无法满足国内建筑业的需要。因此这一时期国外钢铁制品大量涌入中国市场，一方面满足了建设需求，另一方面也挤占了民族钢铁企业的生存空间，抑制了民族钢铁工业的发展。当时进口钢材主要来自英国（道门朗），德国（西门子、克虏伯），比利时，美国等。据统计，1920年前后年进口量为30余万t，1929年增至64万t，1933年为46万t左右（不含东北）。

5.3.2　其他建筑材料制造业的发展

1）机制砖瓦业

中国手工制作砖瓦的历史悠久，新式机制砖瓦的生产则迟至晚清，洋务运动期间，1893年张之洞在武汉建设汉阳兵工厂时，因用砖量大而创建砖瓦厂，该厂有英式方砖窑9座，火砖窑、圆瓦窑各1座，日产红砖约30000块，红瓦、火砖各1000块。1899年迁至艾家嘴，1917年再迁新址，命名为“湖北官砖厂”。[①] 1897年和1900年，上海先后建成浦东机制砖

① 参见李治镇．晚清武汉洋务建筑活动[J]. 华中建筑，1996（3）：92.

瓦厂和瑞和砖瓦厂，建有下抽式方形和圆形窑，制造红砖、红瓦和耐火砖等产品。据统计，1903~1908年，国内注册的砖瓦陶土工厂共11家，资本180万元，其中包括1906年建成的南京金陵机器火砖公司、南昌吉祥机制砖瓦公司、嘉兴泾东窑业公司、芜湖兴记砖瓦公司，以及1908年建成的北平大恒机器砖瓦公司、吉林吉新机器砖瓦公司等。[①]中国的机制砖瓦工业已进入行业发展的起步阶段。

1911年以后，随着上海房地产业的兴盛，机制砖瓦厂成为投资热点，上海及其周边地区逐渐成为国内砖瓦制造业的集聚地。"民初外人设义品机制砖瓦厂于沪西，继则有中华第一窑厂，泰山，华大，大中，振苏，东南等厂，均用机器及德式轮窑，仿制外国砖瓦，较我国湖北江浙所产土砖之窳败易损者，已见进步。"[②]其中义品机制砖瓦厂为比、法合资的义品洋行将原来设在天津的义品砖瓦厂迁来上海，其余均为民族资本投资兴办。各大机制砖瓦厂均能生产各类平瓦、青瓦、中式筒瓦、西班牙式筒瓦、英国式弯瓦，以及各种配套瓦件。

机制砖瓦工业除产量发展较快外，制砖技术也有所进步，出现了对高层建筑建造有重要意义的非承重黏土空心砖。创建于1930年的上海大中砖瓦厂于1931年聘请比利时籍工程师山尔蒙，开发非承重空心砖，并逐渐形成13个品种36种规格的系列产品（图5-54）。当时采用该厂产品的工程包括上海市立医院、百老汇大厦、雷斯德工艺学院、永安公司新厦、中国银行大厦、国立上海商学院以及南京金陵大学、中央饭店、中国银行、南京中央政治学校等重要项目。其产品除销往杭州、青岛、厦门、广东等国内市场外，还打入了新加坡等东南亚市场。创建于1921年的上海振苏砖瓦厂于1932年也开始生产非承重空心砖，生产的320mm×310mm×260mm 8孔空心砌块，孔洞率为49.6%；生产的235mm×235mm×200mm 6孔空心砌块，孔洞率为57%（图5-55）。

除制砖技术的发展外，制砖材料也有发展，出现了以工业废渣为原料的机制砖。1934年郭伯良、胡厥文等人引进西方的煤屑制砖技术，联合建筑界范文照、陶桂林、叶庚年，银行界陈润水等在上海创办长城机制砖瓦公司，数月后便推出新型煤渣制砖，其优点是质坚量轻且不透潮气。该厂于1935年又推出各种空心煤渣砖，广受好评。"细阅该厂所获工部局，及交通大学研究所发给之化验证明书，以受压力及耐久性二项而言，已超越其他砖瓦两倍有余，吸水量在原重十分之一以下，则用砂灰或水泥堆砌，殊为适当，而潮气不透尤属特长。"[③]该厂产品应用于上海南京路大新公司等著名建筑项目。另外，上海的英商中国汽泥砖瓦公司还开发生产了汽泥砖（即加气混凝土轻质砖），在国内尚属首创（图5-56）。该材料系水泥浇捣，内有气体孔隙，建筑界誉其"形如海绵，质坚而轻，建造高楼尤为适宜"。当时国内采用该种墙砖的均为上海的高层建筑，如都城饭店、汉密尔顿大厦、四行储蓄会大厦、峻岭寄庐公寓等，该公司1935年营业额达200万元。

20世纪20年代至抗战前的中国机制砖瓦工业正处于由手工业向机械化制造业转变的过渡阶段，生产技术发展，除人力机械外逐渐采用蒸汽机、柴油机驱动的生产机械，砖瓦产品类型和制砖材料趋于多样化，规格较为齐全，最高年产黏土砖瓦2亿块，从事手工制坯的农户达3500多户，基本可以满足国内市场需求。

---

① 参见中国工程师学会．三十年来之中国工程．（第二编　事业之部：三十年来之化学工业）[M]. 重庆：京华印书馆，1991：30.

② 蒋介英．我国砖业之进步及现代趋势 [J]. 中国建筑，1935，3（2）：70.

③ 蒋介英．我国砖业之进步及现代趋势 [J]. 中国建筑，1935，3（2）：70.

大中機製磚瓦股份有限公司

製造廠浦東南匯縣下沙鎮

本公司因鑒於建築事業日新月異材料選擇尤關重要特聘專門技師購置德國最新式機器精製各種青紅磚瓦及空心磚等品質堅韌色澤鮮明自應銷以來已蒙各界推爲上乘樂予採購茲略舉一二以資參攷其他惠顧諸君因限於篇幅不克一一備載諸希鑒諒是幸

大中磚瓦公司附啟

曾經購用敝公司出品各戶台銜列后

本埠

工部局平涼路巡捕房	新蓀記承造
國立中央實驗館兆豐花園	和興公司承造
四行儲蓄會英大馬路	陶馥記承造
墾業銀行北京路	趙新泰承造
南京飯店山西路	新金記祥號承造
開成造酸公司軍工路	王鏡記承造
四海銀行北京路	惠記興承造
麵粉交易所民國路	元和興記承造
業廣公司歐嘉路	陳馨記承造
法教堂勞神父路	吳仁記承造
七層公寓霞飛路	吳仁記承造

外埠

中央飯店南京	新金記承造
金陵大學南京	利源建築公司承造
航空學校杭州	新金記康號承造

所出各品儲有大批現貨以備各界採用如蒙定製各色異樣磚瓦亦可照辦備有樣品如蒙索閱即當送奉

駐滬批發所

英租界牛莊路德興里四號　電話九〇三一一

DAH CHUNG TILE & BRICK MAN'F WORKS.

Sales Dept. 4 Tuh Shing Lee, Newchwang Road, Shanghai.

TELEPHONE 90311

图 5-54　大中机制砖瓦厂广告

（原图载：建筑月刊，1934，2（5））

图5-55 振苏砖瓦厂广告
(原图载：建筑月刊，1934，2(9))

中國汽泥磚瓦公司

總經理英商馬爾康洋行

營業所：上海四川路二二〇號
廠　址：上海平涼路一〇九〇號
電　話：一一二二五號（四線）

本公司自製面磚及美藝磨石子工程一斑

本公司聘有意國專門技師監工督造各種上等建築材料并承造雲石人造石磨石子一切大小工程凡經本公司承造之工程各業主莫不一致贊許焉

出品及承包工程

輕質汽泥磚（AEROCRETE）抗水面磚（TERROCRETE）大理石工程 磨石子工程 并運意大利比利時法蘭西希臘各國上好大理石花崗石及瑞威（LABRADORS）石倘蒙諮詢或惠顧曷勝歡迎

THE CHINA AEROCRETE CO., LTD.
GENERAL MANAGERS
MALCOLM & CO., LTD.
220 SZECHUEN ROAD

图 5-56　中国汽泥砖瓦公司广告
（原图载：中国建筑，1933，2（9））

2）建筑陶瓷业

20世纪20年代初，上海第一批赴美学习硅酸盐工艺的技术人员学成归国，随即着手研制和开发现代建筑陶瓷。1922年，上海中国制瓷有限公司创立，生产各色釉面砖。1926年，泰山砖瓦股份有限公司龙华厂研制成功无釉薄式外墙面砖，产品质量可与进口产品媲美。当时国内生产瓷砖、墙砖的中资企业有上海益中福记机器瓷电公司、兴业瓷砖股份有限公司和泰山砖瓦股份有限公司、唐山启新瓷厂、香港大明公司、广东佛山瓷厂等，此外在天津、武汉、济南、太原，以及湖南、四川等省都有一定规模的建筑陶瓷企业，其中以上海的益中、兴业、泰山等企业规模较大，产品种类较全，也较有影响。其中，“益中”产品被上海四行储蓄会静安寺路大厦、南京交通部、南京邮政总局等建筑采用，“兴业”产品被上海市游泳池采用。据《建筑月刊》统计，益中机器公司各类瓷砖、墙砖的月平均产量为2900平方丈，年产量3.48万平方丈；兴业瓷砖股份有限公司各类瓷砖、墙砖的月平均产量为1200平方丈，年产量1.44万平方丈。当时国内每年瓷砖及墙砖的市场需求量大约为4万余平方丈，因此各中资企业的产量已能满足国内需求，而且国产瓷砖的质量也接近进口瓷砖。但由于日商低价倾销，导致国货销路大受影响，各厂不得不实行限产，“益中”的产品销量只占其产能的24%，“兴业”也只有38%（表5-10）。

20世纪30年代国内马赛克瓷砖及釉面墙砖生产及销售情况统计表　　表5-10

品名	种类	等级	月平均产量（平方丈）		月平均销量（平方丈）		售价比较（元/平方丈）		
			益中	兴业	益中	兴业	国货	日货	西货
马赛克瓷砖		精选	1200	500	300	200	3200	2100	9800
		普通	900	200	200	100	2800	1800	5800
釉面墙砖	3″×6″		500	350	100	100	63元/打	42元/打	90元/打
	6″×6″		300	150	100	60	85元/打	66元/打	71元/打

注：本表根据《建筑月刊》1934年第2卷第3期第65页刊载的当时国内规模最大的“益中”与“兴业”公司销售情况统计。

这一时期国内企业建筑陶瓷产品的类型也有多元化发展，如上海“益中福记机器瓷电公司”生产的“玛赛克瓷砖”在国内处于领先地位，其产品在色泽及平整度方面已可与进口产品相比。另外，该厂于1926年开始设计制造“釉面墙砖”，至1933年冬正式面市，改变了我国此类产品依赖进口的历史。[①] 其产品不仅销往上海、南京、汉口、广州、济南、哈尔滨等国内各大城市，而且还曾远销东南亚及加拿大。又如上海“葛德和陶器厂”可生产各种琉璃瓦和人物、垂兽饰物，色彩鲜艳且不易脱釉，其产品被上海市博物馆和图书馆、上海八仙桥青年会、南京中山文化教育馆等重要工程采用。[②]此外，1933年11月在上海成立了中外合资（外方为荷兰公大洋行）新式砖瓦厂——高尔泰搪瓷厂（Col-Cotta Glazing Co. Inc），该厂拥有先进的专利技术，所产砖瓦先以水泥制成，然后搪以各种不同色彩，物理性能稳定且色彩、样式多变，价格也有一定优势，除砖瓦外还可应用于各种墙面装饰；该厂于1934年还出品了搪瓷水泥面砖和搪瓷钢窗框等新型产品。[③]

3）机器造木业

当时国内机器造木企业以中国造木公司为最。该公司初始资本仅4万两，经股本扩增

① 参见中国建筑，1934，2（6）：19.

② 参见中国建筑，1935，3（3）：广告.

③ 参见建筑月刊，1933，1（8）：42.

后达28万两，产品在国内市场得到广泛应用，如上海沙逊大厦、河滨公寓、汇丰银行大厦、江海关大厦、南京励志社、财政部及广州中山纪念堂等建筑内部木质装修均为该厂出品。1931年6月，该公司占地达22亩的新厂区在上海闸北八字桥建成，厂内有诸多新式设备，如五个刨刀头子的线脚机、刨榫头机、凿机、打砂皮机、轧门机、大锯机等，公司规模和技术水平均为国内领先。但是新厂建成仅半年即毁于“一·二八”事变，待停战协定签订，日军退出闸北后，厂区仅见断垣残壁间剩有若干破损机件而已。战后中国造木公司限于资力而无法继续经营，不得以将旧机件作价4万两，归并于上海英商祥泰木行。①

另据《建筑月刊》1934年第2卷第3期记载，上海以机器制造木门窗的企业原本只有中国造木公司（英资）一家，20世纪30年代中期同类厂商中又出现了本土企业，如上海精艺木行，公司位于沪西周家桥，该厂使用的锯机、刨机、榫头及制造胶合板的各种机器均由上海本地订造，无一向国外购办。该厂出品的各种胶合板门符合当时新式公寓的需求，其产品中尤以精细美术地板最为出色。

4）钢窗及五金配件业

1932年以前中国没有国产钢窗企业，市场上销售的均为好勃司、葛来道等进口品牌产品。由于没有国内企业的竞争，舶来品价格昂贵。据记载，1914年进口钢窗销售额为100万两，1922年的销售额为150万两。为改变这一状况，上海泰康行的创始人、著名钢骨工程专家汤景贤于1931年5月赴日本考察时详细调查钢窗生产工艺，并于归国后组织研发，于1932年生产质量可与舶来品抗衡的钢窗产品。“由泰康行创设钢厂从事制造，华人自营之钢窗制造工厂于是成立矣。”②由于泰康行的产品质量与进口产品相当而售价却低10%～20%，因此对进口钢窗的销售造成很大冲击。此后，随着市场需求的增加，国内华商企业逐渐增至十余家，其中最著名的有泰康、东方、上海、中国、胜利、大东等企业，产品数量和质量已能满足国内市场需求，进口产品的市场份额降至10%～20%。同时，市场竞争还使钢窗的售价下降30%～40%，促进了新型钢窗的应用。

五金配件制造业发展也较为迅速，国内企业已经能够生产各种门窗配件、小五金等金属配件，如上海合作五金股份有限公司生产的各种门锁、把手、铰链等产品在市场上已有一定声誉。上海实用科学社生产的箭牌保险门锁还获得实业部专利认证，并由国立中央研究院工程研究所审验合格。③而上海公勤铁厂还可生产当时的新型建材——钢丝网，打破了进口产品的市场垄断局面。

5）建筑石材制造业

建筑用石材的开采与加工在20世纪20年代就实现了机械化生产，国产厂商中较著名的有“中国石公司”。据《建筑月刊》1934年第2卷第3期记载，上海以往每年进口大理石的金额达700~800万元，且经营者均为日商。“九一八”事变后，国内实业界人士为抵制日货成立“上海石品制造股份有限公司”，发起者30余人，陶桂林任筹备主任，王岳峯、陈士范、杜彦耿、朱祯祥为筹备委员，设筹备处于上海四川路6号。正当定机器觅厂址时，“一·二八”事变骤起，“上海石品制造股份有限公司”之议暂时停止。后来陶桂林经友人介绍结识青岛实业家姚华孙，在参观其崂山的采石矿和石工厂后邀请姚华孙扩充资本，在上海设立分厂，即“中国石公司”，陶桂林也加入成为股东、董事，分厂顺利建成投产。由于该公司原料均采自山东青岛崂山，产品质量上乘，颇受中外建筑师及业主好评，因此销量远好于预期。该

---

① 参见建筑月刊，1933，1（3）：53.

② 上海之钢窗业 [J]. 建筑月刊，1933，1（3）：30.

③ 参见中国建筑，1936，27：广告．

公司产品曾应用于静安寺路 22 层大厦、百乐门舞厅、百老汇大厦等重要建筑，营业额近百万元。此外，上海“山海大理石厂”出产的国货大理石也被诸多重要建筑采用，包括上海中汇银行、百乐门饭店、恒利银行、华懋饭店、南京中国银行、青岛中国银行等。[①]

6）建筑涂料业

20 世纪 30 年代初期，国产建筑涂料业已有长足发展，市场占有率已经超过进口产品。国产油漆中比较著名的产品有开林的双斧牌、振华的飞虎牌、永固的长城牌，以及元丰的元丰牌，而振华实业公司又是其中的代表。该公司创办于 1918 年，资本总额为 20 万元，生产厂区位于上海闸北潭子湾，内设厚漆、光漆、磁漆、水粉漆、炼油、炼丹、铅粉、颜色等生产部门，拥有飞虎、双旗、三羊、太极、牡丹、无敌等六个品牌。公司还设有专门的工程科代办设计并承包油漆工程，其营业区域除全国各商埠外，并及于南洋群岛。[②] 该厂产品总发行所在上海北苏州路 478 号，在南京、汉口、杭州设分发行所，新加坡、西安设办事处。据记载该公司 1932 年销售额达 105 万元，其中上海地区占 47%，长江各埠占 17%，华北占 6%，华南占 20%，南洋各地占 10%。[③] 由于质量优异，其产品曾获得国民政府工商部、实业部、广东省政府、福建省政府、广州市政府、山东省建设厅、浙江省实业厅、上海总商会、新加坡总商会、菲律宾嘉年华会等各种奖状、奖牌，并由国民政府工商部发文，鼓励海、陆、空军各部及各省市政府所属尽量采用，以资提倡。

5.3.3 建筑设备制造及安装业的发展

20 世纪 30 年代，随着国外先进技术和设备制造工艺的逐步引进及推广使用，建筑安装水、电、空调、通风及采暖设备的比例也逐渐上升，建筑设备在建筑业的重要性日益增强。市场需求推动了国内建筑设备制造及设计、安装行业的发展，专业分工日趋明确，专业化程度逐渐提高。从部分建筑实例建筑设备使用情况的统计可以看出，《中国建筑》与《建筑月刊》记载的 20 世纪 30 年代上海及周边大城市新建公共建筑普遍安装了采暖设备，其中部分重要的公共娱乐设施、饭店、高层办公楼，以及部分新建高级公寓还安装了制冷空调设备。这一时期，电梯的应用也相当广泛，除了作为高层建筑的基本配套设施外，部分新建多层公共建筑也安装了电梯（表 5–11）。

《中国建筑》与《建筑月刊》记载的部分建筑设备使用情况统计表　　表 5–11

建筑名称	建成时间	设计者	施工者	制冷空调	采暖	消防	电梯
上海金城银行	1927	庄俊			有		有
上海中国银行虹口分行大厦	1933	陆谦受 吴景奇	新金记祥号及周芝记营造厂		有		有
上海恒利银行	1933	华盖事务所	仁昌营造厂		有		有
上海市政府	1933	董大酉	朱森记营造厂		有	有消火栓	有 3 部
上海百乐门大饭店及舞厅	1933	杨锡镠	陆根记营造厂	有	有		
四行储蓄会大厦	1934	邬达克	馥记营造厂	有	有	有自动喷淋灭火系统	有

① 参见中国建筑，1934，2（1）：广告 .

② 参见建筑月刊，1937，5（1）：84.

③ 参见谈锋 . 去年国产油漆销售概况 [J]. 建筑月刊，1933，1（5）：27.

续表

建筑名称	建成时间	设计者	施工者	制冷空调	采暖	消防	电梯
大上海大戏院	1933	华盖事务所	仁昌营造厂	有	有		
青岛交通银行	1934	庄俊	申泰兴记营造厂		有		有
虹桥疗养院	1934	启明建筑事务所奚福泉	安记营造厂	有	有		
上海广东银行	1934	李锦沛	张裕泰营造厂		有		有
上海市图书馆博物馆	1935	董大酉	张裕泰营造厂	有	有		
上海市医院及卫生试验所	1935	董大酉	陆根记营造厂		有		有
南京外交部办公大楼	1935	华盖事务所	炳耀工程司		有		
南京首都饭店	1935	华盖事务所	大华建筑公司	有	有		有2部
上海霞飞路恩派亚大厦		黄元吉	夏仁记营造厂	有	有		有2部
上海产妇医院	1935	庄俊	长记营造厂		有	有，每层设大小灭火器各1个	有1部客梯1部餐梯
南京新都大戏院	1936	李锦沛	费新记营造厂	有	有	有	
上海大新公司	1936	基泰工程司	馥记营造厂	有	有		有9部电梯，2部自动扶梯
中国银行	1937	公和洋行 陆谦受	陶桂记营造厂	有	有		有

注：本表根据《中国建筑》与《建筑月刊》各期刊载的相关资料整理编制。

较为著名的采暖设备生产企业有北平中华汽炉行，该行生产“星牌”（Star）各类锅炉、暖气水汀及配套零部件，因其质地精良且价格较进口产品低廉，颇受市场欢迎。其产品行销各地，被北京清华大学、协和医院、燕京大学、同仁医院、上海吴淞医院、苏州真光影戏院等建筑所采用。制冷空调设备主要依靠进口，较知名的如上海的美商约克洋行。1935年上海海京洋行还引进销售了美国最新发明的分体式冷气机。同样，当时使用的电梯也基本为进口产品，较知名的品牌有奥的斯（Otis）、迅达（Schindler）等。据记载，当时上海信利铜铁机器工程公司已能完全使用国货材料制造小型电梯，其产品质量获得市场认同，已被震旦大学、德邻公寓等上海及外地项目所采用。

在建筑防火设施方面，除了将疏散通道的宽度与数量、建筑构件的耐火性能与构造要求等作为建筑消防设计的基本要求外，灭火器、消火栓乃至自动喷淋系统等消防设备已普遍应用。消防器材已有本土产品，如被冠以“中国空前第一发明”，由上海震旦机器铁工厂生产的鸡球牌药沫灭火机，该产品经国民政府及上海华洋各救火会检验有效，并发给证书。又如上海中华实业工厂（该厂为中华国产厂商联合会、上海国货工厂联合会会员企业）生产的中华灭火器也是当时国产消防器材的代表（图5-57）。该产品经上海市闸北区救火联合会验证，质量与进口产品相当，曾获上海市国货陈列馆等政府机构颁发的合格证书。[①] 其产品被国立上海商学院、上海市国货陈列馆、上海市民众教育馆、国营招商局、农民银行、沪太长途汽车公司、沪闽长途汽车公司、军政部巩县兵工分厂等建筑采用。此外，当时上海市场上的照明灯具主要有白炽灯和霓虹灯，产品中有相当部分是国产品牌。《建筑月刊》1935年第3卷

① 参见中国建筑，1935，3（1）：广告.

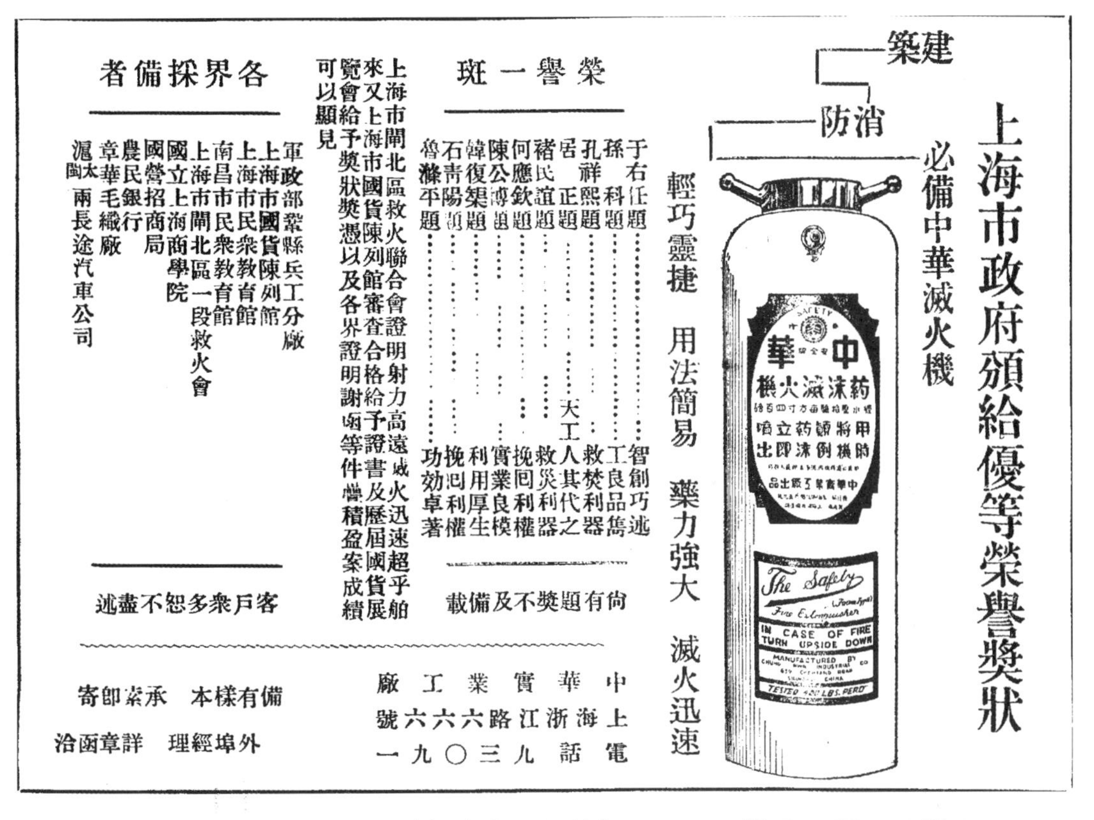

图 5-57 中华灭火机广告
（原图载：中国建筑，1935，3（2））

第 4 期曾介绍了一种国人新发明的银光泡，发明者李庆祥曾在安迪生驻华电灯泡厂工作十几年，后于 1930 年创办华德工厂，以协理任总工程师。该厂出产的华德老牌灯泡是当时的著名国产品牌，据记载该种银光泡省电耐用，照度较普通灯具增加一倍，还获得实业部批准的专利（图 5-58）。

图 5-58 华德老牌电灯广告
（原图载：建筑月刊，1935，3（6））

由于这一时期上海金融业的迅速发展，银行建筑不断增多，金库保安设备的市场需求不断增加，但进口产品仍占主导地位。当时较著名者如上海慎昌洋行代理的美国谋斯乐厂的保险库门、保险柜、保险箱，其产品被上海的中央造币厂、东亚银行、花旗银行、中国银行虹口分行，天津的盐业银行，杭州的浙江兴业银行等建筑采用（图 5-59）。该行产品行销全国，在汉口、广州、香港、北平、天津、哈尔滨、济南、青岛等国内主要城市均设有分支机构。① 又如上海华商新通公司，其承接的四行储蓄会大厦保管库设备工程采用美国蒂鲍尔公司的钢制库门，锁具的密码组合达 50 万种。此外，上海信利铜铁机器工程公司生产的高档保险库门，其门面用 32mm 厚钢板包裹，内部嵌有 130mm 厚石棉板，保安与耐火性能俱佳，耐火极限达到 20h 以上，② 当时青岛交通银行和

① 参见中国建筑，1933，1（2）：广告 .

② 参见中国建筑，1937，28：广告 .

图 5-59 慎昌洋行广告
（原图载：中国建筑，1933，1（2））

天津、汉口、武昌等地的金城银行均采用该种产品。

从《中国建筑》与《建筑月刊》的记载中可以发现，当时建筑设备安装企业多为混业经营，企业在经销水、电、暖通设备的同时也承接设备的设计、安装工程，可提供专业的一条龙服务。这类企业的经营范围往往不限于单一设备种类，而是兼营两种以上门类的设备器材。如上海新申卫生工程行就聘用专门技师和工匠，专业从事各项暖气、卫生、空调、消防以及一切屋内湿气调节工程，承接了上海市立医院、杨树浦总巡捕房、京沪沪杭甬两路管理局大厦等工程。又如上海琅记营业工程行专门成立了设计部，聘用具有实业部认证资格的技师为业主和建筑师提供专项设计，其设计范围涵盖暖气、空调、卫生器具、给水、自流井、冷藏设备、电气工程、消防设置等各个门类。① 该行已初具全国性企业的雏形，在南京、南昌、苏州、杭州、无锡等地都设有办事机构，承接的工程遍及全国各地，如上海市立运动场、游泳池、体育馆、图书馆、交通大学、母心医院、国民政府审计部、南昌航空委员会等。同样具有国内影响的著名企业还有上海炳耀工程司，该公司在上海、南京、天津均设有分支机构，承接的重点工程包括上海的市中心区各政府办公楼，南京的中央大学图书馆、中国银行、中央医院、国府行政院、外交大楼、全国运动场，北平的清华大学图书馆、盐务署，天津的基泰大楼、光明社大戏院、劝业商场、南开大学图书馆，辽宁的沈阳电影院、长官府办公楼、东北大学图书馆等。② 此外，当时还出现了专门承接建筑室内外装潢工程的企业，如上海元丰公司专门设有建筑装潢部，营业项目涉及美术灯光、玻璃装饰、彩画油漆、浮雕壁画、橱窗门面、喷漆电镀、铜铁家具等，承办工程包括上海的四行储蓄会大厦、浙江商业储蓄银行、市立医

① 参见建筑月刊，1936，4（1）：广告.

② 参见中国建筑，1935，3（1）：广告.

院、博物馆、图书馆、航空协会会所，南京的新都大戏院、国民政府文官处大厦、中央饭店，杭州的大华饭店，重庆的四川美丰银行，西安的陇海路车站等。[①]

综上所述，20 世纪 30 年代中国本土建筑设备制造业的水平已有很大提高，民族企业已能在消化吸收引进技术的基础上生产各种类型产品，民族设备品牌的出现对打破进口产品的市场垄断具有重要意义。当然，由于国家整体工业基础薄弱，本土企业在大型设备（如电梯设备）和新技术产品（如制冷空调设备）制造方面仍未起步，市场基本还是舶来品的天下。另一方面，国内建筑设备安装业发展十分迅速，现代企业发展的专业化分工趋势已经显现，辐射全国的大型安装企业更是设备安装业迅猛发展的代表，各种新型技术、设备的引入促进了国内安装企业技术水平的提高，在设计和技术应用层面缩小了与国外先进水平的差距，为中国建筑的现代化进程提供了技术储备。

5.4　小　结

1927~1937 年是中国近代建筑史发展兴盛期的鼎盛时期，作为建筑活动技术支撑的建筑技术体系在此期间也有很大发展，不断引进的西方现代建筑技术成果充实了中国的现代建筑技术体系，有关现代建筑技术的理论研究与实践应用，对中国建筑技术体系的现代化进程有重要的推动作用。

《中国建筑》和《建筑月刊》作为建筑活动的直接参与者举办的学术期刊，从本土建筑业从业者的视角记录了这一时期建筑活动的第一手资料，通过对刊物记载的大量案例和文献的综合分析，本章概略描述了这一时期中国建筑技术体系在建筑结构、建筑构造、建筑材料，以及建筑物理等方面的发展状况。建筑技术体系的现代化进程是中国建筑现代化进程的重要组成部分，这一时期，市场需求对建筑产品的类型、使用功能、安全性以及建筑形式等方面提出了新的要求，钢筋混凝土结构与钢结构的引进及其在常规建筑与高层建筑、大跨度建筑领域的应用，反映了建筑结构技术的长足进步；现代建筑保温隔热材料与采暖制冷设备技术的发展与应用，促进了建筑防火、防水、防潮等构造技术的发展，使中国建筑在建筑结构、建筑构造、建筑材料与建筑设备领域有较大的进步。应该指出的是，这一时期中国建筑技术体系的现代化是建立在学习和引进西方建筑技术的基础上的，许多国外建筑技术经过消化吸收后应用于工程实践，而部分新材料新设备则以外购形式应用。总的来说，这一时期中国建筑技术体系发展的步伐相当快，与国际水平接轨的程度也较高，在建筑结构、建筑防火、建筑防水防潮等技术领域不断发展的同时，在建筑隔声减噪、保温隔热、制冷通风等新技术领域也有进展，对日后中国建筑技术体系的全面发展有着重要的意义。

经过 20 世纪初期的发展，国内建材工业已经有了长足的进步，国产水泥、机制砖瓦等主要建材的产品质量与数量已可基本满足国内建筑业的需求，并有部分产能可对外输出；钢

① 参见中国建筑，1936，27：广告 .

铁、建筑陶瓷、建筑涂料、钢门窗及建筑五金等建材生产也有一定发展，涌现出少量产品种类与质量可与舶来品媲美的国产名牌，改变了以往全部仰仗进口的局面；部分企业已开始进入水、电、暖通等新型设备制造业，专门从事此类配套设施设计安装的企业也日益增多。这一时期国内建材工业和设备制造业的发展对中国建筑的现代化进程有着积极的推动作用，国内建材产品的崛起有效地降低了建造成本、丰富了建筑元素，打破了进口建筑材料和设备在中国市场的垄断地位，为中国建材工业体系的发展奠定了物质、技术和人才基础。

因为国家整体工业基础薄弱，虽然20世纪20~30年代中国建材工业和设备制造业的发展取得了一定成就，但是建材工业的整体水平仍然较低，尤其是钢铁工业的发展水平很低，新生的国内建材工业只能在内忧外患中踯躅前行。

附　录

附录1　中国建筑师学会章程

总纲

第一条　定名　本会定名为中国建筑师学会。

第二条　宗旨　本会宗旨为联络感情，研究学术，互助营业，发展建筑职业，服务社会公益，补助市政改良。

第三条　会员　本会会员分三类，（甲）正会员（乙）仲会员（丙）名誉会员。

第四条　职员　本会职员分二部，（甲）执行部（乙）理事部。

第五条　分会　每一市或一埠有四人以上之会员得组织分会，分会章程另订之。

第六条　修改　本总纲如有未尽善处，得在年会时提出修改，须会员三分之二以上数通过为有效，惟修改案件须于年会前一个月通知执行部以便编入议程。

细则

第一条　会员资格

（甲）正会员 凡中华民国国民有下列资格之一项，得为本会正会员。

（一）在国内外建筑专门学校毕业而有三年以上之实习经验，得有证明书者。

（二）在国内外建筑专门学校毕业专任建筑学教授而有三年以上之经验者。

（三）有国民政府发给工业技师建筑科登记证书者。

（四）自营建筑师业务至少十年，有确实成绩证明者。

（五）办理建筑事项，有改良或发明之成绩或有特别著作或具有相当资格，经理事部审查合格者。

（乙）仲会员 凡中华民国国民有下列资格之一项，得为本会仲会员。

（一）在国内外建筑专门学校毕业，尚未具有（甲）条（一）项之资格者。

（二）在国内外大学或高等工业专门学校毕业而具五年以上之建筑经验者。

（三）在建筑界服务，具有充分经验，经理事部审查及格者。

（四）凡仲会员至具正会员相等资格时再填志愿书，由正会员二人以上之介绍，经理事部审查及格，得被选为正会员。

（丙）名誉会员 凡中华民国国民，赞成本会宗旨或本会曾受其特殊之资助者，得被选为本会名誉会员。

第二条　入会手续

（甲）正会员及仲会员 凡具本细则第一条（甲）或（乙）之资格，愿入本会者，须先领具入会志愿书，由本会正会员二人以上之介绍，得本会理事部审查及格后，再由本会书记正式通知入会。凡遇所具志愿书经本会理事部审查否决者，一年内不得再具。

仲会员申请为正会员者，其手续与本条同。

（乙）名誉会员 凡具本细则第一条（丙）之资格，经本会理事部全体同意，再于本会年会时得正会员三分之二以上数通过者，得为名誉会员。

第三条　出会

本会会员因故欲出会者，须具出会理由书，经理事部过半数认可及自将其对于本会一切责负料理清澈后，始得正式出会。

第四条　惩戒

凡遇本会会员有违犯本会章程或本会职业诚约之行为者，本会理事部得调查确实，分别轻重斟酌处理。

第五条　会费

（甲）入会费 国币二十五元

（乙）常年费 国币十元

（丙）经常费 每月三元

第六条　权利

（甲）正会员有选举及被选权

（乙）仲会员 本会仲会员于本会开会时得出席并得被委任为各项委员

第七条　执行部

本会执行部职员设会长一人、副会长一人、书记一人、会计一人，均于年会时选举，任期一年，连举得连任，惟同职不得连任过二年。

第八条　理事部

本会理事部以七人组织之，除执行部会长、副会长为当然理事外，并于年会时再由正会员中选举入会满二年之会员五人为理事，理事长由理事选举之。

第九条　年会与法定人数

本会年会每年一次，临时会于必要时得由执行部随时召集之，以当地三分之二以上之正会员为开会法定人数。

第十条　代表出席

倘开会时会员有不能出席者，得请他会员全权代表。

民国十五年十二月订定

民国十九年十二月修正

附录 2　中国建筑师学会公守诚约

引言

夫建筑师之事业于国家社会负有极大之责任，盖其建筑物与文化之进步有直接之关系，故为建筑师者应具纯洁之精神、高尚之道德、诚恳之毅力、灵敏之手腕、精美之艺术思想，方能不负社会之信仰、金银之委托，其平日之举止行动可不慎之又慎哉？夫既受人委托则当本其平日之训练和精神从事周旋，对于委托人当取公正廉洁之态度，介于委托人与承造人之间则以不偏不倚为宗旨，对于同事同业应以指导互助为方针，对于公众之事业应放弃一切私利为表率，如是建筑师之地位得日增而社会信仰亦日益深焉。

职业诫约

建筑师对于公众社会、委托人、各种买卖人以及同业辈之职务应有一定遵守之规条，今择其重要者略举数端认为本会会员应守之职业诫约。

一、对于社会之职务

建筑师对于地方之建筑物无论优美与恶劣均负相当之责任，应本其坚忍之意志，务使一地方建筑品有特殊之价值以奋发社会兴趣。再当本其平日之学识经验观察环境，无论新旧之大小建筑物如有妨碍地方上之美观或公众之安全者，务使迁善改良，完成建筑师应尽之责任。

二、建筑师应抱之趋向

建筑师对于业主之唯一要义即尽顾问与指导之职务，当业主与承造人双方在履行合同期内，应持公正态度，不偏不倚，遇有各种问题当依约判决，维护合同之真精神。

建筑师除有特别情形外，不得为业主之代表人。盖既为代表人则已列于合同人之一，非第三者之地位矣，其对于公正判决之资格因是失其效力。

建筑师虽得业主金银上之酬劳，然不能以此而轻重其趋向，当判决一切问题之际须秉公无私，保持高尚之地位，且不能以其个人之利益使他方受重大之损失。

三、草图及估计

建筑师为双方满意起见，应预告业主，给予充分之时间预备草图及说明书，迨业主对于草图及估计价值认为合意，当即进行工程图样以便正式投标，惟当计划此项图样时，务使不出预算范围，同时须对业主声明非俟正式图样与说明书确定后，不能作为确实之估价。

倘业主之预算本无限止，则建筑师可本其经验与学识斟酌处理。

建筑师不能担保估计造价或合同等事。

四、监工与专门技术

凡遇重大工程，为业主之利益计，业主应另请常驻监工员一人，督察一切凡工程构造与美术配置如雕刻、油漆、园艺等问题，为谋完美起见当聘请专家顾问，一切由业主或建筑师物色之。

五、酬劳

本会订定之酬劳额为建筑师应得之最低限度，倘与业主彼此同意亦得斟酌增减，建筑师为维持地位及人格，对于同业不应以争求营业发达起见自顾减让酬劳，失社会之信用。倘艺术经验确能出人头地，其所得之酬劳金自当较高于本会所定之限度。

倘其所取之酬劳过于低廉，则不第使人轻视其职业，亦且堕落自身地位，进言之适足以启人之怀疑也。故为保护业主与建筑师双方利益起见，本会颇愿介绍以下办法：

建筑师对于某种指定之工程，业主除认偿一切实在之费用外，再酌予相当之酬劳金。

六、免除浪费

建筑师须注意房屋之经营费，无论工作或物料不应有意引用奢侈品，浪费金钱。

七、顾问酬劳金

当建筑师被聘为顾问时，应视其服务之烦简与问题之难易定夺其酬劳金之多寡。故当业主聘请建筑师顾问时，不得互相论价，自堕其职业上之地位。

八、选择投标人和承包人

建筑师为保护业主之利益计，当报告业主投标时期，决定承包人之前当调查其资格操守，务必诚实可靠能负劳苦者。

九、对于承包人之职务

自业主与承包人订立合同之后，建筑师则立于公正人之地位，凡应判决之事，应绝对公平而无偏倚。建筑师当随时督察工程是否依照图样与说明书施行，在计划图样与说明书时，当详细审查是否完全正确使不为承包人指摘，不能含糊其词为自身卸责之计。

十、选用物料

建筑师为避免各方嫌疑起见，对于材料上之营业不能有任何之关系，倘于事实上有不能避免者，则在选用某种物料之前应得业主之同意。

十一、受用佣金

建筑师除得业主之酬劳金外，不应再受领其他任何方面之佣金。

十二、褒奖

建筑师依合同之条例施行权利，对于工人之优拙应当施以相当之征奖，如有工匠艺术精巧敏捷者，不妨加以特别褒奖使为匠工之表率。

十三、义务供献

建筑师除对于私人或有特别交情者，不应有任何义务供献以自卑其职业，招社会之轻视。

十四、广告

建筑师除自用名片外，不应有任何之广告以兜揽其营业，故建筑师须保持其平日个人之信用名誉、其经验才能为立身之本。

倘个人有特别意见足以促进建筑事业者，应编辑而表扬之。

十五、房屋上之表记

建筑师为表示其地位与责任起见，建筑时得于承委之建筑物上登记其名称，房屋落成后亦得在相当地位记载其姓名及学位和本会会员等记号，以示卓别。

十六、征求图样

本会会员对于征求图样一事宜持以慎重，倘征求方面所订章程认为不当，未能得本会之认可者，绝对不宜加入以堕落其地位。

本会会员应业主图样之征求，除依照规定章程办理外尚有急宜注意者，倘征求之限期已过，虽结果尚未揭晓不得再补送图样，并不宜取追谋运动之行为希获其选。

十七、既受顾问之规例

倘建筑师已为征求图说中之顾问或委员者，不应再参入竞赛方面，除非有相当声明，不宜再支取酬金。

十八、评判他人之计划

建筑师对于同业不宜加以无诚意之评判，更不宜有意诋毁，无论直接或间接致他方受名誉上或营业上之损失。

十九、继续他人之工作

倘业主对于某建筑师有不满意处，拟欲脱离关系而于手续上尚未妥协时，其他建筑师不应继续其事，更不应极力排挤，为利己损人之行为。

二十、练习生和绘图员

建筑师负有指导练习生或绘图员之责任，使其有立身基础，并须鼓励其入建筑学校受基本教育，虽一时无此相当学校，应切实训练顺序渐进，须知建筑上之科学智识决非寻常学习所能成功。

二十一、对于市政之责任

建筑师对于市政官员应具扶助之精神，设市政规条有何不妥之处，应陈述理由，主持更正，然在未更改以前仍须服从。其对于公众宜负道德上之责任，虽业主有特殊意见亦不能违背条例，以损公众之利益。

二十二、资格

建筑师之资格须具专门建筑学问，并有充分经验及督察工程、治理各种事件之才能。

二十三、规范

以下所列之诫约十三条为中国建筑师学会公议订立，凡属本会建筑师均应遵守。内中细则已由上文说明，倘有违背情形，本会当予以相当之处分。

（一）不应直接受聘于任何公司或个人与建筑房屋上有发生密切关系者。

（二）不应担保估计造价，对于任何合同亦不应出具保单。

（三）除业主外，不应向承包人或于房屋上有关系人领取佣金。

（四）不应利用广告以宣扬其名。

（五）不应就征不正当公平之图样征求。

（六）已由征求图案之举，除在竞赛人中选取建筑师外，他人不应再运动其事。

（七）倘已加入图案竞赛，无论直接或间接，不应运动业主希冀获选。

（八）不应损害同业人之营业及名誉。

（九）不应评判或指摘他人之计划及行为。

（十）手续未妥协时不应接受他建筑师之未了事业。

（十一）不应设法运动损害他建筑师之委聘机会。

（十二）不应追谋而低减其酬劳之限度。

（十三）不应损害本会名誉及违反执业上一切道德行为，本诫守如有未尽善处得在年会内提出意见，得会员三分之二以上通过而修改增减之修改。

中华民国十七年六月二十八日订

附录3　建筑师业务规则

（一）建筑师承业主之委托执行一切建筑上之事宜，如预拟建筑方略、进行草图、计划投标图样、编订营造说明书、各种合同条例、供给大小详图、发给承包人领款凭单，关于工程上之一切手续、管理方法及督察工程，均为建筑师应尽之责任，其所取酬劳费至少照全部建筑费（此数包括建筑材料工价、一切附属工程之费用并承包人费用与盈利亦在内）百分之六（即六厘）计算。

（二）凡计划住宅房舍、纪念碑亭、改造门面、美术装修、屋内家具以及布置园艺等，建筑师之酬劳费数须在六厘以上，计算订定如下：

纪念建筑物 一分

住宅在二万量以内者 八厘

拆改旧屋及装修门面 一分

内部美术装修 一分五厘

园艺建筑 一分

（三）凡经建筑师承办之一切相关事宜，虽非出于建筑师之策划，亦应享受相当之酬劳费。

（四）业主须偿还建筑时代垫工程上之一切旅费以及特聘各种专门工程师、技师或顾问之酬劳费。

（五）以上一二条所开建筑师之酬劳费，仅指全部工作由总包工人承办而言，倘业主将全部工作分别包出承办，则建筑师之职务因之加重，其酬劳费亦应酌量增加。

（六）倘图样与说明书业已决定，而业主欲变更计划或业主与承包人发生特别情形或经火灾不测等情，致延长建筑师之服务期限，业主应酌偿建筑师此项例外费用。

（七）倘一部或全部工程不能按期进行或中途停止，业主须按建筑师之服务程度，依照下条规定于三个月内偿付建筑师之酬劳费。

（八）业主须按下列期限拨付建筑师之酬劳费：

第一期 草图告成，经业主赞同后应付议定酬劳费之二成（根据工程总额约数）。

第二期 投标图样（详图不在内）及说明书完全告成后，续付议定酬劳费之四成（根据工程总额约数）。

第三期 业主与承包人签订合同，俟兴工两月之后续付议定酬劳费之二成（根据合同包价）。

第四期 其余二成分期交付（按发给承包人领款数目为标准），俟房屋落成时付清。

（九）凡包工人负之罚款赔偿、损失赔偿，业主不得在建筑师之酬劳费内扣除。

（十）业主须供给建筑师详细地址图一张，注明地势高下与附近街道里弄相接之界线，以及有无水管、煤气、电线等之设备。倘须检查地质，其费用应归业主担任。

（十一）建筑师当代表业主执行工程上之普通督查（与常驻监工员不同），倘工作与图样及说明书有何不符或不照合同条件履行，建筑师应尽纠正之责任，但建筑师不能担保任何承包人履行其与业主所订之合同。

（十二）倘业主欲聘监工员长驻工程地点监视工程，得业主之同意可由建筑师代聘之，其薪金应由业主担任。

（十三）建筑师应在未投标以前，按建筑之性质与当地工料预先估计价值，务使造价不出定额之外。但此种估算仅一约数，不可认为真确。

（十四）一切图样及说明书均为建筑师之所有物，不论工程进行与否均须交还建筑师，非经原建筑师之许可不得擅借他人或移用他处。

（十五）本规例如有未尽善处得在年会时提出修改，经会员三分之二以上通过为有效。

中华民国十七年六月二十八日订

附录 4　上海市建筑协会章程

定名：上海市建筑协会。

宗旨：本会以研究建筑学术，改进建筑事业并表扬东方建筑艺术为宗旨。

会员：凡营造家、建筑师、工程师、监工员及与建筑业有关之热心赞助本会者，由会员二人以上之介绍，并经执行委员会认可均得为本会会员。

职员：本会设执行委员会及监察委员会，其委员均由大会产生之。

（甲）人数：执行委员会设委员九人，候补执行委员三人；监察委员会设委员三人，候补监察委员二人。执行委员互选常务三人，常务委员中互选一人为主席。

（乙）任期：各项委员任期以一年为限，连举得连任，但至多以三年为限。各项委员未届期满而因故解职者以候补委员递补之，但以补足一年为限。

（丙）职权：执行委员会执行会务，筹议本会一切进行事宜，对外代表本会并得视会务之繁简酌雇办事员办理会务。监察委员负监察全会之责任，对执行委员及会员有提出弹劾之权。各项委员均为名誉职，但因办理会务得核实支给公费。

职务：本会之职务如下：

一、调查统计建筑工商或团体机关及有关于建筑事务者；

二、研究建筑学术，尽量介绍最新并安全之建筑方法；

三、提倡国产建筑材料并研究建筑材料之创造与改良；

四、设计并征集改良之建筑方法介绍于国人；

五、表扬东方建筑艺术介绍于世界；

六、设法提倡改善劳工生活与劳动条件；

七、建议有关建筑事项于政府；

八、答复政府之咨询及委托事项；

九、印行出版物；

十、举办劳工教育及职业教育以提高建筑工人之程度并造就建筑方面之专门人才；

十一、举办建筑方面之研究会及演讲会；

十二、创设图书馆及书报社；

十三、设备会员俱乐部及其他娱乐事项；

十四、提倡并举办储蓄机关及劳动保险；

十五、其他关于改进建筑事业事项。

会议：本会会议分下列三种

（甲）大会：本会每年举行大会一次，讨论重要会务，报告帐略并修订会章，选举执监委员。其日期由执行委员会酌定通告之。

（乙）常会：执行委员会每月举行常会一次，开会时监察委员应共同列席，必要时并得举行执监联席会议。

（丙）临时会：凡执行委员三分之一或监察委员三分之二以上或会员十分之一以上之同意，均得召集临时大会。

会员之权利及义务

（甲）义务

（一）会员均有缴纳会费及临时捐助之义务，会费暂定每年国币贰拾元，临时捐无定额，由会员量力捐助之 。

（二）会员均应遵守会章，如有违反者由监察委员会提出弹劾，予以除名或具函或登报警告之处分。

（乙）权利

（一）会员得提出建议于执行委员会，请求审议施行。

（二）会员得依据会章请求召集临时大会。

（三）会员均有选举权及被选举权。

（四）会员均得享受本会各项设备之使用权。

（五）会员均得享受章程所定一切权利。

（六）会员有正当理由得随时提出退会，惟已缴会费概不退还。

会费：本会会费由会员缴纳之，如有余裕由基金委员会负责保管，不得用于无关本会之事。

解散及清算：本会遇有不得已事变或会员三分之二以上之可决必须解散时，必依法呈报当地政府备案并申请清算方得行之。

会址：南京路大陆商场六楼 620 号。

附则：本章程如有应行修正之处，俟大会决定之并呈请当地政府核准执行。

附录 5　1930 年中国建筑师学会会员录

姓名	出　身	职业地址	电话
吕彦直（已故）	B. Arch., Cornell Univ.	上海四川路 29 号彦记建筑事务所	14849
张光圻	B. Arch., Columbia Univ.	奉天凯宁饭店	
范文照	B. Arch., Univ. of Pennsylvania.	上海四川路 29 号范文照建筑师事务所	19395
庄　俊	B. S. Univ. of Illinois.	上海江西路 212 号庄俊建筑师事务所	19312
李锦沛	Beaux Arts, Pratt Institute, New York, Columbia Univ.	上海四川路 29 号李锦沛建筑师事务所	14849
巫振英	B. Arch., Columbia Univ.	上海威海卫路 43 号市中心区域建设委员会建筑师办事处	34361
赵　深	B. Arch., M. Arch., Univ. of Pennsylvania.	上海宁波路上海商业储蓄银行大楼	13735
董大酉	B. Arch., M. Arch., Univ. of Minnesota. Graduate School. Columbia Univ.	上海博物院路 20 号董大酉建筑师事务所 上海威海卫路 43 号市中心区域建设委员会建筑师办事处	60840 34361
黄锡霖	Diploma, London Univ.	Pedder Building, Pedder, Hongkong.	
刘福泰	B. Arch., Oregon State Univ.	南京中央大学工学院	
卢树森	Univ. of Pennsylvania.	南京中央大学工学院	
刘士能	日本东京高等工业学校建筑科毕业	南京中央大学工学院	
陈均沛	Univ. of Michigan, N. Y. Engineering College, Columbia Univ.	南京中山路铁道部建筑处	
杨锡镠	前南洋大学土木工科学士	上海宁波路 47 号杨锡镠建筑师事务所	12247
杨廷宝	B. Arch., M. Arch., Univ. of Pennsylvania.	上海九江路 113 号基泰工程司	13605
贝寿同	Certificate, Technische. Hochsehole zur Schorlottenburg. Berllin.	南京司法部	
黄家骅	B. Arch, M. I. T.,	现在美国	
奚福泉	Dipl. Ing, Technische Hochschule zo Darmstodt Dr.Ing, Technische Hochschule zu Charlottenburg	上海南京路中华劝工银行启明建筑公司	10662

续表

姓名	出 身	职业地址	电话
李扬安	M. Arch., Univ. of Pennsylvania.	上海四川路29号李锦沛建筑师事务所	14849
罗邦杰	B. S., Univ. of Minnesota.	上海天津路28号大陆银行	16978
谭 垣	M. Arch., Univ. of Pennsylvania.	上海四川路29号范文照建筑师事务所	19395
陆谦受	伦敦建筑学会建筑学校 英国国立建筑学院院员	上海外滩中国银行四楼总务部建筑课	11089
刘既漂	巴黎国立美术专门学校	上海四川路112号大方建筑公司	14985
李宗侃	巴黎建筑专门学校建筑工程师	上海四川路112号大方建筑公司	14985
关颂声	B. S, M. I. T., Graduate School Harvard Univ.	上海九江路113号基泰工程司	13605
朱 彬	M. Arch., Univ. of Pennsylvania.	上海九江路113号基泰工程司	13605
陈 植	M. Arch., Univ. of Pennsylvania.	上海宁波路上海银行大楼	13735
苏夏轩	比利时建筑工程师	上海宁波路上海银行大楼	68050
薛次莘	B. S., M. I. T. 前南洋大学土木工科学士	上海南市毛家巷市工务局	62997
林澍民	M. Arch., Univ. of Minnesota.	上海博物院路20号	
梁思成	M. Arch., Univ. of Pennsylvania.	北平	
童 寯	M. Arch., Univ. of Pennsylvania.	奉天东北大学	13735
莫 衡	前南洋大学土木工科学士	上海毛家巷市工务局	62997
		仲会员	
张克斌		上海四川路29号李锦沛建筑师事务所	14849
葛宏夫		上海威海卫路43号市中心区域建设委员会建筑师办事处	34361
庄允昌		上海威海卫路43号市中心区域建设委员会建筑师办事处	34361
丁宝训	上海光华大学一年级	上海工部局工务部	
陈子文	无锡工业学校建筑课	（上海四川路29号范文照建筑师事务所）	19395
丁陞保	民立中学 青年会职业夜校毕业	（上海四川路29号范文照建筑师事务所）	19395
卓文扬		上海四川路29号李锦沛建筑师事务所	14849
浦 海	万国函授学校建筑—土木科	上海博物院路20号董大酉建筑师事务所	60840
刘宝廉	国立中央大学建筑科工学士	南京中央大学工程处	
姚祖范	国立中央大学建筑科工学士	南京司法行政部工程处	
杨光煦	国立中央大学建筑科工学士	南京总理陵园工程处	
卢永沂	江苏公立苏州工业专门学校建筑科	南京工务局	
周曾祚	江苏公立苏州工业专门学校建筑科	南京司法行政部	
濮齐材	江苏公立苏州工业专门学校建筑科	南京中央大学建筑工程科	
杨锦麟	青年会中学	上海四川路29号范文照建筑师事务所	19395
赵 璧	育英中学初中	上海四川路29号范文照建筑师事务所	19395

附录6 1932年中国建筑师学会会员录

姓名	出 身	职业地址	电话
吕彦直（已故）	B. Arch., Cornell Univ.	上海四川路29号彦记建筑事务所	14849
张光圻	B. Arch., Columbia Univ.	北平贡院头条3号	
李锦沛	Beaux Arts, Pratt Institute, New York, Columbia Univ.	上海四川路29号李锦沛建筑师事务所	14849
刘福泰	B. Arch., Oregon State Univ.	南京中央大学工学院	
范文照	B. Arch., Univ. of Pennsylvania.	上海四川路29号范文照建筑师事务所	19395
庄 俊	B. S. Univ. of Illinois.	上海江西路22号金城银行	19312
黄锡霖	Diploma, London Univ.	Pedder Building, Pedder, Hongkong.	
赵 深	B. Arch., M. Arch., Univ. of Pennsylvania.	上海宁波路上海商业储蓄银行大楼	13735
卢树森	Univ. of Pennsylvania.	南京中央大学工学院	
刘既漂	巴黎国立美术专门学校	上海四川路72号四楼	13605
董大酉	B. Arch., M. Arch., Univ. of Minnesota. Graduate School. Columbia Univ.	上海博物院路20号董大酉建筑师事务所	60840
李宗侃	巴黎建筑专门学校建筑工程师	上海四川路72号四楼	
刘敦桢	日本东京高等工业学校建筑科毕业	南京中央大学	
陈均沛	Univ. of Michigan, N. Y. Engineering College, Columbia Univ.	南京中山路铁道部建筑处	
杨锡镠	前南洋大学土木工科学士	上海宁波路上海银行大楼杨锡镠建筑师事务所	12247
贝寿同	Certificate, Technische. Hochsehole zur Schorlottenburg. Berllin.	南京司法部	
杨廷宝	B. Arch., M. Arch., Univ. of Pennsylvania.	上海银行大楼	13605
关颂声	B. S, M. I. T., Graduate School Harvard Univ.	上海银行大楼基泰工程司	
黄家骅	B. Arch, M. I. T.,	上海博物院路20号东亚建筑公司	
奚福泉	Dipl. Ing, Technische Hochschule zo Darmstodt Dr.Ing, Technische Hochschule zu Charlottenburg	上海南京路大陆商场622号	93344
李扬安	M. Arch., Univ. of Pennsylvania.	上海四川路29号李锦沛建筑师事务所	14849
巫振英	B. Arch., Columbia Univ.	上海西摩路210号	
罗邦杰	B. S., Univ. of Minnesota.	上海天津路大陆银行	16978

续表

姓名	出　身	职业地址	电话
谭　垣	M. Arch., Univ. of Pennsylvania.		
陆谦受	伦敦建筑学会建筑学校　英国国立建筑学院院员	上海外滩中国银行四楼总务部建筑课	11089
陈　植	M. Arch., Univ. of Pennsylvania.	上海宁波路上海银行大楼	13735
林徽音		北平中央公园内中国营造学社梁思成转	
梁思成	M. Arch., Univ. of Pennsylvania.	北平中央公园内中国营造学社	
童　寯	M. Arch., Univ. of Pennsylvania.	上海银行大楼 407 号	13735
朱　彬	M. Arch., Univ. of Pennsylvania.	上海银行大楼基泰工程司	
薛次莘	B. S., M. I. T. 前南洋大学土木工科学士	上海南市毛家巷市工务局	62997
朱神康	R. S. Univ. of Michigan	南京中政路厅后街 7 号之一	
苏夏轩	比利时建筑师	上海静安寺路延年坊 8 号	68050
林澍民	M. Arch., Univ. of Minnesota.	上海博物院路 20 号	
莫　衡	前南洋大学土木工科学士	上海毛家巷市工务局	62997
吴景奇	M. Arch., Univ. of Pennsylvania.	上海中国银行建筑课	
黄耀伟	M. Arch., Univ. of Pennsylvania.	上海江西路 20 号庄俊建筑师事务所	
孙立己	B. Arch. Univ. of Illinois.	上海四川路四行储蓄会	
徐敬直	M. Arch. Univ. of Michigan.	上海四川路 29 号范文照建筑师事务所	19395
	仲　会　员		
张克斌		上海四川路 29 号李锦沛建筑师事务所	14849
葛宏夫			
庄允昌			
丁宝训	上海光华大学一年级	上海工部局工务部	
陈子文	无锡工业学校建筑课		19395
丁陞保	民立中学　青年会职业夜校毕业		19395
卓文扬		上海四川路 29 号李锦沛建筑师事务所	14849
浦　海	万国函授学校建筑—土木科	上海博物院路 20 号董大酉建筑师事务所	60840
刘宝廉	国立中央大学建筑科工学士	南京中央大学工程处	
姚祖范	国立中央大学建筑科工学士	南京司法行政部工程处	
杨光煦	国立中央大学建筑科工学士	南京总理陵园工程处	
卢永沂	江苏公立苏州工业专门学校建筑科	南京工务局	
周曾祚	江苏公立苏州工业专门学校建筑科	南京司法行政部	
濮齐材	江苏公立苏州工业专门学校建筑科	南京中央大学建筑工程科	
杨锦麟	青年会中学	上海四川路 29 号范文照建筑师事务所	19395
赵　璧	育英中学初中	上海四川路 29 号范文照建筑师事务所	19395

附录 7　1933 年中国建筑师学会会员录

名誉会员				
姓名	字	履历	通讯处	电话
朱启钤	桂莘	前内务总长北平中国营造学社社长	北平中央公园内中国营造学社	
叶恭绰	誉虎	前交通总长交通部长交通大学校长	上海吕班路 138 号	
会员				
姓名	字	出身	通讯处	电话
吕彦直		B. Arch., Cornell Univ.		
张光圻		B. Arch., Columbia Univ.	北平东城头条胡同 3 号	
李锦沛	世楼	Beaux Arts, Pratt Institute, New York, Columbia Univ.	上海四川路 29 号	14849
刘福泰		B. Arch., Oregon State Univ.	南京中央大学	
范文照	文照	B. Arch., Univ. of Pennsylvania.	上海四川路 29 号	19395
庄　俊	达卿	B. S. Univ. of Illinois.	上海江西路 22 号	19312
黄锡霖		Diploma, London Univ.	Pedder Building, Pedder, Hongkong.	
赵　深	渊如	B. Arch., M. Arch., Univ. of Pennsylvania.	上海宁波路 40 号华盖建筑事务所	13735
卢树森		Univ. of Pennsylvania.	南京中央大学	
刘既漂		巴黎国立美术专门学校	南京大方建筑公司	
董大酉		B. Arch., M. Arch., Univ. of Minnesota. Graduate School. Columbia Univ.	上海江西路 368 号三楼 311 号	13020
李宗侃		巴黎建筑专门学校建筑工程师	南京大方建筑公司	
刘敦桢	士能	日本东京高等工业学校建筑科毕业	南京中央大学	
陈均沛		Univ. of Michigan, N. Y. Engineering College, Columbia Univ.	南京铁道部建筑课	
杨锡镠		B. S. N. Y. Univ.	上海宁波路 40 号四楼 405 号	12247
贝寿同		Certificate, Technische. Hochsehole zur Schorlottenburg. Berllin.	南京司法部	
杨廷宝		B. Arch., M. Arch., Univ. of Pennsylvania.	上海九江路大陆大楼 801、802 号	12222
关颂声		B. S, M. I. T., Graduate School Harvard Univ.	上海九江路大陆大楼 801、802 号	
黄家骅		B. Arch, M. I. T.,	上海博物院路 20 号东亚建筑公司	

续表

会员				
姓名	字	出 身	通讯处	电话
奚福泉	世明	Dipl. Ing, Technische Hochschule zo Darmstodt Dr.Ing, Technische Hochschule zu Charlottenburg	上海南京路大陆商场启明建筑公司	93345
李扬安		M. Arch., Univ. of Pennsylvania.	上海四川路 29 号李锦沛建筑师事务所	14849
巫振英	勉夫	B. Arch., Cornell Univ.	上海西摩路 220 号	31135
罗邦杰		B. S., Univ. of Minnesota.	上海九江路大陆大楼	
谭 垣		M. Arch., Univ. of Pennsylvania.	上海苏州路 1 号	
陆谦受		伦敦建筑学会建筑学校英国国立建筑学院院员	上海外滩中国银行建筑课	11089
陈 植	植生	M. Arch., Univ. of Pennsylvania.	上海宁波路 40 号华盖建筑事务所	13735
林徽音		美国彭城大学学士	北平中央公园内中国营造学社	
梁思成		M. Arch., Univ. of Pennsylvania.	北平中央公园内中国营造学社	
童 寯		M. Arch., Univ. of Pennsylvania.	上海宁波路 40 号华盖建筑事务所	13735
朱 彬		M. Arch., Univ. of Pennsylvania.	上海九江路大陆大楼基泰工程司	13605
薛次莘		B. S., M. I. T.	上海南市毛家巷市工务局	15122
苏夏轩		比利时建筑师	上海静安寺路 1603 弄延年坊 47 号	33568
林澍民		M. Arch., Univ. of Minnesota.	上海博物院路 20 号	18947
莫 衡		B. S. N. Y. Univ.	上海京沪路管理局	44120
裘燮钧		M. C. E. Cornell. Univ.	上海南市毛家巷市工务局	15122
吴景奇		M. Arch., Univ. of Pennsylvania.	上海中国银行建筑课	11089
黄耀伟		M. Arch., Univ. of Pennsylvania.	上海江西路 212 号庄俊建筑师事务所	19812
孙立己		B. Arch. Univ. of Illinois.	上海四川路四行储蓄会	18060
朱神康		B. S. Univ. of Michigan.	南京建设委员会工程组	
徐敬直		M. Arch. Univ. of Michigan.	上海博物院路 19 号兴业建筑师	14914
黄元吉			上海爱多亚路 38 号凯泰建筑公司	19984
顾道生			上海福州路 9 号公利营业公司	13683
许瑞芳			上海仁记路锦兴地产公司	15149
缪苏骏	凯伯		上海康脑脱路 733 弄 13 号	33341
杨润玉	楚翘		上海大陆商场 525 号华信建筑公司	94790
李惠伯		B. Arch. Univ. of Michigan.	上海博物院路 19 号兴业建筑师	14914
王华彬		B. S. Univ. of Pennsylvania.	上海江西路上海银行大厦董大酉建筑师事务所	13020
哈雄文		B. S. Univ. of Pennsylvania.	上海江西路上海银行大厦董大酉建筑师事务所	13020
张至刚		B. S. N. C. Univ.	南京中央大学	
丁宝训		上海光华大学	上海宁波路上海银行大厦华盖建筑师事务所	13735
张克斌			上海四川路 29 号李锦沛建筑师事务所	14843
浦 海		万国函授学校建筑—土木科	上海江西路上海银行大厦董大酉建筑师事务所	18080
葛宏夫			上海江西路上海银行大厦董大酉建筑师事务所	18080
庄允昌			上海江西路上海银行大厦董大酉建筑师事务所	18080
李 蟠			上海四马路 9 号	10350

参考文献

[1] 罗荣渠．现代化新论——世界与中国的现代化进程[M]．北京：北京大学出版社，1993.

[2] 许纪霖，陈达凯主编．中国现代化史（第一卷 1800—1949）[M]. 上海：上海三联书店，1995.

[3]（美）费正清，费维恺编．剑桥中华民国史 1912—1949 年 [M]. 北京：中国社会科学出版社，1994.

[4] 费成康．中国租界史 [M]. 上海：上海社会科学院出版社，1998.

[5] 唐振常．上海史 [M]. 上海：上海人民出版社，1989.

[6] 忻平．从上海发现历史 [M]. 上海：上海人民出版社，1996.

[7] 上海市政协文史资料委员会等合编．列强在中国的租界 [M]. 北京：中国文史出版社，1992.

[8] 张忠民主编．近代上海城市发展与城市综合竞争力 [M]. 上海：上海社会科学院出版社，2005.

[9] 徐雪筠，陈曾年，许维雍等．上海近代社论经济发展概况（1882—1931）——《海关十年报告》译编 [M]. 上海：上海社会科学出版社，1985.

[10] 张寒生．当代图书情报学方法论研究 [M]. 合肥：合肥工业大学出版社，2006.

[11] 张大可，俞樟华．中国文献学 [M]. 福州：福建人民出版社，2005.

[12] 陈仁风．现代杂志编辑学 [M]. 北京：中国人民大学出版社，1995.

[13] 崔亚红，包爱梅．期刊管理与信息检索 [M]. 呼和浩特：内蒙古大学出版社，2005.

[14] 马张华，侯汉清．文献分类法主题法导论 [M]. 北京：北京图书馆出版社，1999.

[15] 蔡鸿源主编 . 民国法规集成 [M]. 合肥：黄山书社，1999.
[16] 南开大学经济研究所，南开大学经济系 . 启新洋灰公司史料 [M]. 北京：生活 · 读书 · 新知三联书店，1963.
[17] 南京市政协文史资料委员会，南京市工业商业联合会，中国水泥厂编 . 搏浪前进：中国水泥厂史料专辑 [R].1995.
[18] 上海水泥厂编 . 上海水泥厂七十年 1920-1990[M]. 上海：同济大学出版社，1990.
[19] 汪敬虞 . 中国科学院经济研究所中国近代经济史参考资料汇刊（第二种）中国近代工业史资料 第二辑 1895-1914 上册 [M]. 1957.
[20] 汪敬虞 . 中国科学院经济研究所中国近代经济史参考资料汇刊（第二种）中国近代工业史资料 第二辑 1895-1914 下册 [M].1957.
[21] 中华民国水泥工业同业公会 . 中华民国水泥工业同业公会年刊 [J].1948.
[22] 齐向武，韩天雨 . 三钢人的足迹——上海第三钢铁厂发展史 [M]. 北京：中国经济出版社，1991.
[23] 中国工程师学会 . 三十年来之中国工程 .（第二编 事业之部：三十年来之化学工业）[M]. 重庆：京华印书馆，1948.
[24]L · 本奈沃洛著 . 西方现代建筑 [M]. 邹德侬，巴竹师，高军译 . 天津：天津科学技术出版社，1996.
[25] 维特鲁威著 . 建筑十书 [M]. 高履泰译 . 北京：知识产权出版社，2001.
[26] 勒 · 柯布西耶著 . 走向新建筑 [M]. 陈志华译 . 西安：陕西师范大学出版社，2004.
[27] 建筑工程部建筑科学研究院，建筑理论及历史研究室，中国建筑史编辑委员会 . 中国近代建筑简史 [M]. 北京：中国工业出版社，1962.
[28] 梁思成 . 中国建筑史 [M]. 天津：百花文艺出版社，1998.
[29] 潘谷西主编 . 中国建筑史 [M]. 第 4 版 . 北京：中国建筑工业出版社，2001.
[30] 杨秉德 . 中国近代中西建筑文化交融史 [M]. 武汉：湖北教育出版社，2003.
[31] 杨秉德 . 中国近代城市与建筑 [M]. 北京：中国建筑工业出版社，1993.
[32] 杨秉德，蔡萌 . 中国近代建筑史话 [M]. 北京：机械工业出版社，2003.
[33] 刘先觉 . 中国近现代建筑艺术 [M]. 武汉：湖北教育出版社，2004.
[34] 杨永生编 . 哲匠录 [M]. 北京：中国建筑工业出版社，2005.
[35] 杨永生 . 中国四代建筑师 [M]. 北京：中国建筑工业出版社，2002.
[36] 赖德霖 . 中国近代哲匠录——中国近代重要建筑师、建筑事务所名录 [M]. 北京：中国水利水电出版社、知识产权出版社，2006.
[37] 赖德霖 . 中国近代建筑史研究 [M]. 北京：清华大学出版社，2007.
[38] 伍江 . 上海百年建筑史 1840-1949[M]. 上海：同济大学出版社，1997.
[39] 李海清 . 中国建筑现代转型 [M]. 南京：东南大学出版社，2003.
[40] 钱锋，伍江 . 中国现代建筑教育史 [M]. 北京：中国建筑工业出版社，2008.
[41] 林洙 . 叩开鲁班的大门——中国营造学社史略 [M]. 北京：中国建筑工业出版社，1995.
[42] 崔勇 . 中国营造学社研究 [M]. 南京：东南大学出版社，2004.
[43] 郑时龄 . 上海近代建筑风格 [M]. 上海：上海教育出版社，1999.
[44] 王绍周 . 上海近代城市建筑 [M]. 南京：江苏科学技术出版社，1989.
[45] 陈从周，章明 . 上海近代建筑史稿 [M]. 上海：上海三联书店，1988.
[46] 上海建筑施工志编委会 . 东方巴黎——近代上海建筑史话 [M]. 上海：上海文化出版社，

1991.
[47] 薛理勇 . 外滩的历史和建筑 [M]. 上海：上海社会科学院出版社，2002.
[48] 张姚俊 . 外滩传奇 [M]. 上海：上海文化出版社，2005.
[49] 杨嘉祐 . 上海老房子的故事 [M]. 上海：上海人民出版社，2006.
[50] 张忠民 . 从同业公会“业规”看近代上海同业公会的功能、作用与地位——以 20 世纪 30 年代为中心 [J]. 江汉论坛，2007，(3)：81-86.
[51] 王翔 . 近代中国手工业行会的演变 [J]. 历史研究，1998，(4)：56-70.
[52] 朱英 . 近代中国自由职业者群体研究的几个问题——侧重于律师、医师、会计师的论述 [J]. 华中师范大学学报（人文社会科学版），2007，46（4）：65-73.
[53] 彭南生 . 论近代中国行业组织制度功能的转化 [J]. 江苏社会科学，2004（5）：201-209.
[54] 尹倩 . 中国近代自由职业群体研究述评 [J]. 近代史研究，2007（6）：110-119.
[55] 樊卫国 . 民国时期上海生产要素市场化与收入分配 [J]. 上海经济研究，2004（8）：72-80.
[56] 张丽艳 .1927-1937 年上海律师业发展论析 [J]. 社会科学，2003（6）：91-96.
[57] 魏文享 . 近代上海职业会计师群体的兴起——以上海会计师公会为中心 [J]. 江苏社会科学，2006（4）：198-205.
[58] 魏文享 . 近代职业会计师之诚信观 [J]. 华中师范大学学报（人文社会科学版），2002（5）：111-117.
[59] 杨林生 . 中国近代律师身份定位刍论 [J]. 辽宁师范大学学报（社会科学版），2003（4）：109-111.
[60] 马敏 . 放宽中国近代史研究的视野——评介《近世中国之传统与蜕变》[J]. 历史研究，1999，(5)：130-139.
[61] 杨秉德 . 中国近代建筑史分期问题研究 [J]. 建筑学报，1998（9）：53-54.
[62] 赵国文 . 中国近代建筑史的分期问题 [J]. 建筑学报 . 1987（3）：56-58
[63] 邹德侬、曾坚 . 论中国现代建筑史起始年代的确定 [J]. 建筑学报，1995（7）：52-54.
[64] 张复合 . 中国近代建筑史“自立”时期之概略 [J]. 建筑学报，1996（11）：31-34.
[65] 赖德霖 . 从宏观的叙述到个案的追问：近十五年中国近代建筑史研究评述——献给我的导师汪坦先生 [J]. 建筑学报，2002（6）：59-61.
[66] 赖德霖 . 重构建筑学与国家的关系——中国建筑现代转型问题再思 [J]. 建筑师，2008（2）：49-52.
[67] 孙全文、王俊雄 . 国民政府时期建筑师专业制度形成之研究 [J]. 城市与设计学报，2000（9-10）：81-116.
[68] 崔勇 . 朱启钤组建中国营造学社的动因及历史贡献 [J]. 同济大学学报（社会科学版）：2003，14（1）：24-27.
[69] 姜涌 . 职业与执业：中外建筑师之辩 [J]. 时代建筑，2007（2）：6-12.
[70] 姜涌 . 职业建筑师与建筑——日本的建筑师职能体系及中日比较（1）[J]. 世界建筑，2005（3）：102-107.
[71] 李治镇 . 晚清武汉洋务建筑活动 [J]. 华中建筑，1996（3）：88-92..
[72] 彭长歆、杨晓川 . 勷勤大学建筑工程学系与岭南早期现代主义的传播和研究 [J]. 新建筑，2002（5）：54-56.
[73] 冯仕达 . 建筑期刊的文化作用 [J]. 时代建筑，2004，(2)：43-46.
[74] 蒋妙菲 . 建筑杂志在中国 [J]. 时代建筑，2004，(2)：20-26.

[75] 刘源、陈翀 .《申报 · 建筑专刊》研究初探 [J]. 建筑师，2010，(4)：118–121.
[76] 陈薇 .《中国营造学社汇刊》的学术轨迹与图景 [J]. 建筑学报，2010，(1)：71–77.
[77] 伍江 . 旧上海华人建筑师 [J]. 时代建筑，1996（1）：39–42.
[78] 伍江 . 旧上海外籍建筑师 [J]. 时代建筑，1995（4）：44–49.
[79] 伍江 . 近代中国私营建筑设计事务所历史回顾 [J]. 时代建筑，2001（1）：12–15.
[80] 娄承浩 . 建筑泰斗陈植 [J]. 档案春秋，2006（11）：26–28.
[81] 李海清 . 哲匠之路——近代中国建筑师的先驱者孙支厦研究 [J]. 华中建筑，1999(2)：127–128.
[82] 周琦、庄凯强、季秋 . 中国近代建筑师和建筑思想研究刍议 [J]. 建筑师，2008（8）：102–107.
[83] 李海清、付雪梅 . 运作机制与“企业文化”——近代时期中国人自营建筑设计机构初探 [J]. 建筑师，2003（4）：49–53.
[84] 蒋利学、胡绍隆、朱春明 . 上海外滩中国银行大楼的安全性与抗震性能评估 [J]. 建筑结构，2005（3）：3–6.
[85] 小隐 . 称雄上海五十年的国际饭店 [J]. 档案与史学，1999（4）：72–74.
[86] 孙广荣 . 建筑声学九十年 [J]. 声学技术，1991，10（1）：52.
[87] 王季卿 . 中国建筑声学的过去和现在 [J]. 声学学报，1996，21（1）：5.
[88] 项端祈 . 我国建筑声学的 20 年回顾与展望 [J]. 应用声学，2002，21（1）：40.
[89] 连浩鋈 . 陈济棠主粤时期（1929–1936 年）广州地区的工业发展及其启示 [J]. 中国社会经济史研究，2004（1）：90–99.
[90] 王金锋 . 广东士敏土厂历史沿革 [J]. 广东史志，1999（3）：16–18.
[91] 李海涛 . 中国钢铁工业的诞生考释 [J]. 贵州文史丛刊，2009（2）：28–31.
[92] 代鲁 . 汉冶萍公司的钢铁销售与我国近代钢铁市场（1908–1927）[J]. 近代史研究，2005（6）：39–74.
[93] 方一兵，潜伟 . 中国近代钢铁工业化进程中的首批本土工程师（1894–1925 年） [J]. 中国科技史杂志，2008，29（2）：117–133.
[94] 湛轩业，付善忠 . 现代烧结砖瓦产品的发展及种类（一）[J]. 砖瓦世界，2009（5）：42–56.
[95] 孙慧敏 . 规范上海律师的同业竞争行为——以律务中介问题为中心的考察 [C]. “近代中国社会群体与经济组织”暨纪念苏州商会成立 100 周年国际学术研讨会论文 . 苏州，2005.
[96] 黎澍纪念文集编辑组 . 黎澍十年祭 [C]. 北京：中国社会科学出版社，1998.
[97] 何重建 . 上海近代营造业的形成及特征 [C]// 汪坦、张复合主编 . 第三次中国近代建筑史研究讨论会论文集 . 北京：中国建筑工业出版社，1991：118–124.
[98] 何重建 . 杜彦耿与《建筑月刊》[C]// 汪坦、张复合主编 . 第四次中国近代建筑史研究讨论会论文集 [C]. 北京：中国建筑工业出版社，1993：188–193.
[99] 刘先觉，杨维菊 . 建筑技术在南京近代建筑发展中的作用 [A]. 汪坦、张复合主编 . 第五次中国近代建筑史研究讨论会论文集 [C]. 北京：中国建筑工业出版社，1998：91–95.
[100] 娜塔丽（Natalie Delande）. 工程师站在建筑队伍的前列——上海近代建筑历史上技术文化的重要地位 [A]. 汪坦、张复合主编 . 第五次中国近代建筑史研究讨论会论文集 [C]. 北京：中国建筑工业出版社，1998：96–106.
[101] 侯幼彬、李婉贞 . 一页沉沉的历史——纪念前辈建筑师虞炳烈先生 [J]. 建筑学报，1996

（11）：47–49.
[102] 朱永春 . 从《中国建筑》看 1932–1937 年中国建筑思潮及主要趋势 [M]// 张复合主编 . 中国近代建筑研究与保护（二）. 北京：清华大学出版社，2001：17–31.
[103] 张丽艳 . 通往职业化之路：民国时期上海律师研究（1912–1937）[D]. 上海：华东师范大学，2003.
[104] 赖德霖 . 中国近代建筑史研究 [D]. 北京：清华大学，1992.
[105] 李海清 . 中国建筑现代转型之研究——关于建筑技术、制度、观念三个层面的思考（1840–1949）[D]. 南京：东南大学，2002.
[106] 王俊雄 . 国民政府时期南京首都计划之研究 [D]. 台南：成功大学，2002.
[107] 彭长歆 . 岭南建筑的近代化历程研究 [D]. 广州：华南理工大学，2004.
[108] 钱锋 . 现代建筑教育在中国（1920s–1980s）[D]. 上海：同济大学，2005.
[109] 王昕 . 江苏近代建筑文化研究 [D]. 南京：东南大学，2006.
[110] 魏枢 .《大上海计划》启示录—近代上海华界都市中心空间形态的流变 [D]. 上海：同济大学，2007.
[111] 路中康 . 民国时期建筑师群体研究 [D]. 武汉：华中师范大学，2009.
[112] 蒋妙菲 . 中国建筑杂志发展的回顾和探新 [D]. 上海：同济大学，2005.
[113] 王浩娱 . 中国近代建筑师执业状况研究 [D]. 南京：东南大学，2002.
[114] 陈锋 . 赉安洋行在上海的建筑作品研究（1922–1936）[D]. 上海：同济大学，2006.
[115] 李凌燕 . 从当代中国建筑期刊看当代中国建筑的发展 [D]. 上海：同济大学，2007.
[116] 沈振森 . 中国近代建筑的先驱者——建筑师沈理源研究 [D]. 天津：天津大学，2002.
[117] 中国建筑师学会 . 中国建筑师学会章程 . 北京：全国图书馆文献缩微中心 . 馆藏号：00M029586，1926（1930 修正）.
[118] 中国建筑师学会 . 中国建筑师学会公守诚约 . 北京：全国图书馆文献缩微中心 . 馆藏号：00M029586，1928.
[119] 中国建筑师学会 . 建筑师业务规则 . 北京：全国图书馆文献缩微中心 . 馆藏号：00M029586，1928.
[120] 中国建筑师学会 . 中国建筑师学会会员录 . 北京：全国图书馆文献缩微中心 . 馆藏号：00M029586，1930.
[121] 中国建筑师学会 . 建筑章程 . 1935（1940 再版）.

后记

本书在我的博士学位论文的基础上反复研究讨论与大幅度增删修改而成。“中国近代建筑史研究”课题组经过多年努力，完整无缺地收集齐全全套《中国建筑》与《建筑月刊》，经数字化处理后，形成宝贵的原始资料库。此项工作主要由杨晓龙完成，杨晓龙在很长时间内坚持不懈，付出极大努力，做了许多艰辛的工作，终于完成此项原始资料库的建设，这是撰写本书的基础。后期书稿的研究讨论与增删修改，杨晓龙也做了大量工作。

从开始攻读博士学位到完成博士学位论文，到论文通过答辩，再经反复增删修改成书，研究与撰稿经历了漫长的过程，其间有工作的繁忙，有研究方向的迷茫，也有研究工作顺利进展的欣喜、学识进步的愉悦，以及对未来的憧憬。回想这几年五味杂陈的心路历程，一份平和与坚韧是伴随我前行的重要支撑，而最希望在此表达的，则是对那些给予我帮助的人们的感谢。

首先要感谢导师杨秉德教授。在先生的指引下，我得以进入中国近代建筑史研究领域，通过在先生指导下研究课题、撰写论文和书稿，训练了自己的独立学术能力、开拓了自己在该领域的学术视野、发现了自己的研究兴趣并逐步确立了研究的方向与目标。先生在研究工作的选题、研究思路、研究框架的确立等方面给予了悉心的指导，先生严格的要求、积极的鼓励以及敏锐的洞察力，都使我获益匪浅。先生高屋建瓴的学术眼光、独具一格的研究方法和严谨、求实、勤奋的治学态度更使我深受感染、受益良多，将成为我珍贵的人生财富。没有先生的信任、帮助、鼓励与鞭策，本书的完成是难以想象的。

感谢浙江大学建筑系学友间良好的学术氛围，与张涛、楼宇红、金方、孙炜玮、林涛、浦欣成等学友间关于各种学术问题的探讨，帮助我开阔了学术视野、拓展了研究思路。

感谢浙江大学建筑系同事共同营造的学术环境，感谢共同奋斗的各位同仁，与他们的多年共事使我在工作上获益良多，其中的师友之情更是我十分珍惜的精神财富。

感谢我的父母、岳父母等亲人，他们一直以来的关爱与不辞辛劳的帮助，使我的家庭在生活上获得支持，是他们的鼓励与期待帮助我克服了重重困难。

感谢我的妻子，她对我工作与学习的理解是至为珍贵的，她在精神和生活上的支持使我始终充满前进的信念和信心；感谢我可爱的女儿，她的到来使我的生活满是笑语欢声。

钱海平

2011 年 7 月于浙江大学